史磊◎编著

中文版 **CorelDRAW**

图形创意设计与制作

全视频实践228例〔溢彩版〕

清华大学出版社

北京

内 容 简 介

本书是一本全方位、多角度讲解如何利用CorelDRAW进行矢量图形设计的案例式教材，同时注重案例的实用性和精美度。全书共设置了228个案例，这些案例按照技术和行业应用进行划分，清晰有序，可以方便零基础的读者由浅入深地学习，从而循序渐进地提升利用CorelDRAW设计图形的能力。

本书共分为14章，针对CorelDRAW基础操作、绘制简单图形、填充与轮廓线、高级绘图、矢量图形特效、位图处理、文字的使用等内容进行了细致的案例讲解和理论解析。本书第1章主要讲解软件入门操作，是最简单也是最重要的基础章节；第2～7章是按照技术划分的应用型案例操作，图形设计中的常用技术、技巧在这些章节可以得到很好的学习；第8～14章是专门为读者设置的大型综合案例，可以使读者的实操能力得到大幅度的提升。

本书不仅可以作为大中专院校和培训机构的教材使用，还可以作为参考资料供图形设计爱好者自学使用。

图书在版编目 (CIP) 数据

中文版 CorelDRAW 图形创意设计与制作全视频实践 228
例 : 溢彩版 / 史磊编著 . -- 北京 : 清华大学出版社，
2024. 7. -- (艺境). -- ISBN 978-7-302-66566-3

Ⅰ . TP391.412

中国国家版本馆 CIP 数据核字第 2024WD9871 号

责任编辑：韩宜波
封面设计：李　坤
责任校对：贺佳龙
责任印制：杨　艳

出版发行：清华大学出版社
　　　　　网　　　址：https://www.tup.com.cn，https://www.wqxuetang.com
　　　　　地　　　址：北京清华大学学研大厦 A 座　　　　邮　　编：100084
　　　　　社 总 机：010-83470000　　　　　　　　　邮　　购：010-62786544
　　　　　投稿与读者服务：010-62776969，c-service@tup.tsinghua.edu.cn
　　　　　质 量 反 馈：010-62772015，zhiliang@tup.tsinghua.edu.cn
印 装 者：小森印刷（北京）有限公司
经　　销：全国新华书店
开　　本：210mm×260mm　　　印　　张：17.5　　　字　　数：560 千字
版　　次：2024 年 8 月第 1 版　　印　　次：2024 年 8 月第 1 次印刷
定　　价：118.00 元

产品编号：100205-01

CorelDRAW

前言
PREFACE

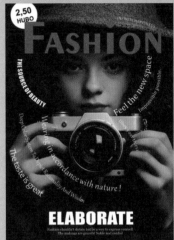

CorelDRAW是Corel公司出品的矢量图形制作工具软件。该软件具有矢量动画、页面设计、网站制作、位图编辑和网页动画等多种功能。基于CorelDRAW在图形设计行业中的广泛应用，我们编写了本书，其中选择了图形设计中最为实用的228个案例，基本涵盖了图形设计需要应用到的CorelDRAW基础操作和常用技术。

与介绍大量软件操作的同类书籍相比，本书最大的特点是更加注重以案例为核心，按照技术+行业相结合的方式划分，既讲解了基础入门操作和常用技术，又讲解了行业中综合案例的制作。

本书共分为14章，具体安排如下。
第1章为CorelDRAW基础操作，主要介绍CorelDRAW最基本的操作。

第2章为绘制简单图形，主要针对各种形状绘图工具进行讲解。

第3章为填充与轮廓线，主要针对不同的填充方式以及轮廓线的设置进行讲解。

第4章为高级绘图，主要针对钢笔工具、手绘工具、刻刀工具、对齐与分布等矢量图形的复杂编辑功能进行讲解。

第5章为矢量图形特效，主要使用阴影工具、调和工具、变形工具、封套工具、立体化工具、透明度工具等制作矢量图形的特殊效果。

第6章为位图处理，主要针对位图颜色调整以及位图特殊效果等功能进行讲解。

第7章为文字的使用，主要讲解使用文字工具制作各种类型的文字。

第8～14章为综合案例，其中包括标志与VI设计、卡片设计、海报设计、书籍画册、包装设计、网页设计、UI设计几大常用方向的实用设计案例。

本书特色如下。

内容丰富 除了安排228个精美案例外，还在书中设置了大量"要点速查"，以便读者参考学习。

章节合理 第1章主要讲解软件入门操作——超简单；第2~7章按照技术划分每个门类的高级案例操作——超详细；第8~14章主要是完整的大型项目案例——超实用。

实用性强 精选了228个案例，实用性极强，可应对图形设计行业的不同设计工作。

流程方便 本书案例设置了操作思路、案例效果、操作步骤等模块，使读者在学习案例之前就可以快速理清学习思路。

本书采用CorelDRAW 2023版本进行编写，请各位读者使用该版本或相近版本进行练习。如果使用过低的版本，可能会造成源文件打开时个别内容无法正确显示的问题。

本书提供了案例的素材文件、源文件、效果文件及视频文件，通过扫描下方的二维码，推送到自己的邮箱后即可下载获取。

本书由吉林动画学院的史磊老师编著，其他参与编写的人员还有杨力、王萍、李芳、孙晓军、杨宗香等。

由于编者水平有限，书中难免存在欠妥之处，敬请广大读者批评、指正。

编　者

目录
CONTENTS

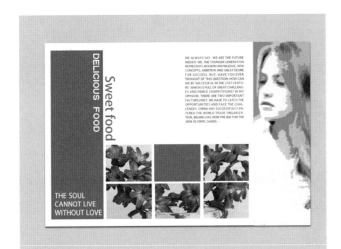

艺境 中文版CorelDRAW图形创意设计与制作全视频 实践228例 溢彩版

第5章 矢量图形特效 ·············· 68

第 1 章

CorelDRAW基础操作

本章概述

　　本章主要学习CorelDRAW文档的基础操作，通过对新建、导入、导出、保存、打开文件以及调整画面显示比例等方法的学习，掌握文件的基本操作方法，为后面的绘图操作奠定基础。

本章重点

- 熟练掌握新建、导入、导出、打开、保存等文档操作
- 掌握调整文档显示比例的方法

实例001	使用新建、导入、保存、导出制作简约版面
文件路径	第1章\使用新建、导入、保存、导出制作简约版面
难易指数	★★★★★
技术掌握	● 新建　　　● 保存 ● 导入　　　● 导出

扫码深度学习

操作思路

本案例讲解了制作一个作品的完整流程，同时讲解了新建、导入、保存和导出等基础操作。本案例虽然简单，但涉及的知识点很多；这些操作都属于基础知识，在接下来的学习中至关重要。

案例效果

案例效果如图1-1所示。

图1-1

操作步骤

01 想要进行绘画，就需要准备画纸；同理，当想要制作一个设计作品时，首先需要在CorelDRAW中创建一个新的、尺寸合适的文档，此时就会使用到"新建"命令。执行菜单"文件>新建"命令，或按快捷键Ctrl+N，在弹出的"创建新文档"对话框中设置文档"大小"为A4，单击"横向"按钮，设置完成后单击OK按钮，如图1-2所示。此时即可创建一个空白文档，如图1-3所示。

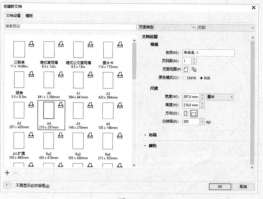

图1-2

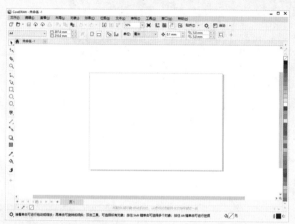

图1-3

02 执行菜单"文件>导入"命令，在弹出的"导入"对话框中选择要导入的背景素材"1.jpg"，然后单击"导入"按钮，如图1-4所示。在工作区中按住鼠标左键拖动，调整导入对象的大小，如图1-5所示。然后释放鼠标，完成导入操作，如图1-6所示。

03 将鲜花素材"2.png"导入到文档中，如图1-7所示。

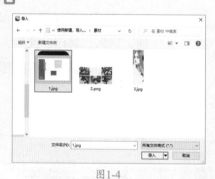

图1-4

图1-5

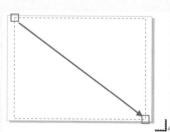

图1-6

图1-7

04 此时图像周围会有控制点，可以进行缩放、旋转的操作。首先将光标定位在右上角的控制点上，当光标变为↙形状时，按住鼠标左键拖动进行等比例缩小，如图1-8所示。接着可以按住鼠标左键拖动将其移动到合适的位置，如图1-9所示。

图1-8

图1-9

05 使用同样的方法，导入人物素材，并放置在合适的位置，效果如图1-10所示。

图1-10

06 作品制作完成后就需要保存，执行菜单"文件>保存"命令，或者按快捷键Ctrl+S，在弹出的"保存绘图"对话框中选择合适的存储位置，然后在"文件名"列表框中输入合适的文档名称，单击"保存类型"下拉按钮，在弹出的下拉列表框中选择CDR-CorelDRAW格式，这个格式

是CorelDRAW的默认保存格式，该格式可以保存CorelDRAW的全部对象以及其他特殊内容，所以存储为这种格式的文档后，能够方便我们以后对文档进行进一步编辑。设置完成后，单击"保存"按钮，即可完成保存操作，如图1-11所示。

图1-11

> **提示**
>
> **"保存"功能的应用技巧**
>
> 　　如果第一次保存文档，会弹出"保存绘图"对话框，从中可以设置文件保存的位置、名称、格式等属性。如果不关闭文档，继续进行新的操作，然后执行菜单"文件>保存"命令，则可以保留文档所做的更改，替换上一次保存的文档进行保存，并且此时不会弹出"保存绘图"对话框。

07 默认情况下，CDR格式的文档是无法进行预览的，通常会导出一份JPG格式的文件用于预览。执行菜单"文件>导出"命令，在弹出的"导出"对话框中设置"保存类型"为"JPG-JPEG位图"，然后单击"导出"按钮，如图1-12所示。

图1-12

> **提示**
>
> **常用的图像格式**
>
> 　　在比较常见的图像格式中，.png格式是一种可以存储透明像素的图像格式。.gif格式是一种可以带有动画效果的图像格式，也是通常所说的制作"动图"时所用的格式。.tif格式由于其具有可以保存分层信息，且图片质量无压缩的优势，故常用于保存打印的文档。

08 如果一个设计作品制作完成后需要进行打印输出，可以执行菜单"文件>打印"命令，在弹出的"打印"对话框中进行设置，设置完成后单击"打印"按钮，即可进行打印，如图1-13所示。

图1-13

要点速查：创建新文档

　　执行菜单"文件>新建"命令，在弹出的"创建新文档"对话框中设置合适的参数，如图1-14所示。

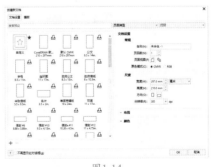

图1-14

　　"创建新文档"对话框中各选项说明如下。

➤ **名称：** 用于设置当前文档的文件名称。

➤ **页码数：** 设置新建文档包含的页数。

- ➤ 页面视图：包括单页视图和多页视图两种类型。
- ➤ 原色模式：可以选择文档的原色模式，包含CMYK与RGB两种模式。
- ➤ 宽度/高度：设置文档的宽度以及高度数值，在宽度数值后方的下拉列表中可以进行单位设置。
- ➤ 方向：单击两个按钮可以设置页面的方向为横向或纵向。
- ➤ 分辨率：设置在文档中将会出现的栅格化部分（位图部分）的分辨率，如透明、阴影等。在该下拉列表中包含一些常用的分辨率。
- ➤ 布局：展开卷展栏后可以进行"纸张类型"和"出血"的设置。
- ➤ 颜色：展开卷展栏后可以进行"RGB预置文件""CMYK预置文件""灰度预置文件"和"匹配类型"的设置。

实例002　打开已有的文档

文件路径	第1章 \ 打开已有的文档
难易指数	★★★★★
技术掌握	● "打开"命令 ● 多选文档

🔍扫码深度学习

操作思路

当需要处理一个已有的文档，或者要继续做之前没有做完的工作时，就需要在CorelDRAW中打开已有的文档。

案例效果

案例效果如图1-15所示。

图1-15

操作步骤

01 执行菜单"文件>打开"命令，在弹出的"打开绘图"对话框中先定位到需要打开的文档所在位置，然后选择需要打开的文件，接着单击"打开"按钮，如图1-16所示。随即选中的文件就会在CorelDRAW中打开，如

图1-17所示。

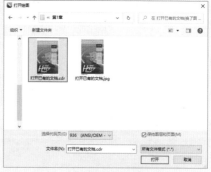

图1-16

图1-17

02 按快捷键Ctrl+O也可以弹出"打开绘图"对话框。

03 如果要同时打开多个文档，可以在对话框中按住Ctrl键加选要打开的文档，然后单击"打开"按钮。

要点速查：撤销与重做

在出现错误操作时，可以通过"撤销"与"重做"进行修改。执行菜单"编辑>撤销"命令（快捷键为Ctrl+Z），可以撤销错误操作，将其还原到上一步操作状态。如果错误地撤销了某一个操作后，可以执行菜单"编辑>重做"命令（快捷键为Ctrl+Shift+Z），撤销的步骤将会被恢复。

在工具栏中可以看到"撤销"按钮 ↺ 和"重做"按钮 ↻，单击该按钮也可以快速进行撤销。单击"撤销"按钮右侧的下三角按钮，即可在弹出的下拉列表中选择需要撤销到的步骤，如图1-18所示。

图1-18

实例003	调整文档显示比例与显示区域
文件路径	第1章\调整文档显示比例与显示区域
难易指数	⭐⭐⭐⭐⭐
技术掌握	● 缩放工具 ● 平移工具

扫码深度学习

操作思路

当我们需要将画面中的某个区域放大显示时，就需要使用Q（缩放工具）。当显示比例过大时，就会出现无法全部显示画面内容的情况，这时就需要使用🖐（平移工具）平移画面中的内容，方便在窗口中查看。

案例效果

案例效果如图1-19所示。

图1-19

操作步骤

01 在CorelDRAW中将素材"1.cdr"打开，如图1-20所示。

图1-20

02 选择工具箱中的Q（缩放工具），然后将光标移动至画面中，光标变为一个中心带有加号的放大镜⊕，如图1-21所示。然后在画面中单击即可放大图像，如图1-22所示。如果要缩放显示比例，可以按住Shift键，光标会变为中心带有减号的图标Q，此时单击要缩小区域的中心，如图1-23所示。每单击一次，视图便放大或缩小到上一个预设百分比。

图1-21

图1-22

图1-23

提示 快速调整文档显示比例的方法

若要快速放大文档的显示比例，可以向前滚动鼠标中轮；若要快速缩小文档显示比例，可以向后滚动鼠标中轮。

03 当显示比例放大到一定程度后，窗口将无法全部显示画面，如果要查看被隐藏的区域，此时就需要平移画板。选择工具箱中的🖐（平移工具）或者按住空格键，当光标变为🖐形状后，按住鼠标左键拖动即可进行画板的平移，如图1-24所示。移动到相应位置后释放鼠标，如图1-25所示。

图1-24

图1-25

提示 设置多个文档的排列形式

在很多时候需要打开多个文档，这时设置合适的多文档显示方式就很重要了。在"窗口"下拉菜单中可以选择一个合适的排列方式，如图1-26所示。

图1-26

实例004　使用对齐与分布制作规整版面

文件路径	第1章＼使用对齐与分布制作规整版面
难易指数	★★★★★
技术掌握	● 对齐与分布 ● 复制对象 ● 移动对象

🔍 扫码深度学习

💡 操作思路

　　本案例主要使用对齐与分布功能，使复制出的对象能够有序地分布在画面中。

🖱 案例效果

　　案例效果如图1-27所示。

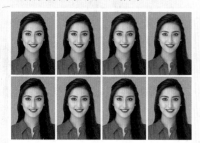

图1-27

🎙 操作步骤

[01] 新建一个文档，然后导入人物素材"1.jpg"，如图1-28所示。选择该素材，执行菜单"编辑>复制"命令，或按快捷键Ctrl+C进行复制，接着执行菜单"编辑>粘贴"命令，或按快捷键Ctrl+V进行粘贴。将复制的图像适当移动到合适的位置，如图1-29所示。继续复制两个对象，如图1-30所示。

图1-28

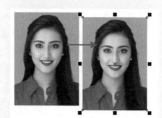

图1-29　　　　　　　　　图1-30

[02] 进行对齐操作。选中需要对齐的多个对象，单击属性栏中的"对齐与分布"按钮，在打开的"对齐与分布"泊坞窗中单击"垂直居中对齐"按钮，如图1-31所示。

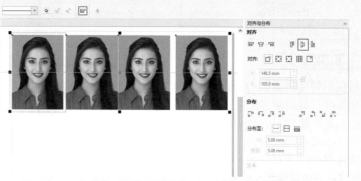

图1-31

[03] 此时对象虽然对齐了，但是每个对象之间的距离不是相等的。可以在选中对象后，继续在"对齐与分布"泊坞窗中设置合适的对齐方式，例如，在这里单击"水平分散排列中心"按钮，如图1-32所示。

图1-32

[04] 在选中4个对象的状态下，复制一份，并向下移动。向下移动时可以按住Shift键，这样可以保证移动的方向是垂直的，效果如图1-33所示。

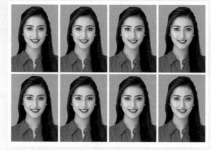

图1-33

提示　**复制、粘贴的另一种方式**
　　选中一个图像，按住Shift键的同时按住鼠标左键向右移动到合适位置后，右击进行水平复制。多次使用快捷键Ctrl+R可以复制多个图像。

第2章

绘制简单图形

本章概述

  CorelDRAW提供了能够绘制基础图形的绘图工具，其中包括能够绘制出长方形的矩形工具、能够绘制椭圆形和正圆的椭圆形工具，还有绘制星形的星形工具，这些工具的使用方法非常简单，并且还非常相似。

本章重点

- 熟练掌握矩形工具、椭圆形工具、多边形工具的使用方法
- 能够绘制矩形、圆角矩形、圆形、多边形等常见图形

2.1 使用矩形工具制作美食版面

文件路径	第2章\使用矩形工具制作美食版面
难易指数	★★★★★
技术掌握	● 矩形工具 ● 文本工具

🔍 扫码深度学习

💡 操作思路

本案例讲解了如何使用矩形工具制作好看的美食版面。首先绘制几个单色的矩形摆放在画面中合适的位置，然后导入大小合适的图片素材，接着为画面添加文字，一幅干净整洁的美食海报即可制作完成。

🖱 案例效果

案例效果如图2-1所示。

图2-1

实例005 使用矩形工具制作版面图形

🎙 操作步骤

01 执行菜单"文件>新建"命令，在弹出的"创建新文档"对话框中设置文档"大小"为A4，单击"纵向"按钮，设置完成后单击OK按钮，如图2-2所示。此时即可创建一个空白文档，如图2-3所示。

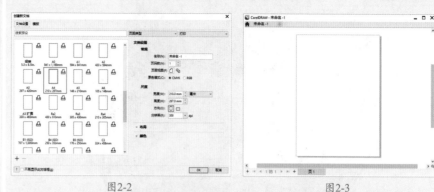

图2-2 图2-3

02 制作页面背景。选择工具箱中的矩形工具，在工作区中的左上角按住鼠标左键向画面的右下角拖动，绘制一个与画板等大的矩形，如图2-4所示。选中该矩形，使用鼠标左键单击右侧调色板中的白色色块，为矩形填充白色，接着使用鼠标右键单击调色板上方的☑按钮，去除轮廓色，如图2-5所示。

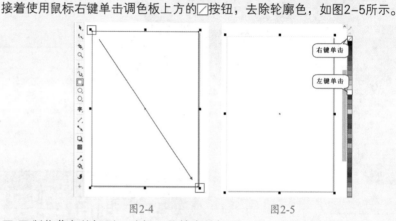

图2-4 图2-5

03 制作黄色的矩形。选择工具箱中的矩形工具，在画板左侧绘制一个矩形，如图2-6所示。选中该矩形，展开调色板，然后使用鼠标左键单击黄色色块，为该矩形填充黄色，接着使用鼠标右键单击调色板上方的☑按钮，去除轮廓色，如图2-7所示。

04 继续使用同样的方法，再绘制两个一宽一窄且"填充色"为亮黄色的矩形，接着右键单击调色板上方的☑按钮，去除轮廓色，如图2-8所示。

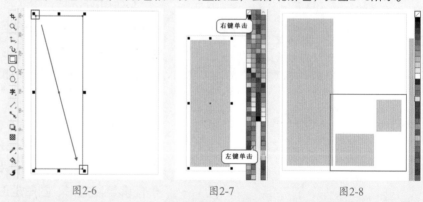

图2-6 图2-7 图2-8

实例006 添加图片以及文字

🎙 操作步骤

01 执行菜单"文件>导入"命令，在弹出的"导入"对话框中选择要导入的水果素材"1.jpg"，单击"导入"按钮，如图2-9所示。接着在画面中按住鼠标左键向右下角拖动，导入对象并调整其大小，如图2-10所示。

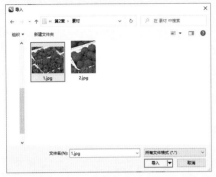

图2-9

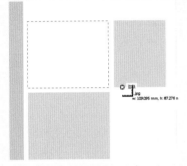

图2-10

02 释放鼠标左键完成导入操作，如图2-11所示。如果要调整图片的大小，可以单击图片，然后将光标移动至右上角的控制点上方，按住鼠标左键拖动调整图片的大小，效果如图2-12所示。

图2-11

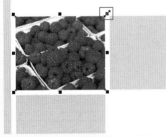

图2-12

03 使用同样的方法，导入另一个水果素材"2.jpg"，并将其调整至合适的大小，如图2-13所示。

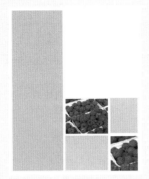

图2-13

04 选择工具箱中的文本工具，在画面中单击鼠标左键，建立文字输入的起始点，如图2-14所示。在画面中输入相应的文字，然后在属性栏中设置合适的字体、字号。单击工具箱中的选择工具，选择新输入的文字，在右侧调色板中单击白色色块，将文字的"填充色"设置为白色，如图2-15所示。

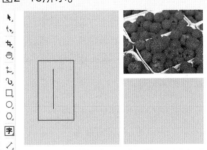

图2-14

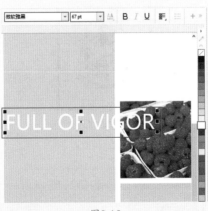

图2-15

05 使用选择工具再次单击文字的中心位置，待文字控制点都变为可旋转的控制点时，将光标移动至右上角的控制点上，然后按住Ctrl键

的同时按住鼠标左键拖动，将其进行旋转，如图2-16所示。接着将旋转后的文字移动至合适的位置，如图2-17所示。

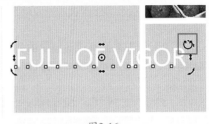

图2-16

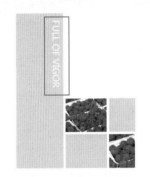

图2-17

06 继续使用同样的方法，制作出画面中的其他文字，并为其设置合适的字体、字号，最终画面效果如图2-18所示。

图2-18

要点速查：选择对象

在编辑对象之前都是需要先将其选中的，在CorelDRAW中提供了两种用于选择对象的工具，分别是 ↖ （选择工具，也被称为挑选工具）和 ↙ （手绘选择工具），如图2-19所示。

图2-19

艺境/中文版CorelDRAW图形创意设计与制作全视频/实践228例 溢彩版

具体方法有以下几种。

（1）选择工具箱中的选择工具，将光标移动至需要选择的对象上，单击鼠标左键即可将其选中。此时选中的对象周围会出现8个黑色正方形控制点。

（2）如果想要加选画面中的其他对象，可以按住Shift键并单击要选择的对象。

（3）通过"框选"的方式选中多个对象。使用选择工具在需要选取的对象周围按住鼠标左键并拖动光标，绘制出一个矩形的区域，矩形范围内的对象将被选中。

（4）选择工具箱中的手绘选择工具，然后在画面中按住鼠标左键并拖动，即可随意绘制一个范围，范围以内的对象则被选中。

（5）想要选择全部对象，可以执行"编辑>全选"命令，在子菜单中可以看到4种可供选择的类型，执行其中某项命令即可选中文档中全部该类型的对象。也可以使用快捷键Ctrl+A选择文档中所有未锁定以及未隐藏的对象。

要点速查：对象的基本操作

➤ 复制与粘贴：选中对象，执行菜单"编辑>复制"命令（快捷键为Ctrl+C），虽然画面没有产生任何变化，但是所选对象已经被复制到剪贴板中以备调用。复制完成后执行菜单"编辑>粘贴"命令（快捷键为Ctrl+V），即可在原位置粘贴一个相同的对象，然后便可将复制的对象移动到其他位置。

➤ 剪切与粘贴：选择一个对象，执行菜单"编辑>剪切"命令（快捷键为Ctrl+X），将所选对象剪切到剪贴板中，被剪切的对象从画面中消失。接着执行菜单"编辑>粘贴"命令，刚刚"剪切"的对象将粘贴到原来的位置，但是排列顺序会发生变化，粘贴的对象位于画面的最顶端。

➤ 移动复制对象：选中对象，然后按住鼠标左键将其移动，移动到相应位置后单击鼠标右键，即可在当前位置复制出一个对象。

➤ 删除：选中要删除的对象，执行菜单"编辑>删除"命令，或按Delete键，即可将所选对象删除。

2.2 使用矩形工具制作简洁几何感海报

文件路径	第2章\使用矩形工具制作简洁几何感海报
难易指数	★★★★★
技术掌握	● 矩形工具 ● 文本工具

🔍扫码深度学习

💡操作思路

本案例讲解了如何使用矩形工具制作简洁几何感海报。首先绘制一个与画板等大的矩形；再绘制一个矩形，将其旋转并放置到刚才的矩形中作为背景；然后制作一个黑色的框，将图片导入到画面中；最后添加相应的文字。

🖱案例效果

案例效果如图2-20所示。

TAKE

RILMANGE

CometopassChanceBechanceTumout
EvantuateTranspireStartup

图2-20

实例007 使用矩形工具制作图形边框

🎙操作步骤

01 执行菜单"文件>新建"命令，在弹出的"创建新文档"对话框

中设置文档"大小"为A4，单击"纵向"按钮，设置完成后单击OK按钮，如图2-21所示。此时即可创建一个空白文档，如图2-22所示。

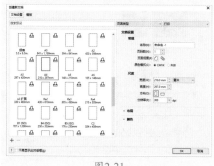

图2-21

图2-22

02 选择工具箱中的矩形工具，在工作区中的左上角按住鼠标左键向画面的右下角拖动，绘制一个与画板等大的矩形，如图2-23所示。选中该矩形，使用鼠标左键单击右侧调色板中的白色色块，为矩形填充白色，接着在调色板的上方使用鼠标右键单击☒按钮，去除轮廓色，如图2-24所示。

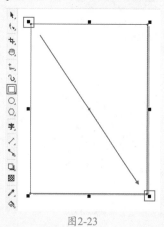

图2-23

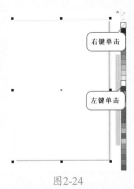

图2-24

03 在画面中使用同样的方法再绘制一个矩形，将其填充为淡黄色，如图2-25所示。接着选择淡黄色的矩形，单击其中心位置，待矩形控制点都变为可旋转的控制点时，将光标移动到右上角的控制点上，按住鼠标左键拖动将其旋转至合适的角度，如图2-26所示。

图2-25

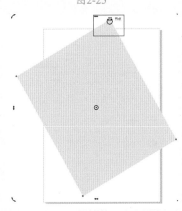

图2-26

04 选中淡黄色的矩形并右键单击，在弹出的快捷菜单中选择"PowerClip内部"命令，如图2-27所示。待鼠标指针变为向右的箭头时，单击刚才绘制的白色矩形，即可将淡黄色矩形放置到白色矩形内部，从而得到想要的图形，如图2-28所示。

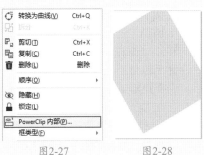

	转换为曲线(V)	Ctrl+Q
	拆分	Ctrl+X
	剪切(T)	Ctrl+X
	复制(C)	Ctrl+C
	删除(L)	删除
	顺序(O)	▶
	隐藏(H)	
	锁定(L)	
	PowerClip 内部(P)...	
	框类型(F)	▶

图2-27　　　　　图2-28

05 继续使用同样的方法绘制矩形，设置"填充色"为无、"轮廓色"为黑色，然后在属性栏中设置"轮廓宽度"为5.0mm，效果如图2-29所示。

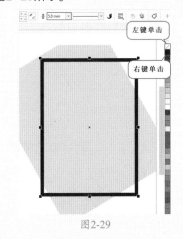

图2-29

实例008　制作主体图像

操作步骤

01 执行菜单"文件>导入"命令，在弹出的"导入"对话框中选择要导入的素材"1.jpg"，然后单击"导入"按钮，如图2-30所示。接着在画面中按住鼠标左键向右下角拖动，导入对象并调整其大小，如图2-31所示。画面效果如图2-32所示。

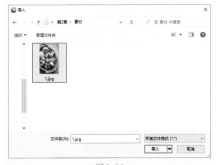

图2-30

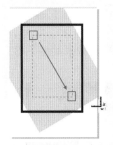

图2-31　　　　　图2-32

02 制作断开外框的效果。继续使用制作矩形的方法在黑色框的上方绘制一个淡黄色的矩形，并摆放在合适的位置，如图2-33所示。使用同样的方法，在黑色框的下方绘制同样颜色的矩形，如图2-34所示。

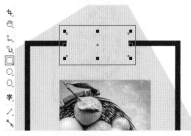

图2-33

图2-34

03 选择工具箱中的文本工具，在上方淡黄色矩形中单击鼠标左键，建立文字输入的起始点，然后输入相应的文字。选中文字，在属性栏中设置合适的字体、字号，并在右侧调色板中将文字的"填充色"设置为黑色，如图2-35所示。

图2-35

04 继续使用同样的方法，输入其他的文字，调整字体、字号，如图2-36所示。最终效果如图2-37所示。

图2-36

图2-37

📖 要点速查：矩形工具的使用方法

选择工具箱中的□（矩形工具），在画面中按住鼠标左键并向右下角拖动，释放鼠标即可得到一个矩形。按住Ctrl键并绘制可以得到一个正方形，如图2-38所示。

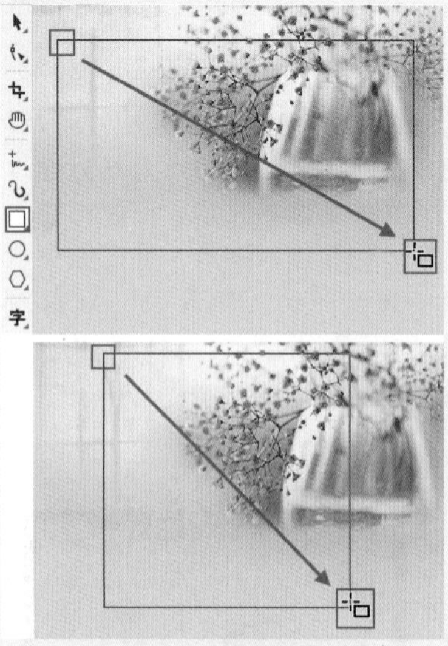

图2-38

使用矩形工具绘制矩形后，还

可以在属性栏中设置其转角形态。在这里提供了□（圆角）、□（扇形角）和□（倒棱角）3种。在属性栏中设置"转角半径"可以改变角的大小。选择矩形工具后，在画面中按住鼠标左键拖动绘制矩形，在属性栏中选择一种合适类型的角。在这里单击"圆角"按钮□，然后设置"转角半径"数值为5.0mm，如图2-39所示。图2-40所示为选择倒棱角的矩形效果。

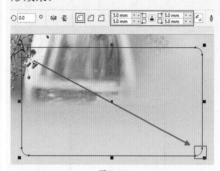

图2-39

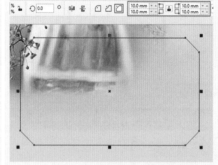

图2-40

2.3 使用圆角矩形制作滚动图

文件路径	第2章\使用圆角矩形制作滚动图
难易指数	⭐⭐⭐⭐⭐
技术掌握	● 矩形工具 ● 椭圆形工具 ● 透明度

🔍 扫码深度学习

💡 操作思路

本案例讲解如何使用圆角矩形制作滚动图。首先使用矩形工具制作背景；接着制作后方的矩形，更改其透明度；然后制作前方的圆角矩形，导入合适大小的素材，输入文字；最后给画面添加小的装饰。

🖱 案例效果

案例效果如图2-41所示。

图2-41

实例009 制作滚动图的背景效果

🎤 操作步骤

01 执行菜单"文件>新建"命令，在弹出的"创建新文档"对话框中设置"宽度"为330.0mm、"高度"为247.0mm，单击"横向"按钮，设置完成后单击OK按钮，如图2-42所示。此时即可创建一个空白文档，如图2-43所示。

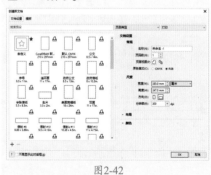

图2-42

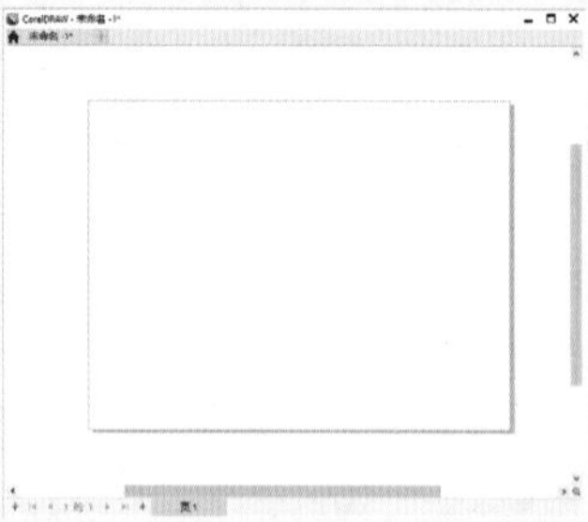

图2-43

02 选择工具箱中的矩形工具，在画面中绘制一个与画板等大的矩形。选中该矩形，展开调色板，然后使用鼠标左键单击红褐色色块为该矩形填充颜色，使用鼠标右键单击☑按钮，去除轮廓色，如图2-44所示。

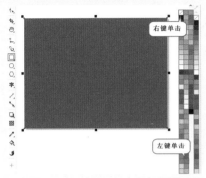

右键单击

左键单击

图2-44

03 使用同样的方法，在砖红色矩形上绘制一个灰色的矩形，如图2-45所示。选中灰色矩形，选择工具箱中的透明度工具，在属性栏中单击"均匀透明度"按钮，设置"透明度"为40，效果如图2-46所示。

图2-45

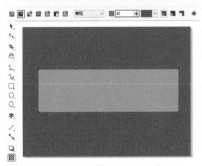

图2-46

04 使用同样的方法，在灰色矩形上再绘制一个稍大的灰色矩形，如图2-47所示。

05 选中该矩形，在属性栏中单击"圆角"按钮，设置"转角半径"为8.0mm，设置完成后按Enter键。圆角矩形效果如图2-48所示。然

后选中灰色圆角矩形，选择工具箱中的透明度工具，在属性栏中单击"均匀透明度"按钮，设置"透明度"为40，效果如图2-49所示。

图2-47

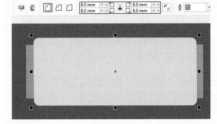

图2-48

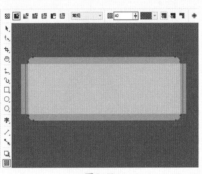

图2-49

实例010　制作滚动图的主体内容

🎤 操作步骤

01 使用同样的方法，在圆角矩形上继续绘制一个白色的圆角矩形，如图2-50所示。

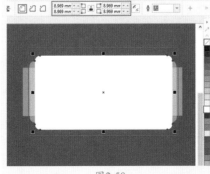

图2-50

02 执行菜单"文件>导入"命令，在弹出的"导入"对话框中选择要导入的素材"1.png"，然后单击"导入"按钮，如图2-51所示。在画面中按住鼠标左键向右下角拖动，导入对象并调整其大小，如图2-52所示。调整其位置，效果如图2-53所示。

图2-51

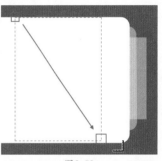

图2-52

图2-53

03 选择工具箱中的阴影工具，在产品素材的中心位置按住鼠标左键向右下角拖动，添加阴影效果。然后在属性栏中设置"阴影颜色"为棕色、"阴影的不透明度"为40、"阴影羽化"为18，效果如图2-54所示。

04 选择工具箱中的文本工具，在白色圆角矩形上方按住鼠标左键从左上角向右下角拖动创建文本框，如图2-55所示。在文本框中输入文字并选中，在属性栏中设置合适的字体、字号，设置"文本对齐方式"为"中"，如图2-56所示。

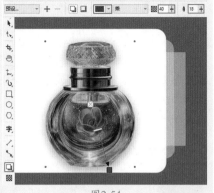

图2-54

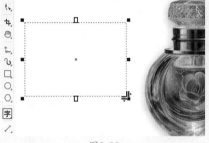

图2-55

图2-56

05 继续在下方输入其他文字，效果如图2-57所示。

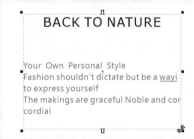

图2-57

06 选择工具箱中的星形工具，在属性栏中设置"点数或边数"为5、"锐度"为53，然后在文字的下方按住Ctrl键的同时按住鼠标左键拖动绘制一个正星形。选中正星形，在调色板中使用鼠标左键单击橘红色，为正星形填充其颜色，使用鼠标右键单击☑按钮，去除轮廓色，如图2-58所示。

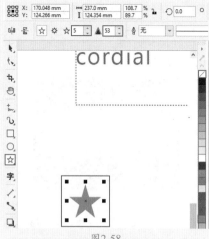

图2-58

07 选择工具箱中的阴影工具，在正星形的中心位置按住鼠标左键向右拖动，制作阴影效果。在正星形上按住鼠标左键拖动控制点╪，调整阴影的效果，如图2-59所示。

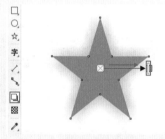

图2-59

08 在属性栏中设置"阴影的不透明度"为100、"阴影羽化"20、"阴影颜色"为灰色，效果如图2-60所示。

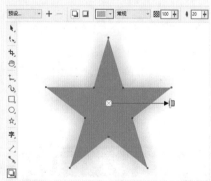

图2-60

09 选中正星形，按住Ctrl键的同时按住鼠标左键向右拖动，至合适的位置时单击鼠标右键，复制一份正星形，如图2-61所示。

10 继续使用快捷键Ctrl+R复制多个正星形，效果如图2-62所示。

图2-61

The makings are graceful Noble cordial

★★★★★

图2-62

11 选择工具箱中的椭圆形工具，在画面的下方按住Ctrl键的同时按住鼠标左键拖动绘制一个正圆。选中该正圆，在调色板中使用鼠标左键单击白色色块，为圆形填充白色，使用鼠标右键单击☑按钮，去除轮廓色，如图2-63所示。

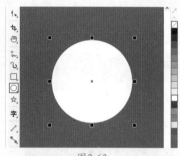

图2-63

12 选中正圆，按住Ctrl键的同时按住鼠标左键向右拖动到合适的位置后，按鼠标右键复制一个正圆，如图2-64所示继续使用快捷键Ctrl+R复制其他正圆，如图2-65所示。

图2-64

图2-65

13 更改正圆的透明度，制作出滚动效果。选中第一个正圆，选择工具箱中的透明度工具，在属性栏中单击"均匀透明度"按钮，设置"透明度"为20，效果如图2-66所示。

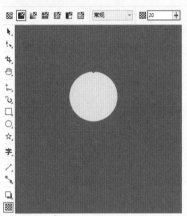

图2-66

14 使用同样的方法，将第二个正圆的"透明度"设置为40，第三个正圆的"透明度"设置为60，效果如图2-67所示。最终效果如图2-68所示。

图2-67

图2-68

📖 要点速查：对象的基本变换

（1）在使用选择工具的状态下就能够完成大部分的变换操作。在使用选择工具将对象选中之后，将光标移动到对象中心点×上。按住鼠标左键并拖动，释放鼠标后即可移动对象，如图2-69所示。按键盘上的方向键，可以使对象按预设的微调距离移动。

图2-69

（2）将光标定位到对象四角控制点处，按住鼠标左键并拖动，可以进行等比例缩放。如果按住对象四边中间位置的控制点并拖动，可以单独调整宽度及长度，此时对象的缩放将无法保持等比例，如图2-70所示。

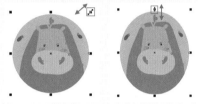

图2-70

（3）如果要旋转图形，可以双击该对象，待控制点变为弧形双箭头形状↖时，按住某一弧形双箭头并移动即可旋转对象，如图2-71所示。

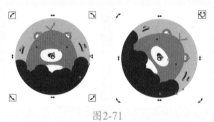

图2-71

（4）当对象处于旋转状态时，对象四边处的控制点就会变为倾斜控制点↔，按住鼠标左键拖动，对象将产生一定的倾斜效果，如图2-72所示。

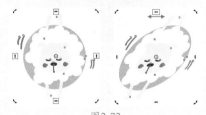

图2-72

（5）"镜像"可以将对象进行水平或垂直的对称性操作。选定对象，在属性栏中单击"水平镜像"按钮可以将对象沿垂直中轴线进行左右翻转，单击"垂直镜像"按钮，可以将对象沿水平中轴线进行上下翻转，效果如图2-73所示。

| 原始对象 | 水平镜像 | 垂直镜像 |

图2-73

2.4 使用椭圆形工具制作圆形标志

文件路径	第2章\使用椭圆形工具制作圆形标志
难易指数	★★★★★
技术掌握	● 椭圆形工具 ● 矩形工具

🔍 扫码深度学习

💡 操作思路

本案例讲解了如何使用椭圆形工具制作圆形标志。首先绘制出一个带有渐变颜色的矩形作为背景；然后绘制3个大小不一的正圆形，将其摆放至合适的位置；最后导入图片素材放置到画面的中间并调整其大小。

🖱 案例效果

案例效果如图2-74所示。

图2-74

实例011 制作矩形背景

🎤 操作步骤

01 执行菜单"文件>新建"命令，在弹出的"创建新文档"对话框中设置"宽度"为269.0mm，"高度"为267.0mm，单击"横向"按钮，设置完成后单击OK按钮，即可创建一个空白文档，如图2-75所示。

图2-75

02 选择工具箱中的矩形工具，在画面中按住鼠标左键拖动绘制一个与画板等大的矩形，如图2-76所示。

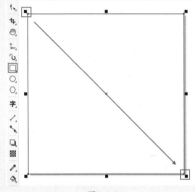

图2-76

03 选中该矩形，选择工具箱中的交互式填充工具，在属性栏中单击"渐变填充"按钮，设置"渐变类型"为"椭圆形渐变填充"。接着单击右侧节点，在画面中显示的浮动工具栏中设置节点颜色为橘黄色，设置中心节点颜色为白色，然后拖动圆形控制点调整渐变效果。最后使用鼠标右键单击调色板顶部的☑按钮，去除轮廓色，如图2-77所示。

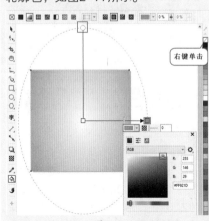

图2-77

实例012　制作标志主体

🎤操作步骤

01 选择工具箱中的椭圆形工具，在画面的中间按住Ctrl键的同时按住鼠标左键拖动绘制一个正圆，如图2-78所示。

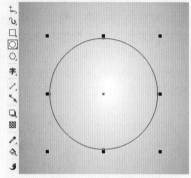

图2-78

02 选中该正圆，选择工具箱中的交互式填充工具，在属性栏中单击"均匀填充"按钮，设置"填充色"为深红色。然后使用鼠标右键单击调色板顶部的☑按钮，去除轮廓色，如图2-79所示。

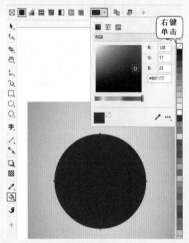

图2-79

03 继续使用同样的方法，在深红色正圆上绘制一个稍小的白色正圆，按键盘上的方向键适当调整其位置，如图2-80所示。继续使用同样的方法，在白色正圆上合适位置绘制一个稍小的红色正圆，效果如图2-81所示。

04 执行菜单"文件>导入"命令，在弹出的"导入"对话框中选择要导入的素材"1.png"，然后单击

"导入"按钮，如图2-82所示。

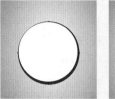 

图2-80　　　　　图2-81

图2-82

05 在画面中按住鼠标左键向右下角拖动，导入对象并调整其大小，如图2-83所示。

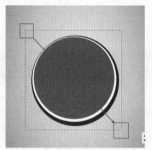

图2-83

06 调整其位置，最终效果如图2-84所示。

图2-84

📖 要点速查：绘制饼形和弧线

使用椭圆形工具在画面中绘制一个椭圆，在属性栏中单击"饼形"按钮◔，即可得到饼状图形，如图2-85所示。单击"弧形"按钮◜，可以得到

弧线，如图2-86所示。

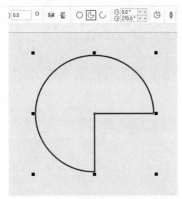

图2-85

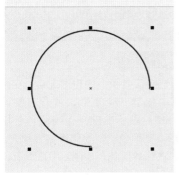

图2-86

➤ 起始和结束角度：通过设置新的起始和结束角度来移动椭圆形的起点和终点。

➤ 更改方向：在顺时针和逆时针之间切换弧形或饼形的方向。

2.5 时尚播放器

文件路径	第2章\时尚播放器
难易指数	★★★★★
技术掌握	● 文本工具 ● 矩形工具 ● 椭圆形工具

🔍扫码深度学习

操作思路

本案例讲解了如何制作时尚播

放器。首先使用矩形工具制作背景图案，再使用钢笔工具绘制出上下两个三角形及彩色多边形的条纹；接着绘制不同大小的带有透明度的正圆形，放置在画面合适的位置上，并导入素材图片；然后使用文本工具输入合适的文字，制作不同的按钮放置在素材的下方。

案例效果

案例效果如图2-87所示。

图2-87

实例013 制作背景部分

操作步骤

01 执行菜单"文件>新建"命令，在弹出的"创建新文档"对话框中设置"宽度"为298.0mm、"高度"为168.0mm，单击"横向"按钮，设置完成后单击OK按钮，即可创建一个空白文档，如图2-88所示。

图2-88

02 选择工具箱中的矩形工具，在画面中绘制一个与画板等大的矩形，如图2-89所示。选中该矩形，展开右侧调色板，然后使用鼠标左键单击深碧蓝色色块为该矩形填充颜色，使用鼠标右键单击☐按钮，去除轮廓色，如图2-90所示。

图2-89

图2-90

03 选择工具箱中的钢笔工具，在画面的左上角绘制一个三角形，如图2-91所示。选中该三角形，使用鼠标左键单击右侧调色板中的柔和蓝色色块为该矩形填充颜色，使用鼠标右键单击☐按钮，去除轮廓色，效果如图2-92所示。

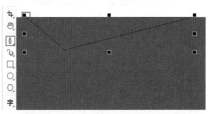

图2-91

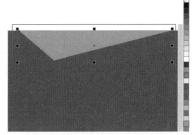

图2-92

04 选中三角形，按住鼠标左键向下拖动到合适位置后，按鼠标右键复制一个三角形，如图2-93所示。选中复制出来的三角形，单击属性栏中的"垂直镜像"按钮，此时效果如图2-94所示。然后单击属性栏中的"水平镜像"按钮，将该三角形移动至画面的右下方，效果如图2-95所示。

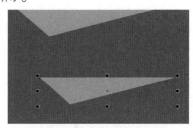

图2-93

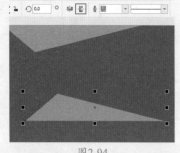

图2-94

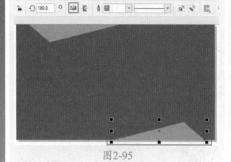

图2-95

实例014　制作条形装饰与圆形装饰

操作步骤

01 选择工具箱中的钢笔工具，在画面中绘制一个多边形，如图2-96所示。选中该多边形，在调色板中使用鼠标右键单击⊠按钮，去除轮廓色。使用鼠标左键单击青色色块为多边形填充其颜色，如图2-97所示。

图2-96

图2-97

02 使用同样的方法，制作出其他的多边形，并摆放在合适的位置，效果如图2-98所示。

图2-98

03 选择工具箱中的椭圆形工具，在画面的左侧按住Ctrl键的同时按住鼠标左键拖动绘制一个正圆，然后使用鼠标左键单击右侧调色板中的白色色块为圆形填充颜色，使用鼠标右键单击⊠按钮，去除轮廓色，如图2-99所示。选中白色正圆，选择工具箱中的透明度工具，在属性栏中单击"均匀透明度"按钮，设置"透明度"为70，效果如图2-100所示。

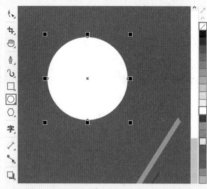

图2-99

图2-100

04 使用同样的方法，在画面中绘制其他正圆，并将其移动到合适的位置，如图2-101所示。背景部分制作完成，效果如图2-102所示。

图2-101

图2-102

实例015　制作时尚播放器的主体部分

操作步骤

01 选择工具箱中的矩形工具，在画面中绘制一个矩形，展开右侧调色板，使用鼠标左键单击粉蓝色色块为矩形填充颜色，使用鼠标右键单击⊠按钮，去除轮廓色，如图2-103所示。

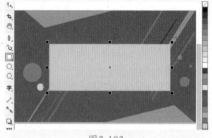

图2-103

02 执行菜单"文件>导入"命令，在弹出的"导入"对话框中选择要导入的素材"1.jpg"，然后单击"导入"按钮，如图2-104所示。接着在画面中按住鼠标左键向右下角拖动，导入对象并调整其大小，如图2-105所示。调整其位置，效果如图2-106所示。

图2-104

图2-105

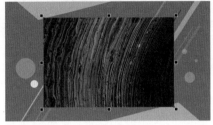

图2-106

03 将导入的素材移动到工作区以外的地方备用。继续使用工具箱中的矩形工具在淡紫色矩形上绘制一个稍小的白色矩形，如图2-107所示。

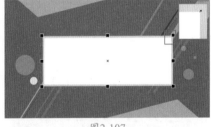

图2-107

04 使用鼠标右键单击刚刚导入的素材图片，在弹出的快捷菜单中选择"PowerClip内部"命令，如图2-108所示。当光标变成黑色粗箭头时，单击刚刚绘制的白色矩形，即可实现位图的精确剪裁，如图2-109所示。

图2-108

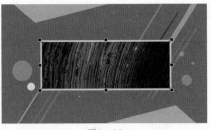

图2-109

05 如果需要调整，可以在工作区左上角的浮动工具栏中单击"编辑"按钮，如图2-110所示。素材位置调整完成后单击"完成"按钮，如图2-111所示。此时画面效果如图2-112所示。

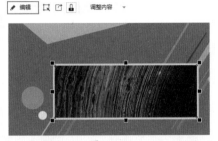

图2-110

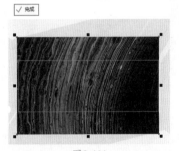

图2-111

图2-112

实例016 添加文字元素

操作步骤

01 添加文字效果。选择工具箱中的文本工具，在上方三角形中单击鼠标左键，建立文字输入的起始点，在画面中输入相应的文字。接着在属性栏中设置合适的字体、字号，并在右侧调色板中使用鼠标左键单击白色色块，更改文字颜色，如图2-113所示。在使用文本工具的状态下，在第一个字母后面单击插入光标，然后按住鼠标左键向前拖动，选中第一个字母，在属性栏中设置"字体大小"为36pt，如图2-114所示。

图2-113

图2-114

02 双击该文字进入旋转状态，然后按住鼠标左键拖动控制点将其进行旋转，使之与三角形一边平行，效果如图2-115所示。

图2-115

03 继续使用同样的方法，输入其他文字，调整字体、字号，并将文字移动到合适的位置，如图2-116所示。

图2-116

实例017 制作播放器控件

🎙️操作步骤

01 制作素材下方的按钮。使用工具箱中的椭圆形工具在素材的左下方绘制一个无轮廓的10%黑色正圆，如图2-117所示。

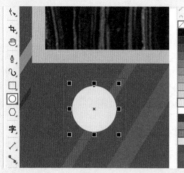

图2-117

02 选择工具箱中的矩形工具，在正圆上绘制一个无轮廓的靛蓝色矩形，如图2-118所示。

图2-118

03 选择工具箱中的钢笔工具，在矩形的左侧绘制一个三角形，如图2-119所示。

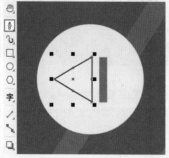

图2-119

04 选中该三角形，使用鼠标左键单击右侧调色板中的靛蓝色色块为其添加颜色，使用鼠标右键单击☒按钮，去除轮廓色，如图2-120所示。

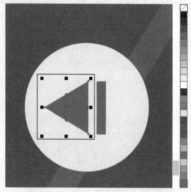

图2-120

05 继续使用同样的方法，在素材的下方绘制其他按钮，效果如图2-121所示。

图2-121

06 选择工具箱中的矩形工具，在按钮的右侧绘制一个无轮廓的狭长白色矩形，如图2-122所示。

图2-122

07 使用同样的方法，在狭长矩形上绘制一个小的无轮廓白色矩形，如图2-123所示。最终效果如图2-124所示。

图2-123

图2-124

第3章

填充与轮廓线

本章概述

在绘制图形时离不开"填充"与"轮廓线"。图形的"填充"包括纯色、渐变和图案3种形式。使用交互式填充工具可以进行多种填充方式的设置。而针对轮廓线的设置则需要在"轮廓笔"对话框中进行。

本章重点

- 掌握交互式填充工具的使用方法
- 掌握渐变填充的设置方法
- 掌握轮廓线属性的设置方法

3.1 使用单色填充制作杂志

文件路径	第3章\使用单色填充制作杂志
难易指数	★★★★★
技术掌握	● 矩形工具 ● 文本工具 ● 透明度工具

扫码深度学习

💡 操作思路

本案例主要讲解了如何使用单色填充制作杂志中的各部分区域。首先制作一个带有渐变颜色的矩形作为背景图；接着制作一个带有投影的白色矩形放置在画面中间，同时导入风景素材，并在画面中输入文字。

🖱 案例效果

案例效果如图3-1所示。

图3-1

实例018 制作商务杂志中的背景效果

🎤 操作步骤

01 执行菜单"文件>新建"命令，在弹出的"创建新文档"对话框中设置"宽度"为277.0mm、"高度"为205.0mm，单击"横向"按钮，设置完成后单击OK按钮，创建一个空白文档，如图3-2所示。

图3-2

02 选择工具箱中的矩形工具，在画面中按住鼠标左键拖动，绘制一个与画板等大的矩形，如图3-3所示。

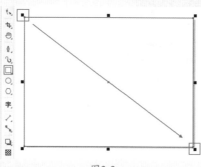

图3-3

03 选中该矩形，选择工具箱中的交互式填充工具，在属性栏中单击"渐变填充"按钮，设置"渐变类型"为"椭圆形渐变填充"，接着在画面中拖动控制点调整渐变效果。然后单击右侧的节点，在显示的浮动工具栏中设置节点颜色为灰色，设置另外一个节点颜色为浅灰色。最后使用鼠标右键单击调色板顶部的☒按钮，去除轮廓色，如图3-4所示。

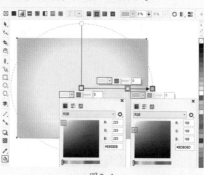

图3-4

04 继续使用同样的方法，在画面中间绘制一个矩形，使用鼠标左键单击右侧调色板中的白色色块为该矩形填充其颜色，使用鼠标右键单击☒按钮，去除轮廓色，如图3-5所示。

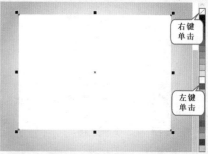

右键单击

左键单击

图3-5

05 选中白色矩形，使用快捷键Ctrl+C进行复制，然后使用快捷键Ctrl+V将其粘贴，选中上方矩形，使用鼠标左键单击黑色色块为该矩形填充颜色，如图3-6所示。

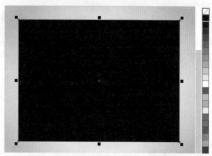

图3-6

06 选中黑色矩形，然后选择工具箱中的透明度工具，在属性栏中单击"均匀透明度"按钮，设置"透明度"为50，效果如图3-7所示。

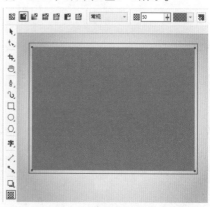

图3-7

07 选中灰色矩形，单击鼠标右键，在弹出的快捷菜单中执行"顺序>向后一层"命令，此时灰色矩形会自动移至白色矩形的后方，然后多次使用键盘上的方向键将灰色矩形向右下角移出一点作为白色矩形的阴影，如图3-8所示。

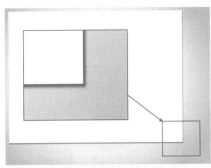

图3-8

08 执行菜单"文件>导入"命令，在弹出的"导入"对话框中选择要导入的风景素材"1.png"。按住鼠标左键拖动，调整导入对象的大小，效果如图3-9所示。

图3-9

实例019 制作商务杂志中的文字与图形

🎙️操作步骤

01 使用矩形工具在素材上绘制一个无轮廓的深蓝色矩形，如图3-10所示。

图3-10

02 选择工具箱中的文本工具，在深蓝色矩形上单击鼠标左键，建立文字输入的起始点，输入相应的文字。然后在属性栏中设置合适的字体、字号，并在右侧调色板中将文字

的"填充色"设置为白色，如图3-11所示。

图3-11

03 双击该文字进入旋转状态，然后按住Ctrl键的同时按住鼠标左键拖动控制点将其旋转，接着将旋转后的文字移动到合适的位置，如图3-12所示。

图3-12

04 制作段落文字。继续使用文本工具，在文字的左侧按住鼠标左键从左上角向右下角拖动创建一个文本框，如图3-13所示。

图3-13

05 在文本框中输入相应的文字，选中文字，在属性栏中设置合适的字体、字号，并在右侧调色板中将文字的"填充色"设置为白色，如图3-14所示。

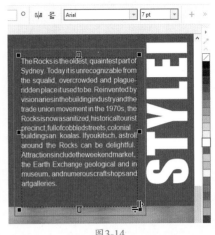

图3-14

06 使用同样的方法，在画面中输入其他文字，最终效果如图3-15所示。

图3-15

📖 要点速查：使用调色板

最直接的纯色均匀填充方法就是使用调色板进行填充，默认情况下，调色板位于窗口的右侧，如图3-16所示。在调色板中集合了多种常用的颜色，而且在CorelDRAW中提供了多个预设的调色板。执行"窗口>泊坞窗>调色板"命令，在打开的调色板泊坞窗中可以勾选其他选项后打开其调色板，如图3-17所示。

图3-16

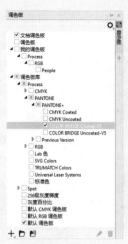

图3-17

（1）选中要填充颜色的对象，在调色板中想要填充的颜色色块上使用鼠标左键单击，即可给对象填充颜色。

（2）选中需要添加轮廓色的对象，在调色板中使用鼠标右键单击调色板中的颜色色块，即可为选中的对象设置轮廓色。轮廓色填充完成后，可以在属性栏中对其"轮廓宽度"和"线条样式"等属性进行更改，如图3-18所示。

图3-18

（3）选中一个对象，使用鼠标左键单击调色板上方的☑按钮，即可去除当前对象的填充颜色。使用鼠标右键单击☑按钮，即可去除当前对象的轮廓色。

3.2 使用渐变填充制作海报

文件路径	第3章\使用渐变填充制作海报
难易指数	⭐⭐⭐⭐⭐
技术掌握	● 交互式填充工具 ● 矩形工具 ● 钢笔工具

🔍扫码深度学习

💡操作思路

本案例主要讲解如何使用渐变填充制作海报。首先使用矩形工具制作一个玫红色渐变系的矩形作为背景并将其下方变形；接着制作青色系的渐变立体边框效果，为画面添加文字，并将其摆放在合适的位置；最后导入素材。

🖱案例效果

案例效果如图3-19所示。

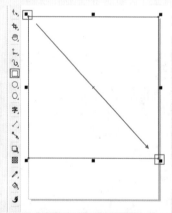

图3-19

实例020　制作海报的背景效果

🎤操作步骤

01 执行菜单"文件>新建"命令，创建一个空白文档。选择工具箱中的矩形工具，在画面的上方绘制一个矩形，如图3-20所示。

图3-20

02 选中该矩形，选择工具箱中的交互式填充工具，在属性栏中单击"渐变填充"按钮，设置"渐变类型"为"椭圆形渐变填充"。接着在图形上按住鼠标左键拖动调整控制杆的位置，然后单击左侧的节点，在显

示的浮动工具栏中设置第一个节点的颜色为粉色、第二个节点的颜色为深粉色、第三个节点的颜色为深粉色。最后使用鼠标右键单击调色板顶部的☑按钮，去除轮廓色，如图3-21所示。

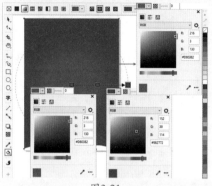

图3-21

03 选中矩形，接着选择工具箱中的涂抹工具，在矩形的右下方按住鼠标左键向左上方拖动至合适的位置，如图3-22所示。

图3-22

04 继续按住鼠标左键在矩形左下方拖动调整矩形形状，效果如图3-23所示。

图3-23

实例021　制作海报中的主体图形

🎤操作步骤

01 选择工具箱中的钢笔工具，在粉色多边形的上方绘制一个不规则图形，如图3-24所示。

02 选中不规则图形，使用快捷键Ctrl+C进行复制，接着使用快捷键Ctrl+V进行粘贴，然后将鼠标放在图形右上方控制点上，按住Shift键的同时按住鼠标左键向左下角拖动，将复制出来的图形等比例缩小，效果如图3-25所示。

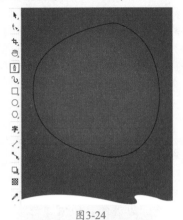

图3-24

图3-25

03 按住Shift键的同时单击绘制的两个不规则图形，然后在属性栏中单击"移除前面对象"按钮，此时图形变成一个空心的外框，如图3-26所示。

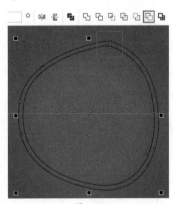

图3-26

04 选中此外框图形，选择工具箱中的交互式填充工具，在属性栏中单击"渐变填充"按钮，选择"线性渐变填充"。接着在画面中按住控制点向四周拖动，调整渐变控制杆的位置和方向，然后单击上方的节点，在显示的浮动工具栏中设置节点的

颜色为青色，设置另一个节点的颜色为深青色。最后使用鼠标右键单击调色板顶部的 按钮，去除轮廓色，如图3-27所示。

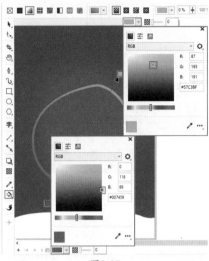

图3-27

05 使用同样的方法，在青色渐变外框上绘制一个外框，如图3-28所示。

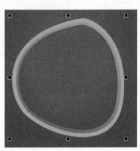

图3-28

06 继续使用同样的方法，绘制最上面的外框，如图3-29所示。

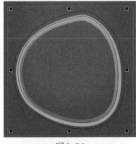

图3-29

07 通过使用工具箱中的形状工具，拖动控制点和控制箭头对其轮廓进行调整，使其呈现出扭曲的效果，如图3-30所示。

08 选中此外框图形，选择工具箱中的交互式填充工具，在属性栏中

单击"渐变填充"按钮，设置"渐变类型"为"线性渐变填充"。接着在画面中按住控制点向四周拖动，调整渐变控制杆的位置和方向，然后单击上方的节点，在显示的浮动工具栏中设置节点的颜色为青色，设置另一个节点的颜色为深青色。最后使用鼠标右键单击调色板顶部的 按钮，去除轮廓色，效果如图3-31所示。

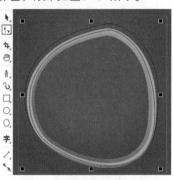

图3-30

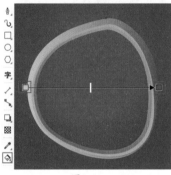

图3-31

09 执行菜单"文件>导入"命令，在弹出的"导入"对话框中选择要导入的风景素材"1.jpg"，然后单击"导入"按钮，在工作区中按住鼠标左键拖动，调整导入对象的大小。释放鼠标完成导入操作，如图3-32所示。

图3-32

10 将素材移动到画板以外的位置，使用工具箱中的钢笔工具沿着青色框的内部绘制一个黄色的不规则图形，

如图3-33所示。

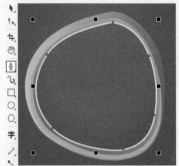

图3-33

11 右键单击风景素材，在弹出的快捷菜单中执行"PowerClip内部"命令，当光标变成黑色粗箭头时，单击刚刚绘制的图形，即可实现位图的精确剪裁，如图3-34所示。

图3-34

实例022　制作海报中的文字与人像

操作步骤

01 在画面中添加文字。选择工具箱中的文本工具，在画面的右上方单击鼠标左键，建立文字输入的起始点，输入相应的文字，在属性栏中设置合适的字体、字体大小，并在右侧调色板中将文字的"填充色"设置为黄绿色，如图3-35所示。

图3-35

02 在使用文本工具的状态下，在第一个字母后面单击插入光标，接着按住鼠标左键向前拖动，选中第一个字母，然后在属性栏中更改字体大小为165pt，如图3-36所示。

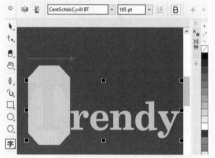

图3-36

03 使用同样的方法，输入其他文字，然后将文字移动到合适的位置，如图3-37所示。

图3-37

04 继续在画面的下方输入文字，如图3-38所示。

图3-38

05 使用同样的方法，导入素材"2.png"，在工作区中按住鼠标左键拖动，调整导入对象的大小，释放鼠标完成导入操作。最终效果如图3-39所示。

图3-39

要点速查：交互式填充工具

（交互式填充工具）可以为矢量对象设置纯色、渐变、图案等多种形式的填充。选择工具箱中的交互式填充工具，在属性栏中可以看到各种类型的填充方式：（无填充）、（均匀填充）、（渐变填充）、（向量图样填充）、（位图图样填充）、（双色图样填充）、（底纹填充）、（PostScript填充）等。

选中矢量对象，然后单击属性栏中任意一种填充方式。除（均匀填充）以外的其他方式都可以进行"交互式"的调整，如图3-40所示。例如，选择（向量图样填充）方式，选择一种合适的图案，对象上就会显示出图案控制杆。通过调整控制点可以对图样的大小、位置、形态等属性进行调整，如图3-41所示。

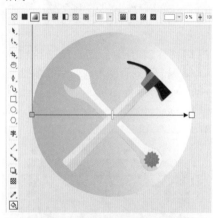

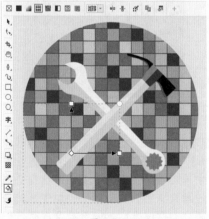

图3-40

图3-41

使用不同的填充方式，在属性栏中都会有不同的设置选项，但是其中几个参数选项是每种填充方式都有的。首先来了解一下这些选项，如图3-42所示。

图3-42

➤ ▦ 填充挑选器：从个人或公共库中选择填充。

➤ 复制填充：将文档中其他对象的填充应用到选定对象。

➤ 编辑填充：单击该按钮可以弹出"编辑填充"对话框。在该对话框中可以对填充的属性进行编辑。

选中带有填充的对象，选择工具箱中的 ◈（交互式填充工具），在属性栏中单击"无填充"按钮 ⊠，即可清除填充图案，如图3-43所示。

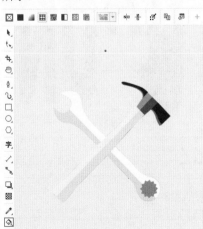

图3-43

3.3 使用渐变填充制作切割感文字

文件路径	第3章\使用渐变填充制作切割感文字
难易指数	★★★★★
技术掌握	● 文本工具 ● 交互式填充工具 ● 椭圆形工具

[QR code] 扫码深度学习

操作思路

本案例讲解了如何使用渐变填充制作切割感文字。首先使用文本工具输入合适的文字，再将文字变形；然后使用矩形工具和椭圆形工具制作出一个半圆，为其添加渐变颜色并放置在合适的位置。

案例效果

案例效果如图3-44所示。

图3-44

实例023　制作文字变形效果

操作步骤

01 新建一个A4尺寸的竖版文档。选择工具箱中的文本工具，在画面中单击鼠标左键建立文字输入的起始点，输入相应的文字。选中文字，在属性栏中设置合适的字体、字号，如

图3-45所示。

图3-45

02 选中文字，选择工具箱中的形状工具，按住文字右下方的控制点向左侧拖动，调整文字的字间距，如图3-46所示。

图3-46

03 选择工具箱中的选择工具，按住文字上方中间的控制点并向上拖动，将文字拉长，如图3-47所示。在文字的上方右键单击，在弹出的快捷菜单中执行"转换为曲线"命令，如图3-48所示。此时文字效果如图3-49所示。

图3-47

🔲 转换为段落文本(V)	Ctrl+F8
↻ 转换为曲线(V)	Ctrl+Q
🔤 拼写检查(S)...	Ctrl+F12
✂ 剪切(T)	Ctrl+X
📋 复制(C)	Ctrl+C
🗑 删除(L)	删除
	顺序(O)	▶
👁 隐藏(H)	
🔒 锁定(L)	

图3-48

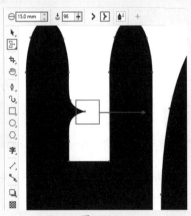

图3-49

O4 选中文字，选择工具箱中的涂抹工具，在属性栏中单击"尖状涂抹"按钮，设置"笔尖半径"为15.0mm、"压力"为96，然后在字母H上选择合适的位置，按住鼠标左键向右拖动至合适的位置，如图3-50所示。

图3-50

O5 使用同样的方法，将该组文字变形，效果如图3-51所示。

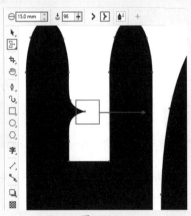

图3-51

O6 注意，每横排变形都在同一水平线上，并在右侧调色板中单击绿色色块，将文字变为绿色，如图3-52所示。

O7 使用同样的方法，制作第二组文字，如图3-53所示。

图3-52

图3-53

O8 制作小字母。选择工具箱中的文本工具，在字母T的右侧单击鼠标左键建立文字输入的起始点，输入相应的文字，接着选中文字，在属性栏中设置合适的字体、字号，单击"将文本更改为垂直方向"按钮，如图3-54所示。

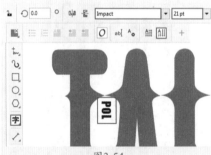

图3-54

O9 在右侧调色板中将文字的"填充色"设置为绿色，如图3-55所示。

图3-55

10 继续使用同样的方法，制作出其他文字，如图3-56所示。

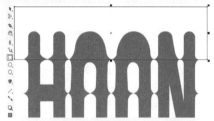

图3-56

实例024　制作文字切分效果

操作步骤

O1 制作文字切分的效果。选择工具箱中的矩形工具，在第一组文字的上方绘制一个矩形，如图3-57所示。然后选择工具箱中的椭圆形工具，在矩形的下方绘制一个椭圆形，椭圆和矩形交汇处为字母尖状位置，如图3-58所示。

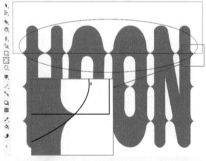

图3-57

图3-58

O2 按住Shift键分别单击矩形和椭圆形将其进行加选，然后单击属性栏中的"移除后面的对象"按钮，效果如图3-59所示。

O3 选中该半圆形，使用鼠标右键单击调色板顶部的☑按钮，去除轮廓色。选择工具箱中的交互式填充工具，在属性栏中单击"渐变填充"

按钮，设置"渐变类型"为"线性渐变填充"，接着在图形上按住鼠标左键拖动调整控制杆的位置，然后将两个节点的颜色设置为黑色，将底部节点的透明度设置为100%，如图3-60所示。

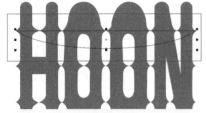

图3-59

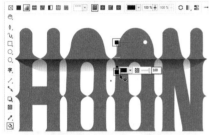

图3-60

04 选中半圆形，按住鼠标左键向下拖动，到合适位置后按鼠标右键进行复制，如图3-61所示。使用快捷键Ctrl+R复制其他半圆形，效果如图3-62所示。

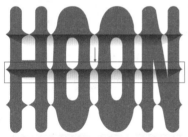

图3-61

图3-62

05 使用同样的方法，为下方文字制作切割感效果。最终效果如图3-63所示。

图3-63

📚 要点速查：渐变填充选项

选择工具箱中的交互式填充工具，选择渐变填充方式，其属性栏如图3-64所示。

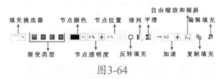

图3-64

各个属性说明如下。

➤ **填充挑选器**：单击该按钮，在下拉面板中从个人或公共库中选择一种已有的渐变填充。

➤ **渐变类型**：用于设置渐变的类型，即（线性渐变填充）、（椭圆形渐变填充）、（圆锥形渐变填充）和（矩形渐变填充）4种不同的渐变填充效果。

➤ **节点颜色**：在使用交互式填充工具填充渐变时，对象上会出现交互式填充控制器，选中控制器上的节点，在属性栏中可以更改节点颜色。

➤ **节点透明度**：设置选中节点的不透明度。

➤ **节点位置**：设置中间节点相对于第一个和最后一个节点的位置。

➤ **反转填充**：单击该按钮后，图形的渐变颜色将反转。

➤ **排列**：设置渐变的排列方式，可以选择（默认渐变填充）、（重复和镜像）和（重复）。

➤ **平滑**：用于在渐变填充节点间创建更加平滑的颜色过渡。

➤ **加速**：设置渐变填充从一个颜色到另一个颜色的调和速度。

➤ **自由缩放和倾斜**：启用此选项，可以填充不按比例倾斜或延展的渐变。

➤ **复制填充**：将文档中其他对象的填充应用到选定对象上。

➤ **编辑填充**：单击该按钮，可以打开"编辑填充"对话框，从而编辑填充属性。

3.4 使用图案填充制作音乐网页

文件路径	第3章\使用图案填充制作音乐网页
难易指数	⭐⭐⭐⭐⭐
技术掌握	● 椭圆形工具 ● 交互式填充工具 ● 文本工具

🔍扫码深度学习

💡 操作思路

本案例讲解了如何使用图案填充制作音乐网页。首先为画面制作一个深蓝色的背景，将导入的图片制作成圆形，放置在合适的位置；接着多次使用椭圆形工具制作出图形模块，并设置合适的填充方式，将其放置在合适的位置。

🖱️ 案例效果

案例效果如图3-65所示。

图3-65

实例025　制作网页背景

🎙️操作步骤

01 新建竖版文档。在画面中绘制一个与画板等大的矩形，展开右侧调色板，使用鼠标左键单击蓝色色块为该矩形填充蓝色，接着在调色板的上方使用鼠标右键单击☒按钮，去除轮廓色，如图3-66所示。

图3-66

02 使用同样的方法，在画面的下方绘制一个黑色矩形，如图3-67所示。

图3-67

03 选中该矩形，选择工具箱中的透明度工具，在属性栏中单击"均匀透明度"按钮，设置"透明度"为20，如图3-68所示。

04 执行菜单"文件>导入"命令，在弹出的"导入"对话框中选择要导入的素材"1.jpg"，然后单击"导入"按钮，在工作区中按住鼠标左键拖动，调整导入对象的大小。释放鼠标完成导入操作，如图3-69所示。

图3-68

图3-69

05 选择工具箱中的椭圆形工具，在素材上按住Ctrl键的同时按住鼠标左键拖动绘制一个正圆形，如图3-70所示。

图3-70

06 选中素材，执行菜单"对象>PowerClip>置于图文框内部"命令。当光标变成黑色粗箭头时，单击刚刚绘制的正圆形，即可实现位图的精确剪裁，如图3-71所示。使用同样的方法，制作出其他的图案，然后调整其大小和位置，如图3-72所示。

图3-71

图3-72

实例026　制作网页标志与导航

🎙️操作步骤

01 使用工具箱中的矩形工具在画面的上方绘制出一个黑色的矩形，如图3-73所示。

图3-73

02 选择工具箱中的透明度工具，在属性栏中单击"均匀透明度"按钮，设置"透明度"为20，如图3-74所示。

图3-74

03 选择工具箱中的钢笔工具，在画面的左上角绘制一个图形，如图3-75所示。

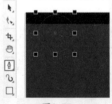

图3-75

04 选中该图形，展开右侧调色板，使用鼠标左键单击白色色块，为该图形填充白色，接着在调色板的上方使用鼠标右键单击☒按钮，去除轮廓色，如图3-76所示。

图3-76

05 选中该图形，选择工具箱中的透明度工具，在属性栏中单击"均匀透明度"按钮，设置"透明度"为10，如图3-77所示。

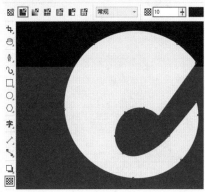

图3-77

06 使用同样的方法，在图形的右侧绘制一个白色箭头，并设置"透明度"为10，效果如图3-78所示。

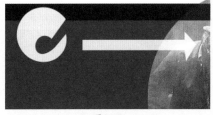

图3-78

07 选择工具箱中的文本工具，在箭头上单击鼠标左键，建立文字输入的起始点，接着输入相应的文字。选中文字，在属性栏中设置合适的字体、字号，如图3-79所示。

图3-79

08 使用同样的方法，在画面上方输入其他白色文字，如图3-80所示。

图3-80

实例027　制作带有图案的图形模块

操作步骤

01 选择工具箱中的椭圆形工具，在画面的右上方按住Ctrl键的同时按住鼠标左键拖动，绘制一个正圆形，如图3-81所示。

图3-81

02 选中该正圆形，使用鼠标左键单击右侧调色板中的洋红色色块为圆形填充洋红色，接着在右侧调色板的上方使用鼠标右键单击☑按钮，去除轮廓色，如图3-82所示。

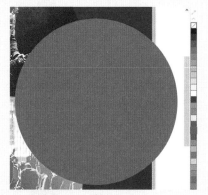

图3-82

03 继续使用同样的方法，在洋红色正圆形的上面绘制一个稍小的深粉色正圆形，如图3-83所示。接着同样在深粉色正圆形的上面再绘制一个正圆形，如图3-84所示。

图3-83

图3-84

04 选中最后绘制的正圆形，选择工具箱中的交互式填充工具，在属性栏中单击"双色图样填充"按钮，分别设置合适的"第一种填充色或图样"和"背景颜色"。在正圆形的上方按住鼠标左键拖动，调整控制杆的位置，然后在右侧调色板的上方使用鼠标右键单击☑按钮，去除轮廓色，如图3-85所示。

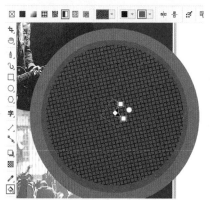

图3-85

05 选择工具箱中的透明度工具，在属性栏中单击"均匀透明度"按钮，设置"透明度"为87，效果如图3-86所示。

06 在正圆形的上面绘制一个玫红色的矩形，如图3-87所示。选中该矩形，在属性栏中单击"圆角"按钮，设置"转角半径"为16.6mm，效果如图3-88所示。

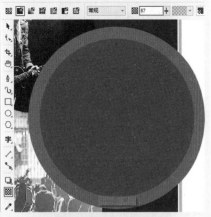

图3-86

图3-87

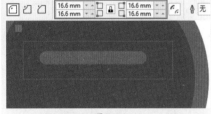

07 选择工具箱中的文本工具,在画面中单击鼠标左键,建立文字输入的起始点,然后输入相应的文字。选中文字,在属性栏中设置合适的字体、字号,并在调色板中设置文本颜色为白色,如图3-89所示。

图3-89

08 使用同样的方法,将绿色图形模块和蓝色图形模块绘制出来,并将其放置在合适的位置,如图3-90所示。

图3-90

实例028　制作其他图形模块

操作步骤

01 选择工具箱中的椭圆形工具,在绿色图形模块的上方按住Ctrl键的同时按住鼠标左键向下拖动,绘制一个正圆形。选择工具箱中的交互式填充工具,在属性栏中单击"均匀填充"按钮,设置"填充色"为浅绿色。然后在右侧调色板的上方使用鼠标右键单击╱按钮,去掉轮廓色,如图3-91所示。

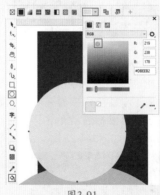

图3-91

02 选中该正圆形,选择工具箱中的透明度工具,在属性栏中单击"均匀透明度"按钮,设置"透明度"为20,效果如图3-92所示。

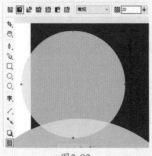

图3-92

03 继续使用同样的方法,在绿色正圆形上绘制一个"透明度"为10的绿色正圆形,如图3-93所示。

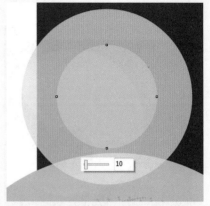

图3-93

04 选择工具箱中的文本工具,在绿色正圆形上单击鼠标左键,建立文字输入的起始点,输入相应的文字。选择文字,在属性栏中设置合适的字体、字号,并在调色板中设置文本颜色为白色,如图3-94所示。

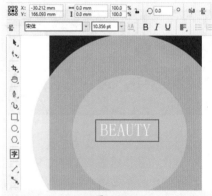

图3-94

05 继续使用同样的方法,绘制其旁边的蓝色和粉色图案,并添加文字,将其放置在合适的位置,如图3-95所示。

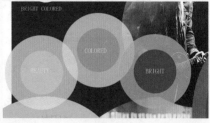

图3-95

06 继续绘制画面中其他圆形图案,并添加文字,将其放置在合适的位置,如图3-96所示。

图3-96

07使用快捷键Ctrl+A选中画面中的所有图形与文字，使用快捷键Ctrl+G组合对象。然后在画面中绘制一个与画板等大的矩形，如图3-97所示。

图3-97

08选中组合的图形，执行菜单"对象>PowerClip>置于图文框内部"命令，当光标变成黑色粗箭头时，单击刚刚绘制的矩形，最终效果如图3-98所示。

图3-98

📚 **要点速查：对象管理**

➤ 调整对象堆叠顺序：当文档中存在多个对象时，对象的上下堆叠顺序将影响画面的显示效果。执行菜单

"对象>顺序"命令，在弹出的子菜单中选择相应命令即可完成堆叠顺序的调整。

➤ 锁定对象与解除锁定："锁定"命令可以将对象固定，使其不能进行编辑。选择需要锁定的对象，默认情况下显示的控制点为黑色的方块。接着执行菜单"对象>锁定>锁定"命令，或右键单击选定的图像，在弹出的快捷菜单中执行"锁定"命令。被锁定的对象四周会出现8个锁形图标，表示当前图像处于锁定的不可编辑状态。在锁定的对象上右键单击，在弹出的快捷菜单中执行"解锁"命令，可以将对象的锁定状态解除，使其能够被编辑。执行菜单"对象>锁定>全部解锁"命令，可以快速解锁文档中被锁定的多个对象。

➤ 组合与取消群组："组合"是指将多个对象临时组合成一个整体。组合后的对象保持其原始属性，但是可以进行同时的移动、缩放等操作。选中需要组合的多个对象，执行菜单"对象>组合>组合"命令（快捷键为Ctrl+G），还可以右键单击，在弹出的快捷菜单中执行"组合"命令。如果想要取消群组，可以选中需要取消群组的对象，执行菜单"对象>组合>取消群组"命令。

3.5 利用网状填充工具制作抽象图形海报

文件路径	第3章\利用网状填充工具制作抽象图形海报
难易指数	⭐⭐⭐⭐⭐
技术掌握	● 网状填充工具 ● 文本工具 ● 矩形工具

🔍扫码深度学习

💡 **操作思路**

本案例讲解了如何利用网状填充工具制作抽象图形海报。首先制作一个蓝色的背景，输入文字并绘制线条；然后使用钢笔工具绘制出鸟类的形状，使用网状填充工具为其添加合适的颜色；最后绘制画面中的其他不规则图形。

📷 **案例效果**

案例效果如图3-99所示。

图3-99

实例029　制作抽象图形海报中的背景部分

🎤 **操作步骤**

01新建一个A4尺寸的竖版文档。选择工具箱中的矩形工具，在画面中绘制一个与画板等大的矩形，如图3-100所示。

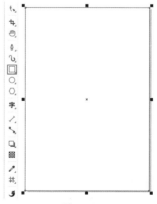

图3-100

02选中该矩形，选择工具箱中的交互式填充工具，在属性栏中单击"均匀填充"按钮，设置"填充色"

为蓝色。然后在右侧调色板的上方使用鼠标右键单击☑按钮，去除轮廓色，如图3-101所示。

图3-101

03 选择工具箱中的椭圆形工具，在画面中间位置按住Ctrl键的同时按住鼠标左键拖动，绘制一个正圆形，如图3-102所示。

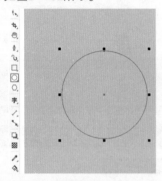

图3-102

04 选中该正圆形，选择工具箱中的交互式填充工具，在属性栏中单击"均匀填充"按钮，设置"填充色"为浅蓝色。然后在右侧调色板的上方使用鼠标右键单击☑按钮，去除轮廓色，如图3-103所示。

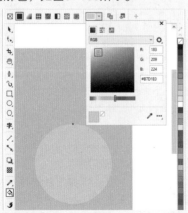

图3-103

05 选中该正圆形，选择工具箱中的涂抹工具，在属性栏中设置"笔尖半径"为80.0mm、"压力"为100，单击"平滑涂抹"按钮，接着沿正圆形的左上方轮廓按住鼠标左键向右下方拖动，重复该操作，直到形状合适为止，效果如图3-104所示。

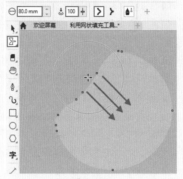

图3-104

06 继续使用同样的方法，绘制出下方的浅蓝色图形，如图3-105所示。

图3-105

实例030 制作抽象图形海报中的文字信息

操作步骤

01 制作画面中的文字。选择工具箱中的文本工具，在浅蓝色图形的上方单击鼠标左键，建立文字输入的起始点，输入相应的文字。在属性栏中设置合适的字体、字号，并在右侧调色板中将文字填充色设置为紫色，如图3-106所示。

02 使用同样的方法，输入画面中其他的文字，并放置在合适的位置，如图3-107所示。

图3-106

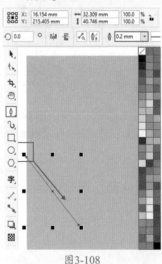

图3-107

03 制作画面中的线条。选择工具箱中的钢笔工具，在画面中按住鼠标左键拖动绘制一条斜线，在属性栏中设置"轮廓宽度"为0.2mm，然后将其轮廓色设置为紫色，如图3-108所示。

图3-108

艺境 中文版CorelDRAW图形创意设计与制作全视频 实践228例 溢彩版

04 使用同样的方法，绘制出其他的线条，设置合适的轮廓宽度，并放置在合适的位置，如图3-109所示。

图3-109

实例031 制作抽象图形海报中的标志部分

操作步骤

01 制作标志。使用工具箱中的矩形工具在画面的左上方绘制一个小的紫色矩形，如图3-110所示。

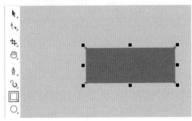

图3-110

02 选中该矩形，然后在属性栏中单击"圆角"按钮，单击"同时编辑所有角"按钮取消锁定状态，设置右侧两个"转角半径"为6.0mm，效果如图3-111所示。

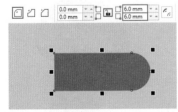

图3-111

03 选中紫色图形，按住鼠标左键向下拖动至合适位置后，按鼠标右键进行复制，如图3-112所示。

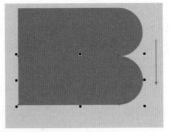

图3-112

04 按住Shift键分别单击两个紫色图形进行加选，然后单击属性栏中的"焊接"按钮，将两个图形合并在一起，如图3-113所示。

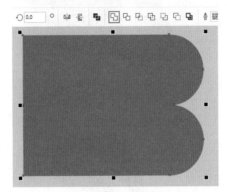

图3-113

05 在合并后图形上绘制一个正圆形，如图3-114所示。

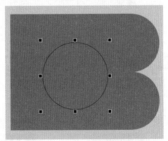

图3-114

06 加选正圆与紫色图形，然后单击属性栏中的"移除前面对象"按钮，效果如图3-115所示。

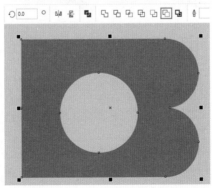

图3-115

07 在其下方输入文字，如图3-116所示。

图3-116

实例032 制作抽象图形海报中的抽象图形

操作步骤

01 制作抽象的鸟。选择工具箱中的钢笔工具，在画面中合适的位置绘制一个鸟的轮廓，如图3-117所示。

图3-117

02 选中鸟轮廓，选择工具箱中的网状填充工具，鸟轮廓上出现网格，如图3-118所示。

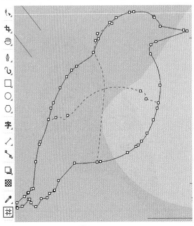

图3-118

03 在属性栏中设置"网格大小"分别为7和8，如图3-119所示。

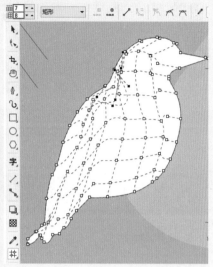

图3-119

04 选中其中一个点，使用鼠标左键单击右侧调色板中的黑色色块为其添加黑色，如图3-120所示。

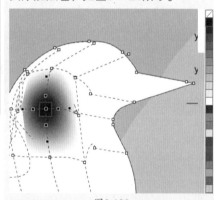

图3-120

05 使用同样的方法，为整只鸟填充颜色，接着在调色板的上方使用鼠标右键单击☑按钮，去除轮廓色，效果如图3-121所示。

图3-121

06 使用工具箱中的矩形工具在鸟尾上面位置绘制一个"轮廓宽度"为0.2mm的浅灰色矩形，如图3-122所示。

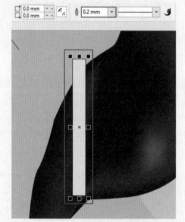

图3-122

07 选中矩形将其旋转至合适的角度，如图3-123所示。

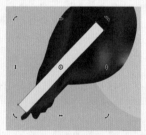

图3-123

08 选中矩形，按住鼠标左键向右下方拖动至合适位置后，时按鼠标右键进行复制，然后适当缩放，如图3-124所示。使用同样的方法，制作出其他矩形，如图3-125所示。

图3-124　　　　图3-125

09 选择工具箱中的钢笔工具，在矩形组的右上方绘制一个鸟翅膀，接着选中鸟翅膀，选择工具箱中的网状填充工具，使用绘制鸟轮廓的方法，绘制用于遮挡住矩形边缘的图形，如图3-126所示。

10 使用同样的方法，将画面中其他的图形绘制完成。最终效果如图3-127所示。

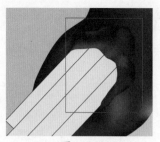

图3-126

图3-127

要点速查：网状填充工具

（网状填充工具）是一种多点填色工具，常用于渐变工具无法实现的复杂的网状填充效果。网状填充工具的特点是能对网点填充不同的颜色，并可以定义颜色的扭曲方向，而且这些色彩之间会产生晕染过渡效果。

选择矢量对象，选择工具箱中的网状填充工具，在属性栏中设置网格数量为2×2，图形上出现带有节点的2×2网状结构。然后将光标移动到节点上，单击鼠标左键即可选中该节点，如图3-128所示。

图3-128

接着单击属性栏中的"网状填充颜色"按钮▣▾，在下拉面板中选择合适的颜色。此时该节点上出现了所选颜色，节点周围的颜色也呈现出逐渐过渡的效果，如图3-129所示。若要添加网点，可以直接在相应位置双击，即可添加节点。选中节点，按住鼠标左键拖动可以调整节点的位置。若要删除节点，可以先选中节点，然后按Delete键进行删除。

图3-129

3.6 设置轮廓线制作水果海报

文件路径	第3章\设置轮廓线制作水果海报
难易指数	⭐⭐⭐⭐⭐
技术掌握	● 矩形工具 ● 基本形状工具 ● 钢笔工具

（二维码）扫码深度学习

操作思路

本案例讲解了如何设置轮廓线制作水果海报。首先将画面中的橙色边框制作出来；然后制作主体文字和副标题；最后将准备好的素材导入画面中，将其制作成三角形，分别放置在画面的下方。

案例效果

案例效果如图3-130所示。

图3-130

实例033　制作水果海报中的主题文字

操作步骤

01 执行菜单"文件>新建"命令，创建一个竖向的新文档，选择工具箱中的矩形工具，在画面中绘制一个与画板等大的矩形。设置"轮廓色"为橙色，"轮廓宽度"为12.0pt，如图3-131所示。

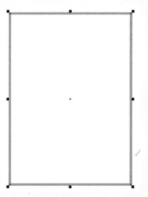

图3-131

02 选择工具箱中的矩形工具，在画面的上方按住Ctrl键的同时按住鼠标左键拖动，绘制一个正方形。选中该正方形，双击位于界面底部状态栏中的"轮廓笔"按钮，在弹出的"轮廓笔"对话框中设置"颜色"为橙色、"宽度"为11.0pt，设置一个合适的虚线"风格"，单击OK按钮，如图3-132所示。画面效果如图3-133所示。

图3-132

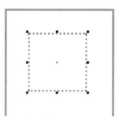

图3-133

03 将此正方形旋转。选中正方形，在属性栏中设置"旋转角度"为315.0°，效果如图3-134所示。

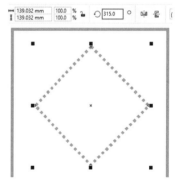

图3-134

04 使用同样的方法，在正方形的上方再绘制一个矩形，如图3-135所示。选中该矩形，然后在右侧调色板的上方使用鼠标左键单击白色色块，为其添加白色，使用鼠标右键单击⊠按钮，去除轮廓色，如图3-136所示。

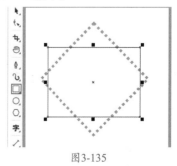

图3-135

艺境

中文版CoreIDRAW图形创意设计与制作全视频

实践228例 溢彩版

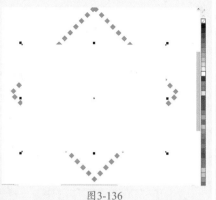

图3-136

05 继续使用同样的方法,在合适的位置绘制一个无轮廓的橙色矩形,如图3-137所示。

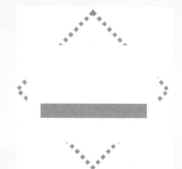

图3-137

06 为画面添加文字效果。首先添加主标题,选择工具箱中的文本工具,在白色矩形上单击鼠标左键,建立文字输入的起始点,输入相应的文字,在属性栏中设置合适的字体、字号,如图3-138所示。选中文字,双击位于界面底部状态栏中的"编辑填充"按钮,在弹出的"编辑填充"对话框中设置"填充模式"为"均匀填充",选择深红色,单击OK按钮,如图3-139所示。画面效果如图3-140所示。

图3-138

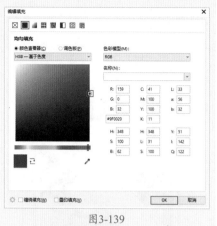

图3-139

07 继续使用同样的方法,在画面中合适位置输入文字,效果如图3-141所示。

图3-141

08 选择工具箱中的常见形状工具,单击属性栏中的"常用形状"按钮,在下拉面板中选择三角形,在画面的左上方按住Ctrl键的同时按住鼠标左键拖动,绘制一个三角形,如图3-142所示。

图3-142

09 双击位于界面底部状态栏中的"编辑填充"按钮,在弹出的"编辑填充"对话框中设置"填充模式"为"均匀填充",选择橙色,单击OK按钮,如图3-143所示。选中三角形,在属性栏中设置"旋转角度"为270.0°,然后将其移动到合适的位置,最后去除轮廓色,如图3-144所示。

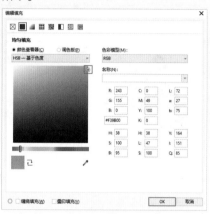

图3-143

图3-144

10 继续使用同样的方法,在文字下方制作另一个三角形,如图3-145所示。

图3-145

实例034 制作水果海报中的装饰图形

🎙 操作步骤

01 继续使用钢笔工具在画面中绘制两个三角形,如图3-146所示。

图3-146

02 执行菜单"文件>导入"命令，在弹出的"导入"对话框中选择要导入的素材"1.jpg"，然后单击"导入"按钮。在工作区中按住鼠标左键拖动，调整导入对象的大小。释放鼠标完成导入操作，如图3-147所示。

图3-147

03 右键单击素材，在弹出的快捷菜单中执行"PowerClip内部"命令，当光标变成黑色粗箭头时，单击刚刚绘制的左侧三角形，即可实现位图的精确剪裁。在工作区左上角的浮动工具栏中单击"编辑"按钮，如图3-148所示。

图3-148

04 调整素材的大小和位置，调整完成后单击"完成"按钮，此时画面效果如图3-149所示。

图3-149

05 使用同样的方法，制作另一个三角形的图形，如图3-150所示。

图3-150

06 选择工具箱中的钢笔工具，在画面右下方的三角形边缘位置绘制一条斜线，如图3-151所示。

图3-151

07 选择工具箱中的文本工具，将光标移动到斜线上方，当光标变成形状时，单击斜线，建立文字输入起始点，输入相应的文字，然后选中文字，在属性栏中设置合适的字体、字号，如图3-152所示。

08 继续使用文本工具在画面下方输入其他文字，如图3-153所示。最终效果如图3-154所示。

图3-152

图3-153

图3-154

📖 **要点速查：设置轮廓属性**

选中需要编辑的对象，双击界面右下角的"轮廓笔"按钮，如图3-155所示。弹出"轮廓笔"对话框，如图3-156所示。

图3-155

图3-156

"轮廓笔"对话框中各选项说明如下。

- 颜色：单击"颜色"下拉按钮，选择一种颜色作为轮廓线的颜色。
- 宽度：设置对象轮廓的粗细程度。
- 风格：在这里可以设置轮廓线是连续的实线或是间断的虚线。
- 斜接限制：用于设置以锐角相交的两条线何时从斜接（尖角）接合点向斜切接合点切换的值。
- 虚线：设置线条样式为虚线时，可以选择▯（默认虚线）、▯（对齐虚线）或▯（固定虚线）。
- 角：设置路径转角处的形态。
- 线条端头：设置路径上起点和终点的外观。
- 位置：设置轮廓线位于路径的相对位置，包括▯（外部轮廓）、▯（居中的轮廓）和▯（内部轮廓）。
- "箭头"选项组：在该选项组中可以设置线条起始点与结束点的箭头样式。
- "书法"选项组：在该选项组中可以通过"展开"和"角度"的设置以及"笔尖形状"的选择模拟曲线的书法效果。
- 变量轮廓：使用"变量轮廓工具"对轮廓宽度进行调整后，可以使用该功能进行精确位置和宽度的调整。

3.7 设置虚线轮廓线制作摄影画册

文件路径	第3章\设置虚线轮廓线制作摄影画册
难易指数	★★★★★
技术掌握	● 圆角设置 ● 轮廓线设置

扫码深度学习

操作思路

本案例讲解了如何设置虚线轮廓线制作摄影画册。首先为画面制作一个黑色的背景，接着制作画册的白色纸张。先制作左侧页面，导入合适的素材放置在画面中；然后重复使用矩形工具和钢笔工具制作虚线的效果，并输入文字；最后使用同样的方法制作右侧页面。

案例效果

案例效果如图3-157所示。

图3-157

实例035 制作画册左页背景

操作步骤

01 执行菜单"文件>新建"命令，新建一个"宽度"为438.0mm，"高度"为315.0mm的空白文档。选择工具箱中的矩形工具，在画面中绘制一个与画板等大的矩形，如图3-158所示。

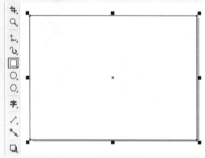

图3-158

02 选中该矩形，使用鼠标左键单击右侧调色板中的黑色色块为该矩形填充黑色，接着使用鼠标右键单击☑按钮，去除轮廓色，如图3-159所示。

图3-159

03 继续使用矩形工具在黑色矩形上面绘制一个白色无轮廓的矩形，如图3-160所示。

图3-160

04 继续使用同样的方法，在白色的矩形左侧绘制一个矩形，如图3-161所示。

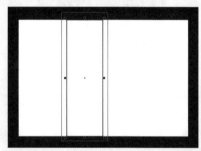

图3-161

05 选中该矩形，选择工具箱中的交互式填充工具，在属性栏中单击"渐变填充"按钮，设置"渐变类型"为"线性渐变填充"，接着在图形上方按住鼠标左键拖动调整控制杆的位置，然后将左边节点的颜色设置为白色，将右边节点的颜色设置为黑色，并在中间添加节点设置其颜色为白色，如图3-162所示。

06 选中矩形，选择工具箱中的透明度工具，在属性栏中选择"渐变透明度"，单击"线性渐变透明度"按钮，设置"合并模式"为"乘"。接着在图形上面按住鼠标左键拖动调整控制杆的位置，然后将左边节点的颜色设置为黑色，将右边节点的颜色设置为灰色，并在中间添加节点设置其颜色为黑色，如图3-163所示。

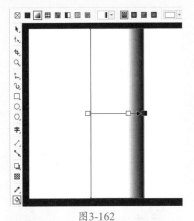

图3-162

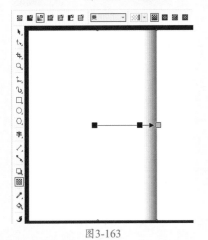

图3-163

07 执行菜单"文件>导入"命令，在弹出的"导入"对话框中选择要导入的高楼素材"1.jpg"，然后单击"导入"按钮，导入对象并调整其大小，如图3-164所示。

图3-164

08 使用同样的方法，导入图片素材"2.jpg"，将其放置到合适的位置，如图3-165所示。

图3-165

实例036　制作画册左页图形与文字

操作步骤

01 选择工具箱中的矩形工具，在画面左上方绘制一个矩形，如图3-166所示。选中该矩形，在属性栏中单击"圆角"按钮，然后单击"同时编辑所有角"按钮取消锁定状态，将右下角的"转角半径"设置为4.8mm，效果如图3-167所示。

图3-166

图3-167

02 使用工具箱中的钢笔工具在矩形的下方绘制一个三角形，如图3-168所示。

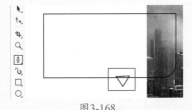

图3-168

03 按住Shift键分别单击矩形和三角形，然后单击属性栏中的"焊接"按钮，效果如图3-169所示。

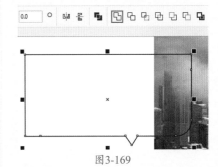

图3-169

04 选择工具箱中的交互式填充工具，接着在属性栏中单击"均匀填充"按钮，设置"填充色"为青色。然后在右侧调色板的上方使用鼠标右键单击☒按钮，去除轮廓色，如图3-170所示。

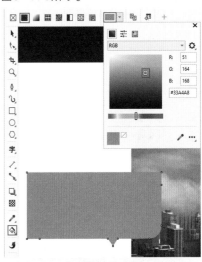

图3-170

05 选中制作出的青色对话框，使用快捷键Ctrl+C进行复制，接着使用快捷键Ctrl+V进行粘贴，将刚刚复制出的对话框图形选中，在右侧调色板中使用鼠标左键单击☒按钮，使用鼠标右键单击黑色色块，效果如图3-171所示。

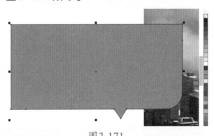

图3-171

06 选中对话框图形，按住Shift键的同时按住鼠标左键将右上角的控制点向右上方拖动，将其等比例放大一圈，如图3-172所示。

图3-172

07 选中放大后的对话框图形，双击位于界面底部状态栏中的"轮廓笔"按钮，在弹出的"轮廓笔"对话框中设置"颜色"为青色、"宽度"为0.35mm，设置合适的虚线"风格"，单击OK按钮，如图3-173所示。此时对话框效果如图3-174所示。

图3-173

图3-174

08 制作对话框图形中的文字。选择工具箱中的文本工具，在对话框图形下方单击鼠标左键，建立文字输入的起始点，输入相应的文字。选中文字，在属性栏中设置合适的字体、字号，并在右侧调色板中将文字的"填充色"设置为白色，如图3-175所示。

图3-175

09 使用同样的方法，输入对话框图形中的其他文字，如图3-176所示。

图3-176

10 继续使用同样的方法，绘制画面中的其他对话框并添加文字，效果如图3-177所示。

11 使用工具箱中的钢笔工具在淡灰色对话框图形的正下方按住鼠标左键拖动，绘制一条竖线，如图3-178所示。

图3-177　　　　　图3-178

12 选择竖线，双击位于界面底部状态栏中的"轮廓笔"按钮，在弹出的"轮廓笔"对话框中设置"颜色"为灰色、"宽度"为0.2mm，设置合适的虚线"风格"，单击OK按钮，如图3-179所示。效果如图3-180所示。

13 继续使用同样的方法，绘制其他虚线段，将其放置在合适的位置，如图3-181所示。

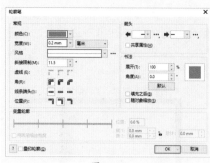

图3-179

图3-180　　　　　图3-181

14 制作左边的页码。使用工具箱中的椭圆形工具在左边虚线的中间位置按住Ctrl键绘制一个正圆形，如图3-182所示。接着使用工具箱中的钢笔工具在圆形的左侧绘制一个三角形，如图3-183所示。

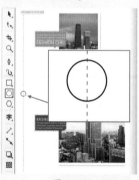

图3-182

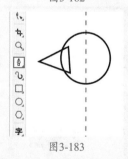

图3-183

15 按住Shift键分别单击圆形和三角形，将其进行加选。然后单击属性栏中的"焊接"按钮，效果如图3-184所示。选中页码图形，展开右侧调色板，使用鼠标左键单击80%

黑色色块为该形状填充80%黑色，接着在调色板的上方使用鼠标右键单击☑按钮，去除轮廓色，如图3-185所示。

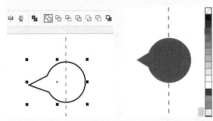

图3-184　　　　　　图3-185

16 选择工具箱中的文本工具，在页码图形上面单击鼠标左键，建立文字输入的起始点，输入相应的文字。选中文字，在属性栏中设置合适的字体、字号，并在右侧调色板中将文字的"填充色"设置为白色，如图3-186所示。

图3-186

17 继续使用同样的方法，在画面中合适的位置输入相应的文字，将文字的"填充色"设置为灰色，如图3-187所示。双击该文字，此时文字控制点变为双箭头形状，将文字中间的控制点向左拖动，将文字倾斜，如图3-188所示。

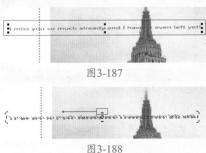

图3-187

图3-188

18 选中文字，将其旋转并移动到合适的位置，如图3-189所示。左侧页面制作完成，效果如图3-190所示。

图3-189

图3-190

实例037　制作画册右页

操作步骤

01 制作右侧页面。选中左侧页面中带有渐变的矩形，使用快捷键Ctrl+C进行复制，接着使用快捷键Ctrl+V进行粘贴，然后单击属性栏中的"水平镜像"按钮将矩形翻转，并将矩形移动到合适的位置，如图3-191所示。执行菜单"文件>导入"命令，在弹出的"导入"对话框中选择要导入的夜景素材"3.jpg"，然后单击"导入"按钮，导入对象并调整其大小，效果如图3-192所示。

图3-191

图3-192

02 选择工具箱中的矩形工具，在夜景素材左上方绘制一个矩形，如

图3-193所示。

图3-193

03 选中该矩形，在属性栏中单击"圆角"按钮，然后单击"同时编辑所有角"按钮，使其处于解锁状态，将右下角的"转角半径"设置为4.8mm，效果如图3-194所示。

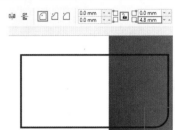
图3-194

04 选择工具箱中的交互式填充工具，接着在属性栏中单击"均匀填充"按钮，设置"填充色"为青色。然后在右侧调色板的上方使用鼠标右键单击☑按钮，去除轮廓色，如图3-195所示。

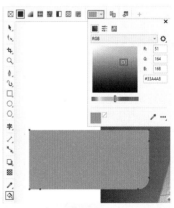
图3-195

05 选中制作出的青色对话框，使用快捷键Ctrl+C进行复制，接着使用快捷键Ctrl+V进行粘贴，选中刚刚复制出的对话框图形，在右侧调色板中使用鼠标左键单击☑按钮，使用鼠标右键单击黑色色块，如图3-196

所示。

图3-196

06 选中对话框图形，按住Shift键的同时按住鼠标左键将右上角的控制点向右上方拖动，将其等比例放大一圈，如图3-197所示。

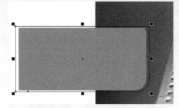

图3-197

07 选中放大后的对话框图形，双击位于界面底部状态栏中的"轮廓笔"按钮，在弹出的"轮廓笔"对话框中设置"颜色"为青色、"宽度"为0.35mm，设置合适的虚线"风格"，单击OK按钮，如图3-198所示。效果如图3-199所示。

图3-198

图3-199

08 将左侧页面青色对话框上面的文字选中，复制一份，放置在青色图形的上面，调整其位置，如图3-200所示。

09 按住Shift键加选左侧页面中的淡灰色对话框图形以及上方长条虚线和页码，将它们复制一份，放置在页面右侧，单击属性栏中的"水平镜像"按钮将其翻转，接着移动到合适的位置后修改页码数字为"08"，将淡灰色对话框图形上面的文字复制一份放置到右侧页面淡灰色对话框图形的上面，如图3-201所示。

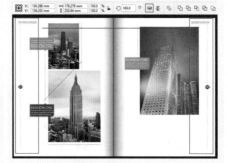

图3-201

10 继续使用同样的方法，绘制出右侧页面中的虚线，并将其移动到合适的位置，如图3-202所示。

图3-202

11 选择工具箱中的文本工具，在夜景素材的上面按住鼠标左键从左上角向右下角拖动，创建一个文本框，如图3-203所示。

12 输入文字，然后在属性栏中设置合适的字体、字号，并设置文本颜色为白色，如图3-204所示。

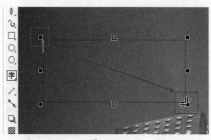

图3-203

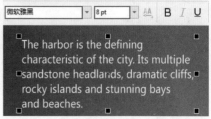

图3-204

13 使用同样的方法，继续输入画面中其他文字，并将其放置在合适的位置，如图3-205所示。最终效果如图3-206所示。

图3-205

图3-206

要点速查：颜色滴管工具

（颜色滴管工具）是用于拾取画面中指定对象的颜色，并快速填充到另一个对象中的工具。使用该工具可以为画面中的矢量图形赋予某种特定的颜色。

选择工具箱中的颜色滴管工具，此时光标变为滴管形状，在想要吸取的颜色上使用鼠标左键单击拾取颜色，如图3-207所示。接着将光标移动至需要填充的图形上，单击鼠标左键即可为对象填充拾取的颜色，如图3-208所示。若将光标移动至图形对象边缘，待光标变为形状后，单击即可将轮廓色设置为该颜色。

图3-207

图3-208

3.8 儿童主题户外广告

文件路径	第3章\儿童主题户外广告
难易指数	★★★★★
技术掌握	● 矩形工具 ● 椭圆形工具 ● 钢笔工具

🔍 扫码深度学习

操作思路

本案例首先输入画面中的主题文字，将其颜色设置为彩色，继续在画面中输入其他文字。然后制作下方五彩的图标，接着将画面中左上方的标志、图形及文字都制作出来。最后制作右侧的图形，使用钢笔工具绘制一个图形，将导入的素材放置到刚刚绘制的图形中，接着继续绘制其他图形，并放置在合适的位置。

案例效果

案例效果如图3-209所示。

图3-209

实例038 制作左侧文字信息

🎙️ 操作步骤

01 执行菜单"文件>新建"命令，新建一个"宽度"为296.0mm、"高度"为148.0mm的空白文档。绘制一个与画板等大的矩形。选择工具箱中的交互式填充工具，在属性栏中单击"渐变填充"按钮，设置"渐变类型"为"线性渐变填充"，接着在图形上按住鼠标左键拖动调整控制杆的位置，然后将两个节点的颜色分别设置为蓝色和白色，如图3-210所示。

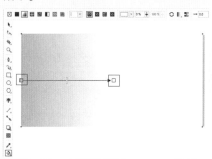
图3-210

02 选择工具箱中的文本工具，在画面的左上方单击鼠标左键，建立文字输入的起始点，输入相应的文字，在属性栏中设置合适的字体、字号，如图3-211所示。

图3-211

03 在使用文本工具的状态下，在第一个单词后面单击插入光标，然后按住鼠标左键向前拖动，选中第一个单词。单击界面底部的"编辑填充"按钮，在打开的"编辑填充"对

话框中设置颜色为黄色，单击OK按钮提交操作，如图3-212所示。

图3-212

04 使用同样的方法，将后两个单词改变颜色，效果如图3-213所示。

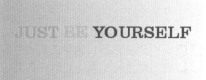
图3-213

05 继续使用同样的方法，输入副标题，如图3-214所示。

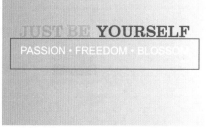
图3-214

06 在使用文本工具的状态下，在白色文字的下方按住鼠标左键从左上角向右下角拖动，创建一个文本框，如图3-215所示。然后在文本框中输入蓝色文字，如图3-216所示。

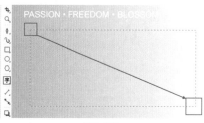
图3-215

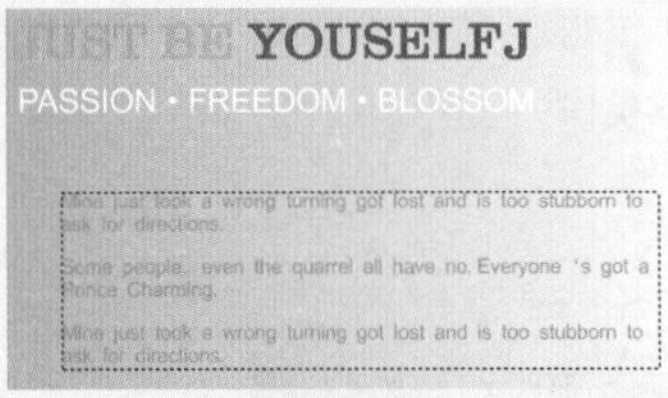

图3-216

07 选择工具箱中的椭圆形工具，在段落文字左上方按住Ctrl键的同时按住鼠标左键拖动，绘制一个正圆形，如图3-217所示。

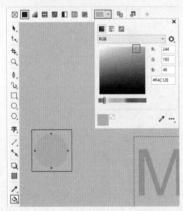

图3-217

08 选中该正圆形，选择工具箱中的交互式填充工具，接着在属性栏单击"均匀填充"按钮，设置"填充色"为橙色。然后在右侧调色板的上方使用鼠标右键单击☑按钮，去除轮廓色，如图3-218所示。

图3-218

09 使用同样的方法，继续绘制下方的正圆形，并为其添加颜色，如图3-219所示。

图3-219

10 选择工具箱中的矩形工具，在段落文字下方绘制一个矩形，如图3-220所示。

图3-220

11 选中该矩形，在属性栏中单击"圆角"按钮，设置"转角半径"为2.0mm，设置完成后按Enter键，效果如图3-221所示。

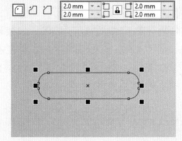

图3-221

12 选中该圆角矩形，选择工具箱中的交互式填充工具，接着在属性栏中单击"均匀填充"按钮，设置"填充色"为玫红色。然后在右侧调色板的上方使用鼠标右键单击☑按钮，去除轮廓色，如图3-222所示。

图3-222

13 选中圆角矩形，按住Ctrl键的同时按住鼠标左键向右拖动到合适位置时后，单击鼠标右键，复制一份圆角矩形，如图3-223所示。

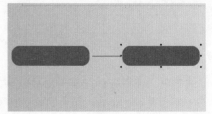

图3-223

14 多次使用快捷键Ctrl+R重复上一次操作，再复制出两个圆角矩形，如图3-224所示。

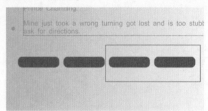

图3-224

15 更改后三个圆角矩形的颜色，效果如图3-225所示。

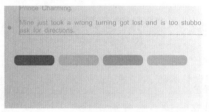

图3-225

16 选择工具箱中的文本工具，在玫红色圆角矩形上单击鼠标左键，建立文字输入的起始点，输入相应的文字。在属性栏中设置合适的字体、字号，并在右侧调色板中将文字的"填充色"设置为白色，如图3-226所示。

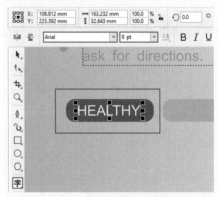

图3-226

17 使用同样的方法，将画面下方和圆角矩形上的文字制作出来，如图3-227所示。

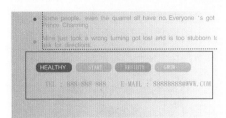

图3-227

实例039 制作广告中的标志

操作步骤

01 制作画面左上角的标识、文字及图形。在画面左上角合适的位置绘制一个矩形,如图3-228所示。选择工具箱中的钢笔工具,在矩形下方绘制一个与矩形重叠的四边形,如图3-229所示。

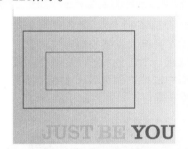

图3-228

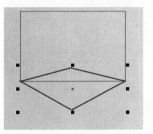

图3-229

02 按住Shift键分别单击矩形和四边形进行加选,在属性栏中单击"焊接"按钮,将两个图形合并到一起。选中刚刚制作的图形,选择工具箱中的交互式填充工具,在属性栏中单击"渐变填充"按钮,设置"渐变类型"为"线性渐变填充",接着在图形上方按住鼠标左键拖动调整控制杆的位置,然后编辑一个蓝色系的渐变颜色,如图3-230所示。

03 选中蓝色渐变图形,使用快捷键Ctrl+C进行复制,接着使用快捷键Ctrl+V进行粘贴,然后按住Shift键的同时按住鼠标左键拖动将其缩小。

去除填充色,然后使用鼠标右键单击白色色块为图形添加白色的轮廓色,在属性栏中设置"轮廓宽度"为"细线",如图3-231所示。

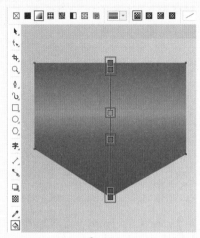

图3-230

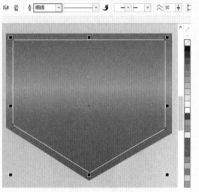

图3-231

04 选择工具箱中的星形工具,在属性栏中设置"点数或边数"为5、"锐度"为53,在蓝色渐变图形上合适的位置绘制一个星形。接着在属性栏中设置"轮廓宽度"为"无",在右侧调色板中左键单击白色色块为其填充白色,如图3-232所示。

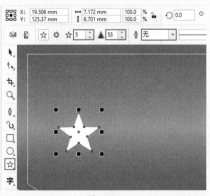

图3-232

05 继续使用同样的方法,在该星形上面绘制一个较大的白色星形图形,效果如图3-233所示。

图3-233

06 选中较小的星形,将其复制一份放置在蓝色渐变图形右下方的合适位置,调整其大小,如图3-234所示。

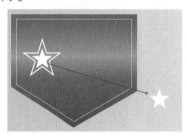

图3-234

07 选中复制出的星形,按住Shift键的同时按住鼠标左键向右拖动到合适位置后,按鼠标右键进行复制,如图3-235所示。

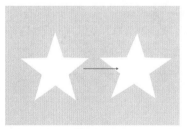

图3-235

08 多次使用快捷键Ctrl+R重复上一次操作,再复制出3个星形,如图3-236所示。

图3-236

09 将5个星形的颜色更改为合适的颜色,如图3-237所示。

图3-237

10 选择工具箱中的文本工具，在星形组的上方单击鼠标左键，建立文字输入的起始点，输入相应的文字。在属性栏中设置合适的字体、字号，并在右侧调色板中将文字的"填充色"设置为蓝色，如图3-238所示。

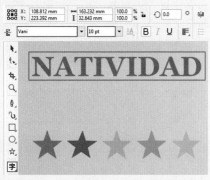

图3-238

11 使用同样的方法，在画面的左上方输入相应的文字，如图3-239所示。

图3-239

12 至此，左侧文字信息制作完成，效果如图3-240所示。

图3-240

实例040 制作右侧图形

🎤 操作步骤

01 选择工具箱中的钢笔工具，在画面的右侧绘制一个图形，如图3-241所示。

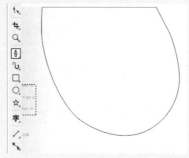

图3-241

02 执行菜单"文件>导入"命令，在弹出的"导入"对话框中选择要导入的素材"1.jpg"，然后单击"导入"按钮，导入对象并调整其大小，如图3-242所示。

图3-242

03 右键单击素材图片，在弹出的快捷菜单中执行"PowerClip内部"命令，当光标变成黑色粗箭头时，单击刚刚绘制的图形，即可实现位图的精确剪裁，如图3-243所示。

图3-243

04 调整内部素材的位置，右键单击该图形，在弹出的快捷菜单中执

行"编辑PowerClip"命令，调整完成后，将图形的轮廓色去掉。此时画面效果如图3-244所示。

图3-244

05 继续使用钢笔工具在素材下方的合适位置绘制一个不规则图形。选中该图形，选择工具箱中的交互式填充工具，在属性栏中单击"渐变填充"按钮，设置"渐变类型"为"线性渐变填充"，接着在图形上按住鼠标左键拖动调整控制杆的位置，然后编辑一个蓝色系的渐变颜色，使用鼠标右键单击调色板上方的☐按钮，去除轮廓色，如图3-245所示。

图3-245

06 使用同样的方法，在素材其他位置制作不同颜色的图形，效果如图3-246所示。

图3-246

07 使用工具箱中的椭圆形工具在素材下方位置按住Ctrl键的同时按住鼠标左键拖动，绘制出一个正圆形，如图3-247所示。

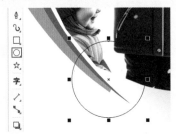

图3-247

08 选中该正圆形，在右侧调色板中使用鼠标左键单击青色色块为该正圆形填充青色，使用鼠标右键单击☑按钮，去除轮廓色，如图3-248所示。

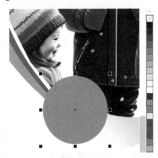

图3-248

09 使用同样的方法，在青色正圆形上绘制一个稍小的深蓝色正圆形，如图3-249所示。

图3-249

10 继续使用钢笔工具在正圆下方绘制两个不同颜色的图形，如

图3-250所示。

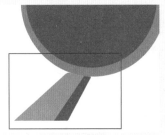

图3-250

11 选择工具箱中的文本工具，在深蓝色正圆形上输入文字，在属性栏中设置合适的字体、字号，并在右侧调色板中将文字的"填充色"设置为白色，如图3-251所示。

图3-251

12 使用同样的方法，继续输入相应的文字，如图3-252所示。最终效果如图3-253所示。

图3-252

图3-253

🔖 要点速查：属性滴管工具

🖉（属性滴管工具）可以吸取对象的属性（包括填充、轮廓、渐变、效果、封套、混合等属性），然后赋予其他对象上。常用于快速为具有相同属性的对象赋予效果时，以及制作包含大量相同效果对象的画面。具体操作方法为：将光标移动至需要拾取属性的图形上，单击鼠标左键进行属性取样，然后将光标移动至其他图形上单击鼠标左键即可为该图形赋予相应的属性。

第4章

高级绘图

本章概述

在本章中主要针对钢笔工具、刻刀工具等可以绘制复杂图形的工具进行练习。通过这些工具的使用，结合前面学习的基本绘图工具以及填充与轮廓色设置的功能，基本可以完成绝大多数设计作品的制作。

本章重点

- 熟练掌握钢笔工具的使用方法
- 掌握对齐与分布的使用方法

4.1　矢量感人像海报

文件路径	第4章\矢量感人像海报
难易指数	★★★★★
技术掌握	● 多边形工具 ● 文本工具 ● 钢笔工具

🔍扫码深度学习

🔅 操作思路

　　本案例首先使用多边形工具在画面中绘制三角形，复制并更改三角形颜色。然后使用文本工具输入文字，输入完成后将文字进行旋转。最后使用钢笔工具沿着文字的边缘绘制图形。

🖱 案例效果

　　案例效果如图4-1所示。

图4-1

实例041　制作三角装饰图形

🎙 操作步骤

01 执行菜单"文件>新建"命令，创建一个新文档。执行菜单"文件>导入"命令，在弹出的"导入"对话框中选择要导入的素材"1.jpg"，然后单击"导入"按钮，在画面中适当的位置按住鼠标左键拖动，调整导入对象的大小，释放鼠标完成导入操作，效果如图4-2所示。

图4-2

02 选择工具箱中的多边形工具，在属性栏中设置"点数或边数"为3，设置完成后在画面的左上方按住Ctrl键的同时按住鼠标左键拖动，绘制一个正三角形，如图4-3所示。

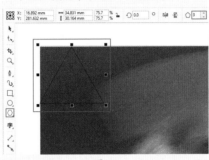

图4-3

03 选中该正三角形，双击位于界面底部状态栏中的"编辑填充"按钮，在弹出的"编辑填充"对话框中单击"均匀填充"按钮，设置颜色为浅粉色，设置完成后单击OK按钮，如图4-4所示。

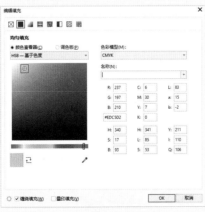

图4-4

04 在调色板中使用鼠标右键单击☑按钮，去除轮廓色。此时正三角形效果如图4-5所示。

05 在该三角形被选中的状态下再次单击正三角形，按住Ctrl键的同

时按住鼠标左键拖动带有弧形双箭头的控制点将其旋转，效果如图4-6所示。

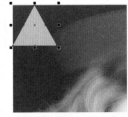

图4-5

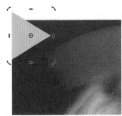

图4-6

06 选中该正三角形，按住Shift键的同时按住鼠标左键向下拖动到合适位置后，单击鼠标右键，将三角形进行平移复制，效果如图4-7所示。

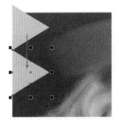

图4-7

07 使用同样的方法，在画面中制作其他三角形，设置不同的颜色并旋转至合适的角度，效果如图4-8所示。

图4-8

实例042　制作文字与多边形

🎙 操作步骤

01 选择工具箱中的文本工具，在画面的左上方单击鼠标左键插入光

标，建立文字输入的起始点，输入相应的文字，在属性栏中设置合适的字体、字号。选中该文字，在调色板中使用鼠标左键单击深灰色色块，设置文字的"填充色"为深灰色，如图4-9所示。

图4-9

02 双击该文字，按住鼠标左键拖动带有弧度的双箭头控制点，将其旋转至合适的角度，效果如图4-10所示。

图4-10

03 在使用文本工具的状态下，在文字上按住鼠标左键拖动，选中部分字符。使用鼠标左键单击右侧调色板中的洋红色色块，为选中的文字更改颜色，效果如图4-11所示。

图4-11

04 选择工具箱中的钢笔工具，沿着文字的边缘绘制一个四边形，如图4-12所示。

图4-12

05 选中该四边形，在调色板中使用鼠标右键单击☑按钮，去除轮廓色，使用鼠标左键单击白色色块，为四边形填充颜色，效果如图4-13所示。

图4-13

06 使用鼠标右键单击该四边形，在弹出的快捷菜单中执行"顺序>置于此对象后"命令，当光标变为黑色粗箭头时，将光标移动到文字上使用鼠标左键单击，将四边形置于文字后方，效果如图4-14所示。

图4-14

07 使用同样的方法，在画面的左下方输入文字，然后调整至合适的

角度并沿着文字的边缘为其填充白色的多边形背景，如图4-15所示。

图4-15

08 使用快捷键Ctrl+A选中画面中的所有文字与图形，使用快捷键Ctrl+G进行组合。接着选择工具箱中的矩形工具，在画面中绘制一个与画板等大的矩形，选中画板之外的图形，执行菜单"对象>PowerClip>置于图文框内部"命令，当光标变成黑色粗箭头时，单击刚刚绘制的矩形，即可实现图形的精确剪裁，如图4-16所示。

图4-16

09 在调色板中使用鼠标右键单击☑按钮，去除轮廓色。最终效果如图4-17所示。

图4-17

🔰 要点速查：钢笔工具

🖋（钢笔工具）也是一款功能强

艺境/中文版CorelDRAW图形创意设计与制作全视频/实践228例 溢彩版

大的绘图工具。使用钢笔工具配合形状工具可以制作出复杂且精准的矢量图形。选择工具箱中的钢笔工具，会显示其属性栏，如图4-18所示。在画面中单击可以创建尖角的点以及直线，按住鼠标左键拖动即可得到圆角的点以及弧线，如图4-19和图4-20所示。

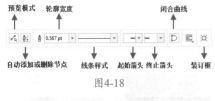

预览模式　轮廓宽度　　　　　　闭合曲线

自动添加或删除节点　线条样式　起始箭头　终止箭头　装订框

图4-18

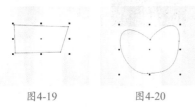

图4-19　　　　　　图4-20

操作思路

本案例首先使用矩形工具、椭圆形工具和多边形工具在画面中绘制不同形状、不同颜色的图形。然后将素材导入文档中并将其多余的部分隐藏，从而制作出多彩版式。

案例效果

案例效果如图4-21所示。

图4-21

实例043　制作倾斜的圆角矩形图形

操作步骤

01 执行菜单"文件>新建"命令，创建一个新文档。选择工具箱中的矩形工具，在画面的左上方按住鼠标左键拖动至右下方，绘制一个与画板等大的矩形，设置填充色为青色，去除轮廓色，如图4-22所示。

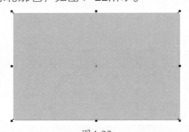

图4-22

02 继续使用工具箱中的矩形工具，在画面中按住鼠标左键拖动绘制一个矩形，为其填充绿色并去除轮廓色，如图4-23所示。

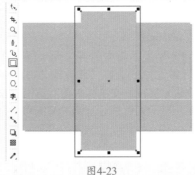

图4-23

03 选择工具箱中的形状工具，在绿色矩形左上角的控制点处按住鼠标左键向右拖动调整矩形的转角半径，效果如图4-24所示。

04 选择工具箱中的选择工具，在该图形被选中的状态下再次单击该图形，当该图形四周的控制点变为弧形双箭头时按住鼠标左键拖动，将其

旋转并移动到合适的位置，效果如图4-25所示。

05 使用同样的方法，在画面中绘制多个圆角矩形，设置不同的颜色并进行旋转，效果如图4-26所示。

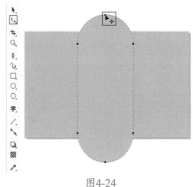

图4-24

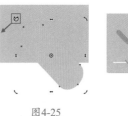 

图4-25　　　　　　图4-26

实例044　制作圆形阵列图形

操作步骤

01 选择工具箱中的椭圆形工具，在画面的左侧按住Ctrl键的同时按住鼠标左键拖动，绘制一个正圆形，如图4-27所示。

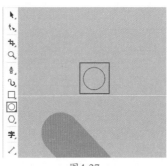

图4-27

02 选中该正圆形，在调色板中使用鼠标左键单击白色色块，为圆形填充颜色，接着使用鼠标右键单击☐按钮，去除轮廓色，效果如图4-28所示。

03 选择工具箱中的选择工具，选中该正圆形，按住Shift键的同时按住鼠标左键向右拖动到合适位置后，

按鼠标右键进行复制，如图4-29所示。

04 使用快捷键Ctrl+R将正圆形再复制一份，如图4-30所示。

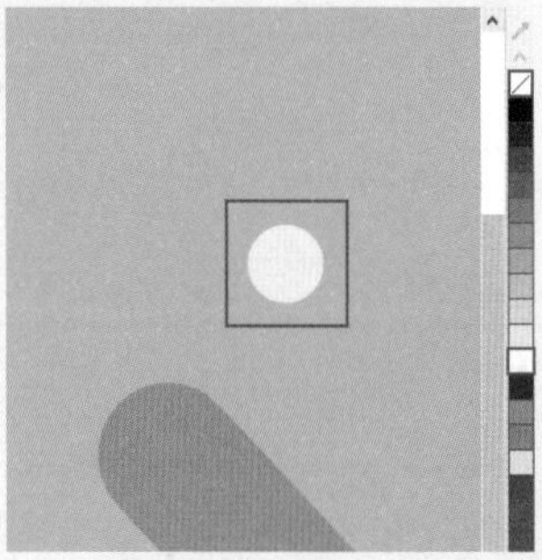

图4-28

图4-29

图4-30

05 按住Shift键加选这3个正圆形，按住Shift键的同时按住鼠标左键向下拖动，移动到合适位置后按鼠标右键将图形组进行平移复制，效果如图4-31所示。

06 多次按快捷键Ctrl+R将其进行移动并复制，效果如图4-32所示。

图4-31

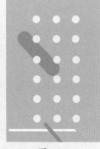
图4-32

07 再次选择工具箱中的椭圆形工具，在画面的右下方按住Ctrl键的同时按住鼠标左键拖动，绘制一个正圆形，如图4-33所示。

08 选中该正圆形，双击位于界面底部状态栏中的"轮廓笔"按钮，在弹出的"轮廓笔"对话框中设置"颜色"为绿色，"宽度"为24.0pt，设置完成后单击OK按

钮，如图4-34所示。此时效果如图4-35所示。

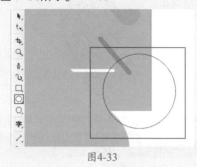
图4-33

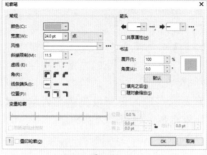
图4-34

图4-35

实例045　制作圆角三角形

操作步骤

01 选择工具箱中的多边形工具，在属性栏中设置"点数或边数"为3，设置完成后在画面中适当的位置按住Ctrl键的同时按住鼠标左键拖动，绘制一个正三角形，如图4-36所示。

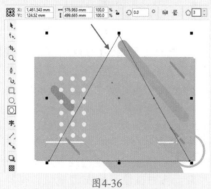
图4-36

02 在该三角形被选中的状态下双击位于界面底部状态栏中的"编辑填充"按钮，在弹出的"编辑填充"对话框中单击"均匀填充"按钮，设置"颜色"为黄色，设置完成后单击OK按钮，如图4-37所示。效果如图4-38所示。

图4-37

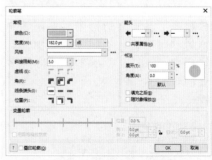

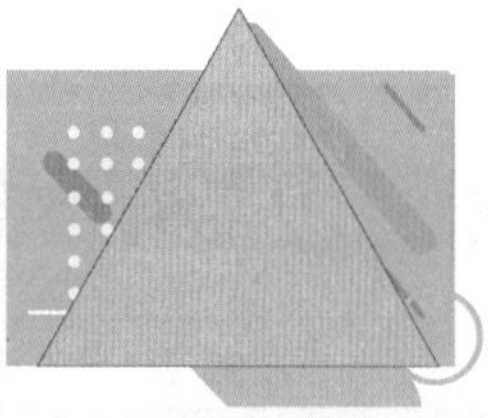

图4-38

03 在该三角形被选中的状态下双击位于界面底部状态栏中的"轮廓笔"按钮，在弹出的"轮廓笔"对话框中设置"颜色"为黄色、"宽度"为182.0pt、"角"为圆角，设置完成后单击OK按钮，如图4-39所示。效果如图4-40所示。

04 选择工具箱中的选择工具，在三角形上单击鼠标左键，当三角形四周的控制点变为带有弧度的双箭头时，按住鼠标左键拖动，将其旋转至合适的角度，效果如图4-41所示。

图4-39

图4-40

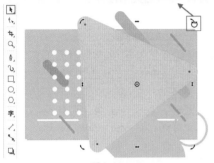

图4-41

实例046 为版面添加素材

操作步骤

01 执行菜单"文件>导入"命令，在弹出的"导入"对话框中选择要导入的素材"1.png"，然后单击"导入"按钮。接着在画面中适当的位置按住鼠标左键拖动，调整导入对象的大小，释放鼠标完成导入操作，效果如图4-42所示。

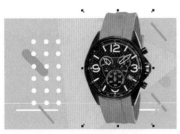

图4-42

02 选择工具箱中的钢笔工具，在画面中适当的位置绘制一个闭合的路径，效果如图4-43所示。

03 选择工具箱中的选择工具，将该路径移动到画板以外，方便之后操作。选中素材并使用鼠标右键单击，在弹出的快捷菜单中执行"PowerClip内部"命令，当光标变为黑色粗箭头时单击闭合路径，效果如图4-44所示。

图4-43

图4-44

04 将素材移动到合适的位置并在调色板中使用鼠标右键单击☐按钮，去除轮廓色，如图4-45所示。

图4-45

05 使用快捷键Ctrl+A全选画面中的所有图形，使用快捷键Ctrl+G组合对象。接着选择工具箱中的矩形工具，在画面中绘制一个与画板等大的矩形，选中刚刚制作的版式组，执行菜单"对象>PowerClip>置于图文框内部"命令。当光标变成黑色粗箭头时，单击刚刚绘制的矩形，即可实现图形的精确剪裁，如图4-46所示。

图4-46

06 在调色板中使用鼠标右键单击☐按钮，去除轮廓色。最终效果如图4-47所示。

图4-47

4.3 使用手绘工具制作手绘感背景

文件路径	第4章\使用手绘工具制作手绘感背景
难易指数	★★★★★
技术掌握	● 手绘工具 ● 椭圆形工具

🔍扫码深度学习

操作思路

本案例讲解了如何使用手绘工具制作手绘感背景。首先通过使用手绘工具在画面中绘制不规则的曲线作为背景；接着使用椭圆形工具在画面中绘制多个正圆形；最后将素材导入画面中。

案例效果

案例效果如图4-48所示。

图4-48

实例047　制作手绘感背景

操作步骤

01 执行菜单"文件>新建"命令，创建一个方形的文档。选择工具箱中的矩形工具，在画面的左上角按住鼠标左键拖动至右下角，绘制一个与画板等大的矩形，如图4-49所示。

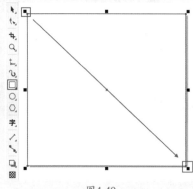

图4-49

02 选中该矩形，双击位于界面底部状态栏中的"编辑填充"按钮，在弹出的"编辑填充"对话框中单击"均匀填充"按钮，设置合适的颜色，然后单击OK按钮，如图4-50所示。

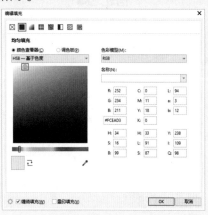

图4-50

03 在调色板中使用鼠标右键单击□按钮，去除轮廓色，效果如图4-51所示。

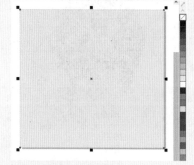

图4-51

04 选择工具箱中的手绘工具，在画面中按住鼠标左键拖动，绘制一条不规则的曲线。在属性栏中设置"轮廓宽度"为20.0pt，效果如图4-52所示。

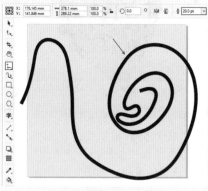

图4-52

05 在曲线被选中的状态下，双击界面底部状态栏中的"轮廓笔"按钮，在弹出的"轮廓笔"对话框中设置"颜色"为浅橙色，设置完成后单击OK按钮，如图4-53所示。此时画面效果如图4-54所示。

06 使用同样的方法，在画面中继续绘制曲线，效果如图4-55所示。

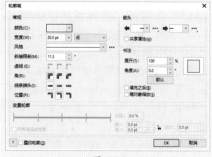

图4-53

图4-54　　　　　图4-55

实例048　制作不规则分布的圆点

操作步骤

01 选择工具箱中的椭圆形工具，在画面中按住Ctrl键的同时按住鼠标左键拖动，绘制一个正圆形。选中该正圆形，在调色板中使用鼠标右键单击□按钮，去除轮廓色，然后为正圆形填充相应的颜色，如图4-56所示。

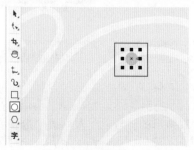

图4-56

02 选中绘制好的圆点，按住鼠标左键向其他位置拖动，拖动到适合位置时按鼠标右键完成复制。使用同样的方法，在画面中继续复制出其他圆形。然后针对部分圆形进行适当的缩放，得到不同大小的正圆形，效果如图4-57所示。

图4-57

03 执行菜单"文件>导入"命令，在弹出的"导入"对话框中选择要导入的素材"1.cdr"，单击"导入"按钮。在画面中心的位置按住鼠标左键并拖动，调整导入对象的大小，释放鼠标完成导入操作，如

图4-58所示。

图4-58

04 使用快捷键Ctrl+A全选画面中的所有图形，使用快捷键Ctrl+G组合对象。接着选择工具箱中的矩形工具，在画面中绘制一个与画板等大的矩形。选中刚刚制作的图形组，执行菜单"对象>PowerClip>置于图文框内部"命令，当光标变成黑色粗箭头时，单击刚刚绘制的矩形，即可实现图形的精确剪裁。接着在调色板中使用鼠标右键单击☒按钮，去除轮廓色。最终效果如图4-59所示。

图4-59

📚 要点速查：手绘工具

🖍（手绘工具）可以用于绘制任意的曲线、直线以及折线。手绘工具位于工具箱中的线形绘图工具组中，如图4-60所示。选择工具箱中的手绘工具，在画面中按住鼠标左键拖动，释放鼠标后即可绘制出与鼠标移动路径相同的矢量线条，如图4-61所示。

↖	手绘(F)　　F5
⌒	2 点线
□	贝塞尔(B)
○	钢笔(P)
○	B 样条
○	折线(P)
	3 点曲线(3)

图4-60

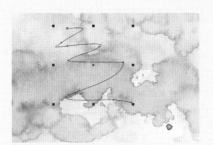

图4-61

（1）如果在使用手绘工具时在起点处单击，此时光标会变为✛形状，然后光标移动到下一个位置时，再次单击，两点之间会连接成一条直线路径。

（2）如果在使用手绘工具时在起点处单击，然后光标移动到第二个点处双击。接着继续拖动光标即可绘制出折线。

（3）使用该工具在画面中单击，然后按住Ctrl键并移动光标，可以看到光标以15°为增量进行旋转，确定角度后单击完成直线绘制。

4.4　使用刻刀工具制作切分感背景海报

文件路径	第4章\使用刻刀工具制作切分感背景海报
难易指数	⭐⭐⭐⭐⭐
技术掌握	● 矩形工具 ● 刻刀工具 ● 文本工具

🔍扫码深度学习

💡 操作思路

本案例讲解了如何使用刻刀工具制作切分感背景海报。首先通过使用矩形工具在画面中绘制不同颜色的矩形；接着使用刻刀工具将矩形进行分割；然后使用选择工具将切割出的图形分别放置在画面中；接着使用文本工具在画面中输入文字；最后使用椭圆形工具和钢笔工具在画面中绘制图形。

🖱 案例效果

案例效果如图4-62所示。

图4-62

实例049　制作切分图形

🎙 操作步骤

01 执行菜单"文件>新建"命令，创建一个新文档。双击工具箱中的矩形工具，创建一个与画板等大的矩形。设置"颜色"为灰色，去除轮廓色，如图4-63所示。

图4-63

02 继续使用矩形工具，在画面中按住鼠标左键拖动绘制一个矩形，设置"颜色"为绿灰色，去除轮廓色，如图4-64所示。

图4-64

03 选中该矩形，按住Shift键的同时按住鼠标左键向右拖动，移动到合适位置后按鼠标右键将其复制，如图4-65所示。

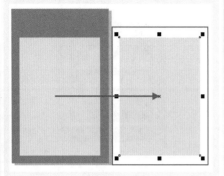

图4-65

04 选择工具箱中的刻刀工具，在画板外的矩形上按住鼠标左键拖动将其分割，如图4-66所示。

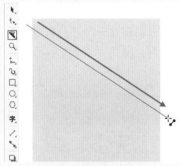

图4-66

05 使用同样的方法，继续在矩形上进行分割，如图4-67所示。

06 分割完成后，为每个图形填充合适的颜色，并将轮廓色去掉，效果如图4-68所示。

图4-67   图4-68

实例050   制作辅助图形

🎤 操作步骤

01 再次使用工具箱中的矩形工具，在画面中绘制一个较小的矩形。

在调色板中使用鼠标右键单击☑按钮，去除轮廓色，然后为其填充合适的颜色，如图4-69所示。

图4-69

02 选中画板之外被分割的图形中的一块，将其移动至深青色矩形上，如图4-70所示。

图4-70

03 继续将画板之外的其他图形移至深青色矩形上，效果如图4-71所示。

图4-71

04 选择工具箱中的文本工具，在画面的左侧单击鼠标左键插入光标，建立文字输入的起始点，在画面中输入相应的文字。选中文字，在属性栏中设置合适的字体、字号，在文字被选中的状态下，在画面右侧的调色板中使用鼠标左键单击白色

色块，设置文字的颜色，如图4-72所示。

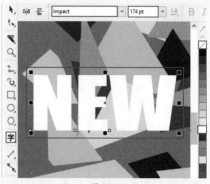

图4-72

05 继续使用同样的方法，在画面中输入其他文字，并设置不同的字体、字号和颜色，效果如图4-73所示。

图4-73

06 选择工具箱中的椭圆形工具，在文字的右上方按住Ctrl键的同时按住鼠标左键拖动绘制一个正圆形，接着去除正圆形的轮廓色并设置填充色为白色，如图4-74所示。

图4-74

07 选择工具箱中的钢笔工具，在白色正圆形的左下方绘制一个三角形，如图4-75所示。

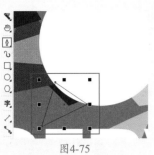

图4-75

08 在三角形被选中的状态下，按住鼠标左键在调色板中单击白色色块将三角形填充为白色，然后使用鼠标右键单击☑按钮，去除轮廓色，效果如图4-76所示。

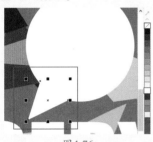

图4-76

09 选择工具箱中的选择工具，按住Shift键加选正圆形和三角形，单击鼠标右键，在弹出的快捷菜单中执行"组合"命令。接着在该图形被选中的状态下，单击鼠标右键，在弹出的快捷菜单中执行"顺序>向后一层"命令，将其向后移动。多次执行该命令将其移动到文字的后方，效果如图4-77所示。最终效果如图4-78所示。

图4-77

图4-78

📖 要点速查：刻刀工具

🔪（刻刀工具）用于将矢量对象拆分为多个独立对象。在裁剪工具组中选择刻刀工具，其属性栏如图4-79所示。接着在属性栏中选择一种切割模式，然后将光标移动至路径上，按

住鼠标左键拖动到另一处路径上，释放鼠标左键即可将该图形分为两个部分，将其中一个部分选中后即可移动。

切割方法

图4-79

各按钮的说明如下。

➢ 🖊2点线模式：沿直线切割对象。
➢ 〰️手绘模式：沿手绘曲线切割对象。
➢ 🖊贝塞尔模式：沿贝塞尔曲线切割对象。
➢ 🔲剪切时自动闭合：闭合分割对象形成的路径。
➢ 〰️50⊞手绘平滑：在创建手绘曲线时调整其平滑度。
➢ 剪切跨度：选择是沿着宽度为0的线拆分对象，在新对象之间创建间隙还是使用新对象重叠。
➢ ⊞0.0mm⊟宽度：设置新对象之间的间隙或重叠。
➢ 轮廓选项：选择在拆分对象时要将轮廓转换为曲线还是保留轮廓，或让应用程序自动进行选择。

4.5 使用刻刀工具制作图形化版面

文件路径	第4章\使用刻刀工具制作图形化版面
难易指数	⭐⭐⭐⭐⭐
技术掌握	● 多边形工具 ● 刻刀工具 ● 钢笔工具 ● 文本工具

🔍扫码深度学习

📋 操作思路

本案例通过使用矩形工具、多边形工具和钢笔工具在画面中绘制图

形；然后使用刻刀工具将图形进行分割；接着使用文本工具在画面中输入文字；最后将素材导入到文档中，从而制作出图形化版面。

🖱️ 案例效果

案例效果如图4-80所示。

图4-80

实例051 制作图形化版面中的切分三角图形

🎤 操作步骤

01 新建一个"宽度"和"高度"均为360.0mm的空白文档。双击工具箱中的矩形工具，创建一个与画板等大的矩形，设置"填充色"为浅青色，去除轮廓色，效果如图4-81所示。

图4-81

02 选择工具箱中的多边形工具，在属性栏中设置"点数或边数"为3，设置完成后在画面中按住鼠标左键拖动绘制一个三角形，如图4-82所示。

03 在该三角形被选中的状态下，设置其"填充色"为青绿色，去除轮廓色，如图4-83所示。

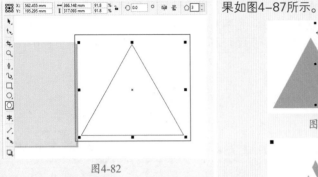

图4-82

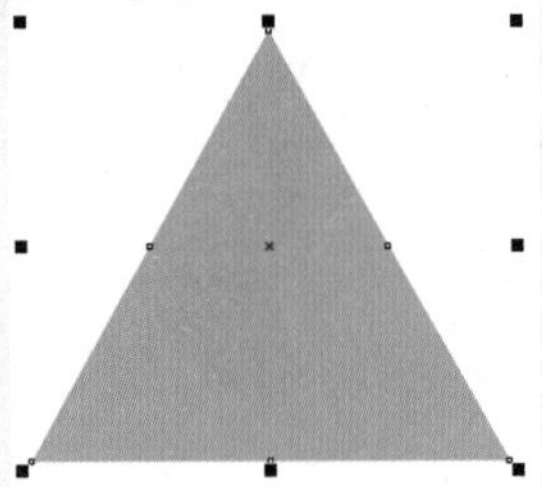

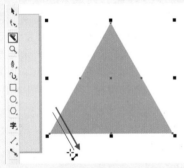

图4-83

04 在该三角形被选中的状态下，使用工具箱中的刻刀工具在三角形的左下角按住Shift键的同时按住鼠标左键拖动，将三角形进行切割，如图4-84所示。

图4-84

05 使用同样的方法，以相同的角度继续切割三角形，效果如图4-85所示。

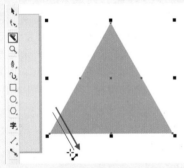

图4-85

06 选中右侧的图形，然后将其进行移动，如图4-86所示。继续调整图形位置，使其中间有一定的间隙，并适当缩放每个图形的大小，效

果如图4-87所示。

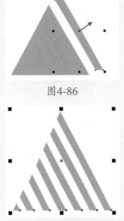

图4-86

图4-87

07 选择工具箱中的选择工具，按住Shift键加选青色的图形，然后单击鼠标右键，在弹出的快捷菜单中执行"组合"命令，将其编组。接着将图形组移动到相应位置，效果如图4-88所示。

图4-88

08 复制该图形，旋转并移动到右上角，更改其"填充色"为粉色，如图4-89所示。

图4-89

实例052 制作图形化版面中的其他图形与元素

🎙️操作步骤

01 再次使用多边形工具在画面中绘制其他三角形，并设置"填充

色"为黄色，如图4-90所示。

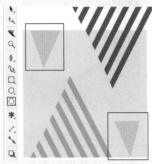

图4-90

02 选择工具箱中的钢笔工具，在画面的左侧绘制一个直角三角形，如图4-91所示。

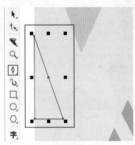

图4-91

03 在该三角形被选中的状态下，在调色板中使用鼠标右键单击☒按钮，去除轮廓色。然后为其填充洋红色，效果如图4-92所示。

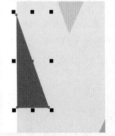

图4-92

04 制作飘带效果。继续使用钢笔工具在画面的右侧绘制一个闭合路径，如图4-93所示。

图4-93

05 使用同样的方法，继续在画面中绘制其他两个闭合路径，效果如

图4-94和图4-95所示。

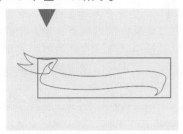

图4-94

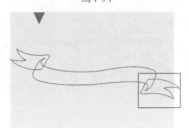

图4-95

06 选择工具箱中的选择工具，按住Shift键加选3个闭合路径。然后单击鼠标右键，在弹出的快捷菜单中执行"组合"命令。在该图形组被选中的状态下，在调色板中使用鼠标右键单击☐按钮，去除轮廓色，然后使用鼠标左键单击粉色色块，为图形填充粉色，效果如图4-96所示。

图4-96

07 在该图形被选中的状态下，按住鼠标左键向左下方拖动，移动到相应位置后单击鼠标右键复制图形，如图4-97所示。

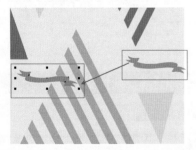

图4-97

08 选择工具箱中的选择工具，将光标定位到飘带图形右侧中间控制点处，然后按住鼠标左键拖动，将其拉长，效果如图4-98所示。

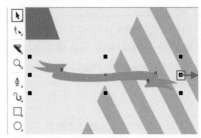

图4-98

09 在该图形被选中的状态下，多次执行菜单"对象>顺序>向后一层"命令，将其移动到青色图形的后面，效果如图4-99所示。

图4-99

10 选择工具箱中的文本工具，在画面的左上方单击鼠标左键插入光标，建立文字输入的起始点，输入相应的文字。选中文字，在属性栏中设置合适的字体、字号，设置文字颜色为青绿色，效果如图4-100所示。

图4-100

11 导入素材"1.png"，效果如图4-101所示。

图4-101

12 选中素材，选择工具箱中的阴影工具，在素材上方按住鼠标左键拖动制作阴影效果，然后在属性栏中设置阴影颜色为灰绿色，阴影不透明度为30，阴影羽化为10，效果如图4-102所示。

图4-102

13 执行菜单"文件>打开"命令，在弹出的"打开绘图"对话框中选择素材"2.cdr"，然后单击"打开"按钮。在打开的素材中选中糖果素材，使用快捷键Ctrl+C进行复制，返回到刚刚操作的文档中，使用快捷键Ctrl+V进行粘贴，并将粘贴的素材移动到合适位置，效果如图4-103所示。

图4-103

14 全选画面对象，使用快捷键Ctrl+G进行组合。接着绘制一个与画板等大的矩形。选中组合对象，执行菜单"对象>PowerClip>置于图文框内部"命令，当光标变成黑色粗箭头时，单击刚刚绘制的矩形，即可隐藏多余部分。接着在调色板中去除其轮廓色，效果如图4-104所示。

图4-104

4.6 制作清爽活动宣传版面

文件路径	第4章\制作清爽活动宣传版面
难易指数	⭐⭐⭐⭐⭐
技术掌握	● 矩形工具 ● 钢笔工具 ● 文本工具

🔍扫码深度学习

操作思路

本案例讲解了如何制作清爽活动宣传版面。首先通过使用矩形工具制作版面的基本图形；然后使用钢笔工具在画面的上方绘制一个三角形；最后使用文本工具在画面中适当的位置添加文字。

案例效果

案例效果如图4-105所示。

图4-105

实例053　制作基本图形

操作步骤

01 创建一个新文档。选择工具箱中的矩形工具，在画面的左上角按住鼠标左键拖动绘制一个矩形，设置"填充色"为深青色，去除轮廓色，效果如图4-106所示。

图4-106

02 使用同样的方法，在画面中绘制其他不同颜色的矩形，效果如图4-107所示。

图4-107

03 选择工具箱中的钢笔工具，在画面的上方绘制一个三角形，如图4-108所示。

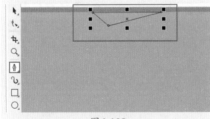

图4-108

04 在该三角形被选中的状态下，设置其填充色为深青色并去除轮廓色，效果如图4-109所示。

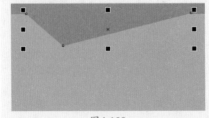

图4-109

05 选择工具箱中的文本工具，在三角形上单击鼠标左键插入光标，建立文字输入的起始点，输入相应的文字。选中文字，在属性栏中设置合适的字体、字号，文字颜色设置为白色，如图4-110所示。

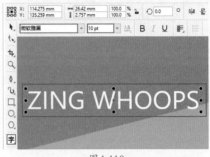

图4-110

06 在使用文本工具的状态下，在文字的前方单击插入光标，然后按住鼠标左键向后拖动，选中第一个字母"Z"，然后在属性栏中更改字体大小为20pt，效果如图4-111所示。

图4-111

07 使用工具箱中的选择工具双击文字，按住鼠标左键拖动文字右上角带有弧度的双箭头控制点，将文字旋转，效果如图4-112所示。

图4-112

实例054　制作主体模块

操作步骤

01 再次使用文本工具在画面的中心位置输入文字，效果如图4-113

所示。

图4-113

02 再次使用矩形工具在画面中绘制两个矩形，如图4-114所示。

图4-114

03 选择工具箱中的选择工具，按住Shift键加选这两个矩形，按住Shift键的同时按住鼠标左键向右拖动到合适位置后，单击鼠标右键将图形平移并复制，效果如图4-115所示。

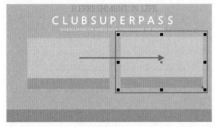

图4-115

04 选择工具箱中的钢笔工具，在刚刚绘制的矩形上绘制一个不规则的多边形。绘制完成后设置该图形的填充色为橘黄色，并去除轮廓色，效果如图4-116所示。

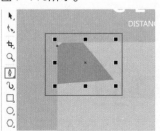

图4-116

05 使用同样的方法，继续在矩形内部绘制其他颜色的图形，效

果如图4-117所示。

图4-117

06 选择工具箱中的矩形工具，在图形的中心位置绘制一个矩形。绘制完成后，在调色板中设置该矩形的填充色为白色，并去除轮廓色，效果如图4-118所示。

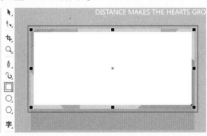

图4-118

07 选择工具箱中的选择工具，在白色的矩形上按住Shift键的同时按住鼠标左键向右移动到合适位置后，单击鼠标右键将图形平移并复制，效果如图4-119所示。

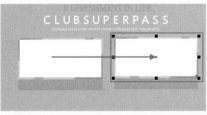

图4-119

08 导入素材"1.jpg"，如图4-120所示。

图4-120

09 选择工具箱中的矩形工具，在素材的右侧按住鼠标左键拖动绘制一个与白色矩形大小相同的矩形，如

图4-121所示。

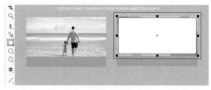

图4-121

10 使用工具箱中的选择工具选中素材"1.jpg"，单击鼠标右键，在弹出的快捷菜单中执行"PowerClip内部"命令，当光标变为黑色粗箭头时单击右侧的矩形边框，效果如图4-122所示。

图4-122

11 使用工具箱中的选择工具将其移动到画面的左侧，并在右侧的调色板中去除轮廓色，效果如图4-123所示。

图4-123

12 在画面中再次使用文本工具输入相应的文字，效果如图4-124所示。

图4-124

13 选择工具箱中的矩形工具，在右侧白色矩形的底部绘制一个矩形，在调色板中设置"填充色"为黑色并去除轮廓色，效果如图4-125所示。

图4-125

14 选择工具箱中的钢笔工具,在左侧矩形中的文字右侧绘制一条路径。接着在属性栏中设置"轮廓宽度"为2.0pt,效果如图4-126所示。

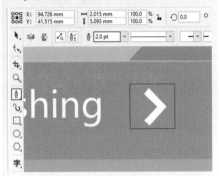

图4-126

15 使用工具箱中的选择工具选中该图形,在图形上方按住Shift键的同时按住鼠标左键向右拖动到合适位置后,单击鼠标右键将图形平移并复制,效果如图4-127所示。

图4-127

16 选择工具箱中的矩形工具,在右下方文字的上面绘制一个矩形,设置矩形的"填充色"为淡绿色并去除轮廓色,效果如图4-128所示。

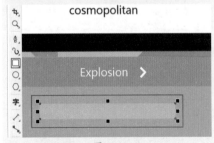

图4-128

17 在该矩形被选中的状态下,单击鼠标右键,在弹出的快捷菜单中执行"顺序>向后一层"命令,将其向后移动,接着多次执行该命令,将其移动到文字的后方。最终效果如图4-129所示。

图4-129

4.7 使用对齐与分布制作网页广告

文件路径	第4章\使用对齐与分布制作网页广告
难易指数	⭐⭐⭐⭐⭐
技术掌握	● 矩形工具 ● 对齐与分布 ● 文本工具

🔍 扫码深度学习

💡 操作思路

本案例首先通过使用矩形工具在画面中绘制黑色的背景和多个长条状的矩形;然后通过对齐与分布的设置,使绿色的矩形整齐地排列在画面当中;最后使用文本工具在画面中输入文字。

🖱 案例效果

案例效果如图4-130所示。

图4-130

实例055 制作网页广告中的条纹背景

🎤 操作步骤

01 创建一个方形的新文档。绘制一个与画板等大的矩形。在该矩形被选中的状态下,在画面右侧的调色板中使用鼠标左键单击黑色色块为其设置填充色,然后使用鼠标右键单击☒按钮,去除轮廓色,效果如图4-131所示。

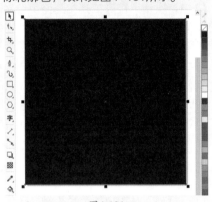

图4-131

02 继续使用矩形工具在画面的左上方按住鼠标左键拖动绘制一个矩形,然后去除轮廓色。双击位于界面底部的"编辑填充"按钮,在弹出的"编辑填充"对话框中单击"均匀填充"按钮,设置颜色为绿色,设置完成后单击OK按钮,如图4-132所示。此时矩形效果如图4-133所示。

03 使用工具箱中的选择工具选中该矩形,按住鼠标左键向下拖动到合适位置后,单击鼠标右键将其复制,效果如图4-134所示。接着使用同样的方法,将矩形多次复制,效果如图4-135所示。

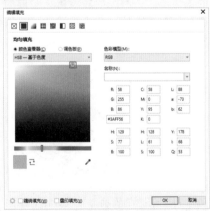

图4-132

图4-133

图4-134　　　　　图4-135

04 选择工具箱中的选择工具，按住Shift键加选所有绿色的矩形，然后执行菜单栏中的"窗口>泊坞窗>对齐与分布"命令，在打开的泊坞窗中单击"页面边缘"按钮⊡，然后单击"水平居中对齐"按钮□和"垂直分散排列中心"按钮□。效果如图4-136所示。

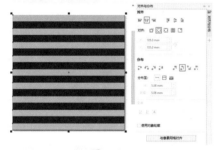

图4-136

05 使用工具箱中的选择工具加选画面中所有的矩形，按住鼠标左键向右拖动到画板外的合适位置后，单击鼠标右键将其复制，如图4-137所示。

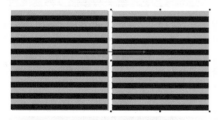

图4-137

06 使用工具箱中的选择工具分别选中每一个绿色的矩形，将颜色设置为红色，效果如图4-138所示。

07 加选画板以外的所有矩形，然后单击鼠标右键执行"组合"

命令。接着在矩形组被选中的状态下，按住鼠标左键拖动，将其等比例放大。再次单击该矩形组，当矩形组四周的控制点变为带有弧度的双箭头时，按住Ctrl键的同时按住鼠标左键拖动，将其旋转，效果如图4-139所示。

图4-138　　　　　图4-139

08 选择工具箱中的矩形工具，在画板外矩形的内部按住Ctrl键的同时按住鼠标左键拖动绘制一个正方形，如图4-140所示。

图4-140

09 使用工具箱中的选择工具选中红黑色的矩形组，然后单击鼠标右键，在弹出的快捷菜单中执行"PowerClip内部"命令，当光标变为黑色粗箭头时，在刚刚绘制的正方形内部单击鼠标左键，效果如图4-141所示。

10 使用选择工具将红黑色的矩形组移动到画面的中心位置，如图4-142所示。

图4-141　　　　　图4-142

实例056　制作网页广告中的文字与人物

🎤**操作步骤**

01 选择工具箱中的矩形工具，在画板的中心位置按住Ctrl键的同时按

住鼠标左键拖动绘制一个正方形。接着在调色板中使用鼠标左键单击白色色块，设置正方形的填充色，然后使用鼠标右键单击黑色色块，设置正方形的轮廓色。在属性栏中设置"轮廓宽度"为2.5mm，效果如图4-143所示。

图4-143

02 使用同样的方法，在正方形上方再次绘制一个较小的正方形，效果如图4-144所示。

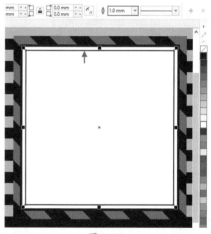

图4-144

03 选择工具箱中的文本工具，在正方形内部单击鼠标左键插入光标，建立文字输入的起始点，输入相应的文字。选中文字，接着在属性栏中选择合适的字体、字号，如图4-145所示。

04 使用同样的方法，继续在画面中输入其他不同字体、字号的文字，效果如图4-146所示。

05 再次使用工具箱中的矩形工具，在画面中绘制黑色矩形，绘制完成后加选画面左侧的所有文字和矩形，将所有元素水平居中对齐，效果如图4-147所示。

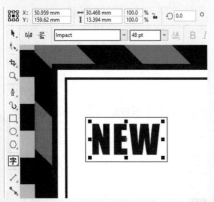

图4-145

图4-146

图4-147

06 导入素材"1.png"，最终效果如图4-148所示。

图4-148

4.8 使用移除前面制作镂空海报

文件路径	第4章\使用移除前面制作镂空海报
难易指数	★★★★★
技术掌握	● 矩形工具 ● 文本工具 ● 移除前面对象 ● 透明度工具

🔍扫码深度学习

操作思路

本案例首先通过将素材导入到文档中并将多余的部分隐藏；然后使用矩形工具在画面中绘制一个与画板等大的矩形；接着使用文本工具在画面中输入文字；然后加选文字和矩形；最后执行"移除前面对象"命令使画面呈现出镂空的效果。

案例效果

案例效果如图4-149所示。

图4-149

实例057 处理人物图像部分

操作步骤

01 执行菜单"文件>新建"命令，创建一个新文档。导入素材"1.jpg"，效果如图4-150所示。

图4-150

02 双击工具箱中的矩形工具，绘制出一个与画板等大的矩形，如图4-151所示。

图4-151

---

03 选中该矩形，使用鼠标右键单击调色板中的⊘按钮，去除轮廓色，使用鼠标左键单击深褐色色块，设置"填充色"为深褐色，如图4-152所示。

图4-152

04 选中该矩形，选择工具箱中的透明度工具，在属性栏中单击"均匀透明度"按钮，设置"合并模式"为"颜色"，设置"透明度"为50，此时效果如图4-153所示。

图4-153

实例058 制作镂空效果

操作步骤

01 选择工具箱中的矩形工具，在画面的左上角按住鼠标左键拖动，绘制一个与画板等大的矩形。设置"填充色"为紫色，效果如图4-154所示。

图4-154

02 使用鼠标右键单击调色板中的⊘按钮，去除轮廓色。在该矩形被选中的状态下，选择工具箱中的透明度工具，在属性栏中单击"均匀透明度"按钮，设置"透明度"为33，此时效果如图4-155所示。

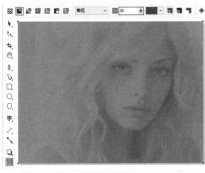

.图4-155

03选择工具箱中的文本工具，在画面中单击鼠标左键建立文字输入的起始点，输入相应的文字。选中文字，在属性栏中设置合适的字体、字号，如图4-156所示。

图4-156

04选择工具箱中的选择工具，按住Shift键加选文字和紫色的矩形，然后执行菜单"对象>造型>移除前面对象"命令，此时画面效果如图4-157所示。

图4-157

05再次使用文本工具在画面的下方输入其他白色文字。最终效果如图4-158所示。

图4-158

📖 要点速查：对象的造型

对象的"造型"功能可以理解为将多个矢量图形进行融合、交叉或改造，从而形成一个新的对象的过程。造型功能包括"合并""焊接""修剪""相交""简化""移除后面对象""移除前面对象"和"边界"。

选择需要造型的多个图形，在属性栏中即可显示造型命令的按钮，单击某个按钮即可进行相应的造型，如图4-159所示。

图4-159

各按钮的说明如下。

➤ （合并）：可以将两个或多个对象合并为有相同属性的单一对象。

➤ （焊接）：可以将两个或多个对象结合在一起成为一个独立对象。

➤ （修剪）：可以使用一个对象的形状剪切另一个形状的一部分，修剪完成后目标对象保留其填充和轮廓属性。

➤ （相交）：可以将对象的重叠区域创建为一个新的独立对象。

➤ （简化）：可以去除对象间重叠的区域。选择两个对象，单击属性栏中的"简化"按钮，移动图像后可看见相交后的效果。

➤ （移除后面对象）：可以利用下层对象的形状，减去上层对象中的部分。

➤ （移除前面对象）：可以利用上层对象的形状，减去下层对象中的部分。

➤ （创建边界）：能够以一个或多个对象的整体外形创建矢量对象。

第5章

矢量图形特效

本章概述

在CorelDRAW工具箱中包含一系列可以对矢量对象进行特殊效果制作的工具，例如可以制作投影效果的阴影工具、可以制作变形效果的封套工具、可以制作矢量图形过渡调和的调和工具等。其中部分工具也可以针对位图对象进行操作。本章主要针对这些工具进行练习。

本章重点

- 掌握阴影工具的使用方法
- 掌握透明度工具的使用方法
- 掌握封套工具的使用方法

5.1 使用阴影工具制作产品展示页面

文件路径	第5章\使用阴影工具制作产品展示页面
难易指数	★★★★★
技术掌握	● 矩形工具 ● 阴影工具 ● 文本工具

扫码深度学习

操作思路

本案例首先使用矩形工具在画面中绘制图形；然后通过阴影工具制作立体效果；接着将素材导入到文档中并将多余的部分隐藏；最后通过文本工具在画面中输入文字。

案例效果

案例效果如图5-1所示。

图5-1

实例059 制作展示页面背景

操作步骤

01 创建一个新文档。双击矩形工具，创建一个与画板等大的矩形。设置矩形填充色为卡其色，在调色板中使用鼠标右键单击☑按钮，去除轮廓色，效果如图5-2所示。

图5-2

02 继续使用矩形工具，在画面的中心位置按住鼠标左键拖动绘制一个矩形，设置矩形的填充色为白色，去除轮廓色，效果如图5-3所示。

图5-3

03 在该矩形被选中的状态下，选择阴影工具，在白色矩形的中间位置按住鼠标左键向下拖动，接着在属性栏中设置"阴影颜色"为卡其色、"合并模式"为"底纹化"、"阴影不透明度"为100、"阴影羽化"为50，效果如图5-4所示。

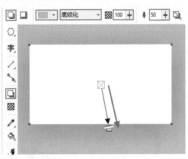

图5-4

04 导入素材"1.jpg"，如图5-5所示。

图5-5

05 再次使用矩形工具，在素材1的上面按住鼠标左键拖动，绘制一个矩形，如图5-6所示。选中素材，执行菜单"对象>PowerClip>置于图文框内部"命令，当光标变成黑色粗箭头时，单击刚刚绘制的矩形，如图5-7所示。

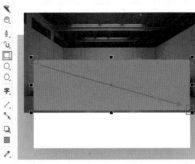

图5-6

图5-7

06 随即实现位图的精确剪裁，效果如图5-8所示。

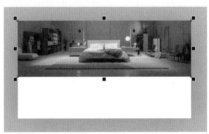

图5-8

实例060 制作文字与图形部分

操作步骤

01 选择文本工具，在素材的上方输入文字。选中文字，然后在属性栏中设置合适的字体、字号，接着在右侧的调色板中使用鼠标左键单击白色色块，如图5-9所示。使用同样的方法，继续在画面中输入其他文字，如图5-10所示。

图5-9

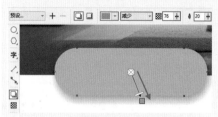

图5-10

02 选择矩形工具，在刚刚输入的文字下方按住鼠标左键拖动，绘制一个矩形，如图5-11所示。

图5-11

03 选中该矩形，在属性栏中单击"圆角"按钮，设置"转角半径"为10.0mm，如图5-12所示。

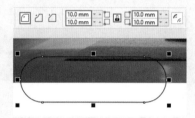

图5-12

04 将圆角矩形填充卡其色，然后使用鼠标右键单击☑按钮，去除轮廓色，效果如图5-13所示。

图5-13

05 选择阴影工具，在圆角矩形的中间位置按住鼠标左键向下拖动，接着在属性栏中设置"阴影颜色"为灰色、"合并模式"为"减少"、"阴影不透明度"为76、"阴影羽化"为20，效果如图5-14所示。

06 再次使用文本工具在画面中适当的位置输入其他文字。最终效果如图5-15所示。

图5-14

图5-15

要点速查：阴影工具的使用

使用 ▣（阴影工具）可以为矢量图形、文本对象、位图对象和群组对象创建阴影效果。选择一个对象，选择阴影工具。将鼠标指针移至图形对象上，按住左键向其他位置拖动，如图5-16所示。释放鼠标左键即可看到添加的阴影效果，如图5-17所示。

图5-16

图5-17

在添加完阴影后画面中会显示阴影控制杆，通过这个控制杆可以对阴影的位置、颜色等属性进行更改。同时还可以配合属性栏对阴影的其他属性进行调整。

5.2 制作旅行广告

文件路径	第5章\制作旅行广告	
难易指数	★★★★★	
技术掌握	● 透明度工具 ● 阴影工具 ● 添加透视	🔍扫码深度学习

💡操作思路

本案例首先通过钢笔工具将背景绘制出来；然后使用椭圆形工具在画面的中心位置绘制正圆形，通过设置正圆形的不透明度来制作出内发光的效果；接着使用钢笔工具在正圆形的上方绘制图形；最后使用文本工具在正圆形上输入文字，从而制作出旅行广告。

🖱案例效果

案例效果如图5-18所示。

图5-18

实例061　制作放射状背景

🎤操作步骤

01 创建一个A4大小的横向文档。绘制一个与画板等大的矩形。设置颜色为蓝色，去除轮廓色，效果如图5-19所示。

图5-19

02 选择钢笔工具，在画面的左侧绘制一个不规则图形，如图5-20所示。

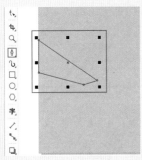

图5-20

03 选中该图形，在调色板中使用鼠标右键单击☑按钮，去除轮廓色。然后为其填充合适颜色，如图5-21所示。

图5-21

04 使用同样的方法，继续在画面中绘制其他淡蓝色图形，效果如图5-22所示。

图5-22

实例062　制作沙滩与海面

🎙操作步骤

01 继续使用钢笔工具在画面下方绘制一个不规则图形，去除轮廓色，并为图形填充合适的颜色，如图5-23所示。

02 使用同样的方法，继续在其下方绘制不同颜色的不规则图形，效果如图5-24所示。

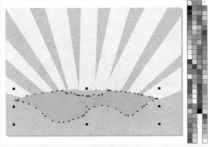

图5-23

图5-24

03 继续使用钢笔工具在画面中绘制一个云朵的形状，在调色板中使用鼠标右键单击☑按钮，去除轮廓色。使用鼠标左键单击白色色块，为其填充颜色，如图5-25所示。

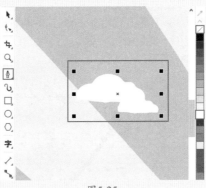

图5-25

04 选中云朵图形，按住鼠标左键拖动到适当的位置后，单击鼠标右键将其复制，效果如图5-26所示。

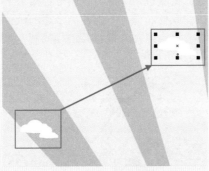

图5-26

05 使用同样的方法，再次将其复制出两份，并放置在合适的位置，效果如图5-27所示。

图5-27

实例063　制作主图部分

🎙操作步骤

01 选择椭圆形工具，在画面的中心位置按住Ctrl键的同时按住鼠标左键拖动绘制一个正圆形。在属性栏中设置"轮廓宽度"为5.0pt，设置填充色为铬黄色。接着在右侧的调色板中使用鼠标右键单击白色色块，为正圆形设置轮廓色，效果如图5-28所示。

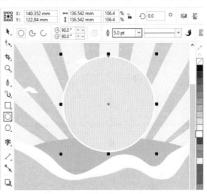

图5-28

02 继续使用椭圆形工具绘制一个与铬黄色正圆形等大的正圆形。然后在右侧的调色板中使用鼠标左键单击白色色块，为其设置填充色。使用鼠标右键单击☑按钮，去除轮廓色，效果如图5-29所示。

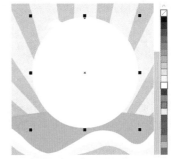

图5-29

03 在白色正圆形被选中的状态下，选择透明度工具，在属性栏中单击"渐变透明度"按钮，接着单击"椭圆形渐变透明度"按钮，效果如图5-30所示。

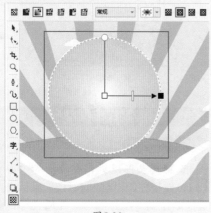

图5-30

04 单击正圆形中心点位置的节点，设置该节点的透明度为100，接着单击右侧的控制点，设置透明度为0，效果如图5-31所示。在控制杆的右侧双击鼠标左键，添加节点，设置该节点的透明度为100，效果如图5-32所示。

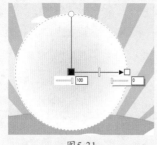

图5-31

图5-32

05 制作椰子树。选择钢笔工具，在画面中绘制一个树冠的样式，接着设置其填充色为深绿色并去除轮廓色，效果如图5-33所示。

06 接着绘制树干，设置填充色为深棕色并去除轮廓色，效果如图5-34所示。

图5-33

图5-34

07 在树干被选中的状态下，选择选择工具，然后单击鼠标右键执行"顺序>向后一层"命令。将树干移动到树冠下方，如图5-35所示。

图5-35

08 按住Shift键加选树冠和树干，然后单击鼠标右键执行"组合"命令，将其进行编组。在图形组的上方按住鼠标左键向下拖动到合适的位置后，单击鼠标右键将其进行复制，如图5-36所示。

图5-36

09 将光标定位到画面下方的椰子树的左上方控制点处，当光标变为双箭头时按住鼠标左键向内拖动，将其进行适当的缩放，效果如图5-37所示。

图5-37

10 继续使用同样的方法，复制多个椰子树，将其进行适当的缩放并放置在合适的位置，效果如图5-38所示。

图5-38

实例064 制作主题文字

操作步骤

01 选择钢笔工具，在正圆形的上方绘制一个不规则图形。选中该图形，在调色板中使用鼠标右键单击☑按钮，去除轮廓色。接着设置其填充为红色，效果如图5-39所示。

图5-39

02 继续使用同样的方法，在画面中绘制其他红色图形，效果如

图5-40所示。

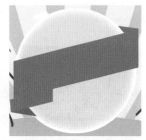

图5-40

03 选择文本工具，在红色图形上单击鼠标左键插入光标，建立文字输入的起始点，输入相应的文字。选中文字，在属性栏中设置合适的字体、字号，设置"轮廓色"为红色，"填充色"为白色，如图5-41所示。

图5-41

04 在文字被选中的状态下，选择阴影工具，在文字的中间位置按住鼠标左键向右拖动，为文字添加阴影效果，接着在属性栏中设置"阴影颜色"为黑色、"阴影不透明度"为50、"阴影羽化"为15，效果如图5-42所示。

图5-42

05 在文字被选中的状态下，再次单击该文字，此时文字的控制点变为弧形双箭头控制点，通过拖动右侧中间位置的控制点，将文字沿着垂直

方向倾斜，效果如图5-43所示。

图5-43

06 继续使用文本工具在该文字下方输入其他文字，然后为其添加阴影效果并进行倾斜变形，效果如图5-44所示。

图5-44

07 使用同样的方法，在红色图形的下方绘制绿色的图形并在其上方输入不同颜色的文字，效果如图5-45所示。

图5-45

实例065 制作气泡文字

🎤操作步骤

01 选择常见形状工具，在属性栏中单击"常用形状"按钮，选择合适的标注形状。然后在画面中绘制，如图5-46所示。

02 选择形状工具，使用鼠标左键单击选中该形状左下方的节点并改变该节点的位置，效果如图5-47所示。

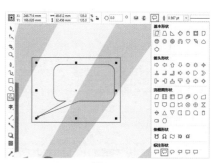

图5-46

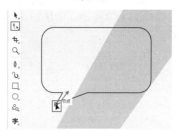

图5-47

03 在该图形被选中的状态下，在右侧的调色板中使用鼠标左键单击白色色块，设置图形的填充色。使用鼠标右键单击☒按钮，去除轮廓色，效果如图5-48所示。

图5-48

04 使用文本工具在该图形上输入相应的文字并设置文字颜色为蓝色，效果如图5-49所示。

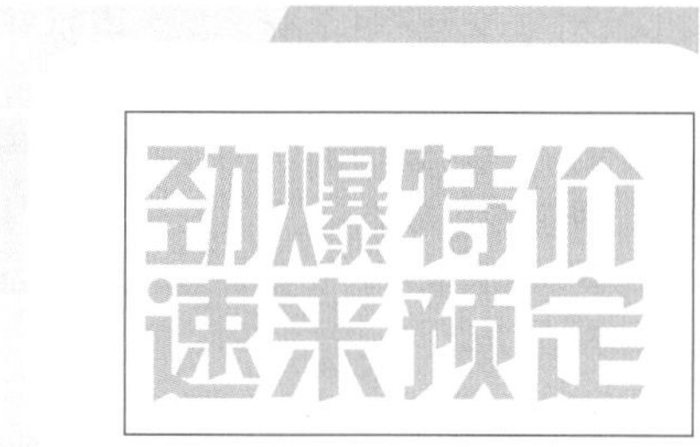

劲爆特价
速来预定

图5-49

05 选择选择工具，按住Shift键加选白色的图形和文字，然后单击鼠标右键执行"组合"命令，将其进行编组。在该组被选中的状态下，执行菜单"对象>透视点>添加透视"命令，效果如图5-50所示。

图5-50

06 选择形状工具，单击选中图形左上方的控制点，然后按住鼠标左键向右上方拖动，效果如图5-51所示。

图5-51

07 使用同样的方法，拖动左下方的控制点，为其添加透视效果，如图5-52所示。

图5-52

08 打开素材"1.cdr"，选中打开的素材，使用快捷键Ctrl+C将其复制。然后返回到刚刚操作的文档中使用快捷键Ctrl+V将其进行粘贴，并将其移动到合适位置。最终效果如图5-53所示。

图5-53

5.3 使用调和工具制作连续的图形

文件路径	第5章\使用调和工具制作连续的图形
难易指数	★★★★★
技术掌握	● 交互式填充工具 ● 钢笔工具 ● 文本工具 ● 调和工具

扫码深度学习

操作思路

本案例首先使用矩形工具在画面中绘制矩形；然后使用交互式填充工具为矩形设置渐变；接着使用文本工具在画面中输入文字；最后使用椭圆形工具在画面中绘制正圆形，并使用调和工具在两个正圆形之间填充多个正圆形。

案例效果

案例效果如图5-54所示。

图5-54

实例066 制作背景和文字

操作步骤

01 创建一个A4大小的纵向文档。使用矩形工具绘制一个矩形。选中该矩形，选择交互式填充工具，在属性栏中单击"渐变填充"按钮，设置"渐变类型"为"椭圆形渐变填充"，然后编辑一个蓝色系渐变颜色。去除轮廓色，效果如图5-55所示。

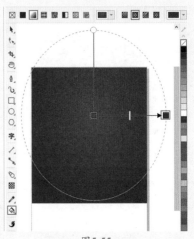

图5-55

02 选择矩形工具，在画面的下方绘制一个矩形，设置填充色为铬黄色，并去除轮廓色，效果如图5-56所示。

图5-56

03 选择钢笔工具，在画面的左上方绘制一个四边形，在右侧的调色板中使用鼠标左键单击白色色块，设置图形的填充色。使用鼠标右键单击☒按钮，去除轮廓色，如图5-57所示。

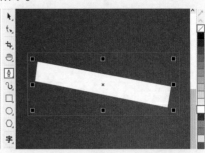

图5-57

04 选择文本工具，在白色四边形的上面单击鼠标左键插入光标，建立文字输入的起始点，接着输入合适的文字。选中文字，在属性栏中设置合适的字体、字号，在右侧的调色板中使用鼠标左键单击橘色色块，设置文字的颜色，效果如图5-58所示。

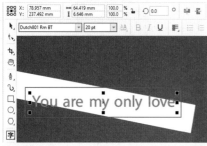

图5-58

05 选择选择工具，选中文字，单击鼠标左键，当文字的控制点变为弧形双箭头时，将光标定位到文字左上角的控制点上，然后按鼠标左键拖动将文字进行旋转，效果如图5-59所示。

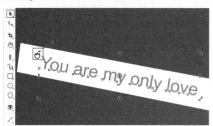

图5-59

06 使用同样的方法，在刚刚输入的文字下方绘制不同颜色的矩形，并在上面添加相应的文字，效果如图5-60所示。

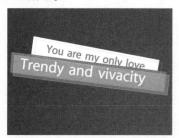

图5-60

07 再次使用文本工具在画面中适当的位置输入不同字体、字号的白色文字，效果如图5-61所示。

图5-61

实例067 制作连续的图形

⏺操作步骤

01 选择椭圆形工具，在画面的左上方按住Ctrl键的同时按住鼠标左键拖动绘制一个正圆形。设置"填充色"为白色，去除轮廓色，如图5-62所示。

图5-62

02 选中该正圆形，按住Shift键的同时按住鼠标左键向右移动，到合适位置后按鼠标右键进行水平复制，效果如图5-63所示。

图5-63

03 选择调和工具，在左侧正圆形上按住鼠标左键拖动，至右侧的正圆形上时释放鼠标左键。接着在属性栏中设置"调和对象"为20，效果如图5-64所示。

图5-64

04 选中一排正圆形，然后按住Shift键的同时按住鼠标左键向下拖动到合适位置后，按鼠标右键进行垂直移动复制，效果如图5-65所示。

05 使用同样的方法，复制多个正圆组，并将其放置在画面下方合适

位置，效果如图5-66所示。

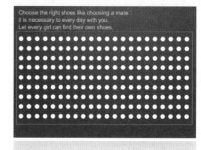

图5-65

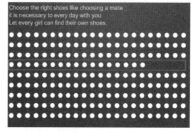

图5-66

06 选中第四排正圆形组，单击鼠标右键执行"拆分混合"命令，继续单击鼠标右键执行"取消群组"命令。选择选择工具，按住Shift键加选最后5个正圆形，然后按Delete键将其删除，效果如图5-67所示。

图5-67

07 选择文本工具，在删除后的位置输入文字。最终效果如图5-68所示。

图5-68

要点速查：调和工具的使用

"调和"效果只应用于矢量图形，它是通过在两个或两个以上的图

形之间建立一系列的中间图形，从而制作出渐变、调和的丰富效果。"调和"需要在两个或多个矢量对象之间进行，所以画面中至少要有两个矢量对象。

选择 ◎（调和工具），在其中一个对象上按住鼠标左键，然后移向另一个对象，如图5-69所示。释放鼠标左键即可创建调和效果，此时两个对象之间出现多个过渡的图形，如图5-70所示。

图5-69

图5-70

5.4 使用变形工具制作标签

文件路径	第5章\使用变形工具制作标签
难易指数	★★★★★
技术掌握	● 椭圆形工具 ● 变形工具 ● 文本工具

扫码深度学习

操作思路

本案例首先使用椭圆形工具在画面的中心位置绘制正圆形，然后使用变形工具将其多次变形；最后在图形上使用文本工具输入相应的文字。

案例效果

案例效果如图5-71所示。

图5-71

实例068　制作标签图形

操作步骤

01 执行菜单"文件>新建"命令，创建一个A4大小的横向文档。使用椭圆形工具绘制正圆，设置"填充色"为青色，并去除轮廓色，效果如图5-72所示。

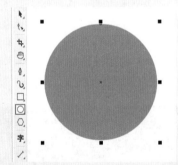

图5-72

02 选择变形工具，在属性栏中单击"拉链变形"按钮，接着在正圆形上按住鼠标左键向下拖动将其变形，如图5-73所示。释放鼠标左键后的效果如图5-74所示。

03 在使用变形工具的状态下，在属性栏中单击"扭曲变形"按钮，接着在图形上按住鼠标左键沿顺时针方向拖动将其变形，效果如图5-75所示。

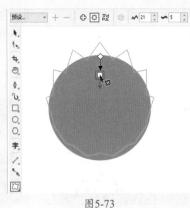

图5-73

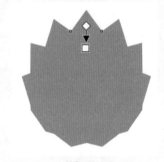

图5-74

图5-75

实例069　制作标签文字

操作步骤

01 选择文本工具，在刚刚制作的图形上单击鼠标左键插入光标，建立文字输入的起始点，输入文字。选中文字，在属性栏中设置合适的字体、字号。在右侧的调色板中使用鼠标左键单击10%黑色色块，为文字更改颜色，效果如图5-76所示。

02 继续使用同样的方法，在画面中合适位置输入相应的文字，效果如图5-77所示。

图5-76

图5-77

03 选择矩形工具，在主标题文字下方按住鼠标左键拖动绘制矩形，接着在右侧的调色板中使用鼠标左键单击10%黑色色块，为矩形设置填充色。使用鼠标右键单击☒按钮，去除轮廓色，如图5-78所示。

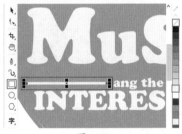

图5-78

04 选中该矩形，按住Shift键的同时按住鼠标左键向右拖动，至合适位置时按鼠标右键进行水平复制，如图5-79所示。

图5-79

05 选择星形工具，在属性栏中设置"点数或边数"为8，设置完成后按住Ctrl键的同时按住鼠标左键拖动绘制一个正八角星形，然后在右侧的调色板中使用鼠标左键单击10%黑色色块，为星形设置填充色。使用鼠标右键单击☒按钮，去除轮廓色，效果如图5-80所示。

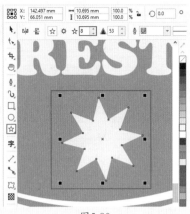

图5-80

06 选择选择工具，选中青色的图形，按住鼠标左键向右上方拖动，到合适位置后单击鼠标右键将其复制。在该图形被选中的状态下，将光标定位到图形的控制点上按住鼠标左键拖动，将其缩小并放置在合适的位置，效果如图5-81所示。

图5-81

07 选择文本工具，在复制出的图形上输入文字，将文字颜色设置为浅灰色，如图5-82所示。最终效果如图5-83所示。

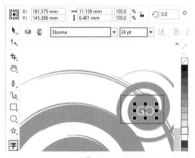

图5-82

图5-83

要点速查：形状编辑工具

形状工具组中包括多种可用于矢量对象形态编辑的工具：✍（平滑工具）、❧（涂抹工具）、◎（转动工具）、▷（吸引和排斥工具）、♀（沾染工具）、♈（粗糙工具），这几个工具都可以通过简单的操作对矢量图形进行形态的编辑，选择相应的工具，在属性栏中可以进行笔尖大小、速度等参数的设置。

- ➤ ✍（平滑工具）：用于将边缘粗糙的矢量对象边缘变得更加平滑。
- ➤ ❧（涂抹工具）：可以沿对象轮廓拖动工具来更改其边缘。
- ➤ ◎（转动工具）：可以在矢量对象的轮廓线上添加顺时针/逆时针的旋转效果。
- ➤ ▷（吸引和排斥工具）：通过吸引并移动节点的位置改变对象形态。
- ➤ ♀（沾染工具）：可以在原图形的基础上添加或删减区域。
- ➤ ♈（粗糙工具）：可以使平滑的矢量线条变得粗糙。

5.5 使用封套工具制作水果标志

文件路径	第5章\使用封套工具制作水果标志
难易指数	★★★★★
技术掌握	● 椭圆形工具 ● 封套工具 ● 文本工具

💡操作思路

本案例首先使用椭圆形工具在画面中绘制一个椭圆形；然后通过封套工具将椭圆形变形；接着使用钢笔工具和手绘工具绘制草莓的叶子；最后使用文本工具在画面中适当的位置输

入文字。

🖱 案例效果

案例效果如图5-84所示。

图5-84

实例070　制作草莓形状

🎙 操作步骤

01 创建一个"宽度"为210.0mm、"高度"为210.0mm的文档。然后选择椭圆形工具，在画面的中心位置绘制一个椭圆形。在属性栏中设置"轮廓宽度"为0.5mm，接着设置其填充色为粉红色，效果如图5-85所示。

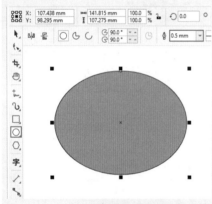

图5-85

02 选择封套工具，按住鼠标左键拖动左上角的控制点改变椭圆的形状，如图5-86所示。

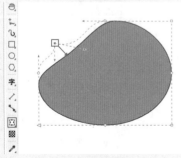

图5-86

03 使用同样的方法，继续拖动图形上的其他控制点，将椭圆变形，效果如图5-87所示。

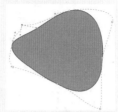

图5-87

04 选择选择工具，在图形上单击鼠标左键，当四周的控制点变为弧形双箭头控制点时，将光标定位到右上角的控制点处，然后按住鼠标左键拖动，将图形进行旋转，效果如图5-88所示。

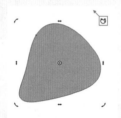

图5-88

05 选择钢笔工具，在画面的左上方绘制一个不规则图形，在属性栏中设置"轮廓宽度"为0.5mm，如图5-89所示。

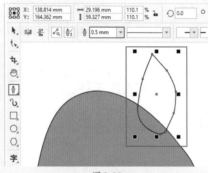

图5-89

06 选中该图形，为图形填充绿色，效果如图5-90所示。

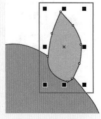

图5-90

07 使用同样的方法，再次绘制一个绿色叶子图形，如图5-91所示。

08 选择选择工具，按住Shift键加选两个叶子图形，然后单击鼠标右键执行"顺序>向后一层"命令，将其移动到粉红色草莓图形的下方，效果如图5-92所示。

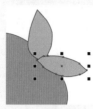

图5-91　　　　图5-92

09 选择手绘工具，在叶子图形上按住鼠标左键拖动绘制一条线段，接着在属性栏中设置"轮廓宽度"为0.5mm，如图5-93所示。

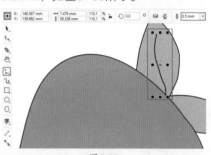

图5-93

10 使用同样的方法，继续在画面中绘制相应的曲线制作叶脉，效果如图5-94所示。

图5-94

11 再次使用椭圆形工具，在粉色图形内绘制大小不同的正圆形和椭圆形，效果如图5-95所示。

图5-95

实例071 制作标志文字

操作步骤

01 选择文本工具，在画板外单击鼠标左键插入光标，建立文字输入的起始点，输入文字。选中文字，在属性栏中设置合适的字体、字号，如图5-96所示。

图5-96

02 在文字被选中的状态下，使用"拆分美术字"快捷键Ctrl+K将文字拆分，然后选中字母F，将其移动到草莓的内部。在文字上方双击，按住鼠标左键拖动控制点将其旋转至合适的角度，效果如图5-97所示。

图5-97

03 使用同样的方法，将其他文字放置在草莓的内部，将其进行旋转并调整至合适的大小，效果如图5-98所示。

图5-98

04 选择钢笔工具，在草莓的外部绘制一条曲线，如图5-99所示。

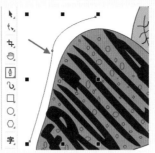

图5-99

05 选择文本工具，在曲线上单击鼠标左键插入光标，建立文字输入的起始点，然后输入文字，创建路径文字。使用选择工具选中文字，在属性栏中设置合适的字体、字号，效果如图5-100所示。

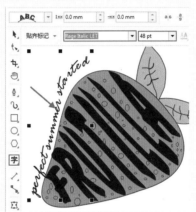

图5-100

06 此时水果标志设计制作完成，最终效果如图5-101所示。

图5-101

要点速查：封套工具的使用

🖳（封套工具）是将需要变形的对象置入一个"外框"（封套）中，通过编辑封套外框的形状来制作对象的效果，使其依照封套外框的形状产生变形。

选择封套工具，然后选择需要添加封套效果的图形对象，此时将会

为所选的对象添加一个由节点控制的矩形封套，如图5-102所示。然后拖动节点即可进行变形，如图5-103所示。

图5-102

图5-103

5.6 使用立体化工具制作夏日主题海报

文件路径	第5章\使用立体化工具制作夏日主题海报
难易指数	⭐⭐⭐⭐⭐
技术掌握	● 椭圆形工具 ● 文本工具 ● 立体化工具

🔍扫码深度学习

操作思路

本案例首先使用矩形工具绘制一个与画板等大的矩形；然后使用椭圆形工具在画面的中心位置绘制正圆形和圆环；接着使用文本工具在画面的中心位置输入文字；最后使用"立体化工具"制作出文字的立体效果。

案例效果

案例效果如图5-104所示。

图5-104

实例072 制作海报的背景部分

操作步骤

01 执行菜单"文件>新建"命令，创建一个"宽度"为296.0mm、"高度"为156.0mm的文档。创建一个与画板同样大小的矩形，设置"填充色"为青色并去除轮廓色，效果如图5-105所示。

图5-105

02 选择椭圆形工具，在画面的中心位置按住Ctrl键的同时按住鼠标左键拖动绘制一个正圆形，去除轮廓色，设置合适的填充色，效果如图5-106所示。

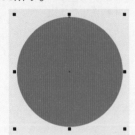

图5-106

03 选中该正圆形，使用快捷键Ctrl+C将其复制，接着使用快捷键Ctrl+V将其粘贴。选中上层的圆形，在调色板中使用鼠标左键单击☑按钮，去除填充色，然后设置轮廓色为与之前正圆相同的颜色，在属性栏中设置"轮廓宽度"为4.0mm，将其

等比例放大，如图5-107所示。

图5-107

实例073 制作海报中的文字部分

操作步骤

01 选择文本工具，在正圆形上单击鼠标左键插入光标，建立文字输入的起始点，输入相应的文字。选中文字，在属性栏中设置合适的字体、字号，设置文本的对齐方式为"中"，"填充色"为白色，设置"轮廓色"为黑色，设置"轮廓宽度"为0.5mm，效果如图5-108所示。

图5-108

02 选择立体化工具，在文字的上方按住鼠标左键向左下方拖动，制作文字的立体效果，如图5-109所示。

图5-109

03 在属性栏中单击"立体化颜色"按钮，在弹出的下拉面板

中单击"使用纯色"按钮，设置颜色为黑色，此时文字效果如图5-110所示。

图5-110

04 继续使用文本工具在主标题下方适当的位置输入其他不同颜色的文字，效果如图5-111所示。

图5-111

05 导入素材"1.png"。最终效果如图5-112所示。

图5-112

5.7 使用透明度工具制作半透明圆形

文件路径	第5章\使用透明度工具制作半透明圆形
难易指数	★★★★★
技术掌握	● 矩形工具 ● 椭圆形工具 ● 透明度工具 ● 文本工具

🔍 扫码深度学习

操作思路

本案例首先使用矩形工具在画面中绘制矩形并为其填充渐变；接着使用椭圆形工具在画面的左侧绘制正圆形；然后使用透明度工具设置矩形的透明度；最后使用文本工具在画面中输入文字。

案例效果

案例效果如图5-113所示。

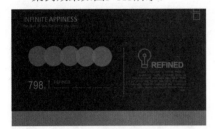

图5-113

实例074 制作半透明度图形

操作步骤

01 执行菜单"文件>新建"命令，创建一个文档。选择矩形工具，在画面的左上角按住鼠标左键拖动绘制一个比画面稍小的矩形，并为其填充合适的颜色，如图5-114所示。

图5-114

02 再次使用矩形工具在画面的下方绘制矩形。选中矩形，去除其轮廓色，然后选择交互式填充工具，单击属性栏中的"渐变填充"按钮，设置渐变方式为"线性渐变填充"，在控制杆上方双击添加节点，接着设置左右两侧节点颜色为紫色，中间节点颜色为洋红色，效果如图5-115所示。

03 选择椭圆形工具，在画面的左侧按住Ctrl键的同时按住鼠标右键拖动绘制一个正圆形。设置"填充色"为深紫色，接着使用鼠标右键单

击右侧调色板中的□按钮，去除轮廓色，效果如图5-116所示。

图5-115

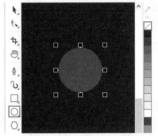

图5-116

04 选择透明度工具，在属性栏中单击"均匀透明度"按钮，设置"透明度"为20，如图5-117所示。

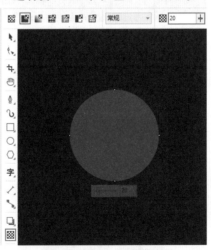

图5-117

05 使用同样的方法，在画面中绘制多个正圆形，分别设置不同的颜色，"透明度"均设置为20，效果如图5-118所示。

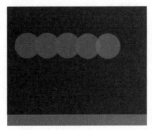

图5-118

实例075 制作半透明圆形中的文字部分

操作步骤

01 选择文本工具，在左侧的第一个正圆形上单击鼠标左键插入光标，建立文字输入的起始点，输入相应的文字。选中文字，在属性栏中设置合适的字体、字号。为文字设置合适的填充色，效果如图5-119所示。

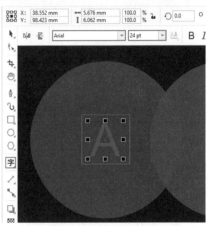

图5-119

02 使用同样的方法，继续在其他正圆形上输入相应的文字，效果如图5-120所示。

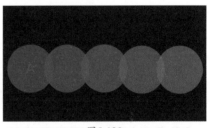

图5-120

03 继续使用文本工具在正圆的上、下方输入其他文字，效果如图5-121所示。

图5-121

04 再次使用文本工具在图形的下方按住鼠标左键拖动，绘制一个文

本框，在文本框中输入合适的文字，选中文本框，在属性栏中设置合适的字体、字号，设置文本的对齐方式为"右"，然后为文字设置合适的填充色，效果如图5-122所示。

图5-122

05 继续使用文本工具在画面中适当位置输入不同颜色的文字，效果如图5-123所示。

图5-123

实例076 制作辅助图形

操作步骤

01 选择椭圆形工具，在左下方文字的间隔处绘制一个正圆形，效果如图5-124所示。

图5-124

02 选择矩形工具，在正圆形的下方按住鼠标左键拖动绘制一个矩形，效果如图5-125所示。

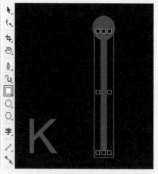

图5-125

03 使用选择工具按住Shift键加选刚刚绘制的正圆形和矩形，然后按住鼠标左键向右拖动到合适位置后，单击鼠标右键将其复制，如图5-126所示。

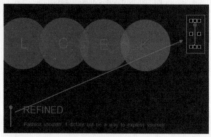

图5-126

04 选中矩形，然后将光标定位到矩形下方的控制点，按住鼠标左键向下拖动，将其拉长，效果如图5-127所示。

图5-127

05 选择椭圆形工具，在画面的右侧绘制一个正圆形，在属性栏中设置"轮廓宽度"为1.5mm、"轮廓颜色"为橄榄绿，效果如图5-128所示。

06 选择矩形工具，在正圆形的下方绘制一个矩形。选中该矩形，在属性栏中单击"圆角"按钮，设置"转角半径"为1.0mm、"轮廓宽度"为1.5mm。在右侧的调色板中设置其"填充色"为无、"轮廓色"为橄榄绿，效果如图5-129所示。

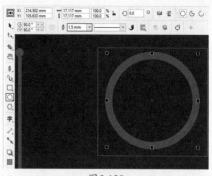

图5-128

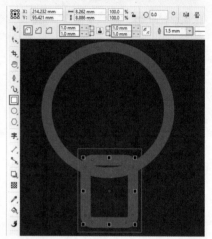

图5-129

07 使用选择工具按住Shift键加选正圆形和圆角矩形，在属性栏中单击"焊接"按钮，此时效果如图5-130所示。再次使用椭圆形工具和矩形工具在图形内绘制一组颜色为橄榄绿的图形，效果如图5-131所示。

08 选择矩形工具，在画面的右上方按住Ctrl键的同时按住鼠标左键拖动绘制正方形。在属性栏中设置"轮廓宽度"为0.75mm。接着在右侧的调色板中使用鼠标右键单击霓虹粉色色块，设置轮廓色。使用鼠标左键单击☒按钮，去除填充色，如图5-132所示。

图5-130

图5-131

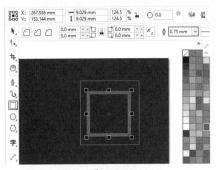

图5-132

09 选中该正方形，按住Shift键的同时按住鼠标左键向上拖动到合适位置后，按鼠标右键进行复制，如图5-133所示。

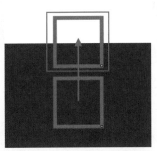

图5-133

10 使用快捷键Ctrl+A全选画面中的所有文字与图形，使用快捷键Ctrl+G组合对象。然后将该图形组移至画板外，方便之后操作。接着选择矩形工具，在画面中绘制一个与画板等大的矩形，选中画板外的图形组，执行菜单"对象>PowerClip>置于图文框内部"命令，当光标变成黑色粗箭头时，单击刚刚绘制的矩形，即可实现图形组的精确剪裁，如图5-134所示。

11 接着在右侧的调色板中使用鼠标右键单击☑按钮，去除轮廓色。最终效果如图5-135所示。

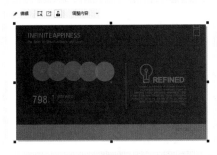

图5-134

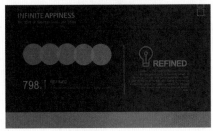

图5-135

要点速查：透明度工具的使用

使用▩（透明度工具）可以为矢量图形或位图对象设置半透明的效果。通过对上层图形透明度的设定来显示下层图形。首先选中一个对象，选择透明度工具，在属性栏中可以选择透明度：▣（均匀透明度）、▣（渐变透明度）、▩（向量图样透明度）、▣（位图图样透明度）、▣（双色图样透明度）和▨（底纹透明度）。在合并模式下拉列表中可以选择矢量图形与下层对象颜色调和的方式，如图5-136所示。

图5-136

- 选择一个对象，选择透明度工具，在属性栏中单击"均匀透明度"按钮▣，然后可以在"透明度"▩ 50 中设置数值，数值越大，对象透明度越高。

➤ ▬▬▬▼透明度挑选器：选择一个预设透明度。

➤ ▩（全部）：单击"全部"按钮可以设置整个对象的透明度。

➤ ▩（填充）：单击"填充"按钮只设置填充部分的透明度。

➤ ▩（轮廓）：单击"轮廓"按钮只设置轮廓部分的透明度。

- ▣（渐变透明度）：可以为对象赋予带有渐变感的透明度效果。选中对象，单击属性栏中的▩（渐变透明度）按钮，在属性栏中包括4种渐变模式：▩（线性渐变透明度）、▩（椭圆形渐变透明度）、▩（锥形渐变透明度）和▩（矩形渐变透明度）。

- ▩（向量图样透明度）：可以根据图样的黑白关系创建透明效果，图样中黑色的部分为透明，白色部分为不透明，灰色区域根据明度产生透明效果。

- ▩（位图图样透明度）：可以利用计算机中的位图图像参与透明度的制作。对象的透明度仍然由位图图像上的黑白关系来控制。

- ▣（双色图样透明度）：根据所选图样的黑白关系控制对象透明度，黑色区域为透明，白色区域为不透明。

- ▨（底纹透明度）：根据所选底纹的黑白关系控制对象透明度。

5.8 使用透明度工具制作促销海报

文件路径	第5章\使用透明度工具制作促销海报
难易指数	⭐⭐⭐⭐⭐
技术掌握	● 文本工具 ● 透明度工具 ● 椭圆形工具 ● 2点线工具 ● 矩形工具

🔍扫码深度学习

💡**操作思路**

本案例首先通过文本工具在画面中输入文字；接着使用透明度工具设

置文字的透明度；然后使用椭圆形工具在画面的右上方绘制正圆形；最后使用2点线工具和矩形工具在画面中绘制直线段和矩形。

🖱 **案例效果**

案例效果如图5-137所示。

图5-137

实例077　制作半透明主体文字

🎤 **操作步骤**

01 执行菜单"文件>新建"命令，创建一个A4大小的纵向文档。选择文本工具，输入文字，并设置合适的颜色，如图5-138所示。

图5-138

02 继续使用文本工具在该文字下方输入其他不同颜色的文字并调整其顺序，效果如图5-139所示。

图5-139

03 选中字母S，选择透明度工具，接着在属性栏中单击"均匀透明度"按钮，设置"透明度"为40，效果如图5-140所示。

图5-140

04 使用同样的方法，设置其他文字的透明度，效果如图5-141所示。

图5-141

实例078　制作辅助文字及图形

🎤 **操作步骤**

01 选择椭圆形工具，在画面的右上方按住Ctrl键的同时按住鼠标左键拖动绘制一个正圆形，如图5-142所示。

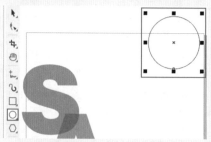

图5-142

02 选中该正圆形，在右侧的调色板中使用鼠标右键单击☑按钮，去

除轮廓色。接着设置"填充色"为蓝灰色，效果如图5-143所示。

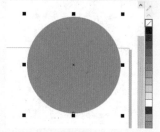

图5-143

03 选中该正圆形，选择透明度工具，在属性栏中单击"均匀透明度"按钮，设置"透明度"为10，效果如图5-144所示。

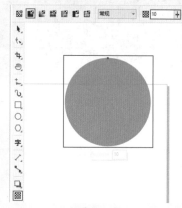

图5-144

04 继续使用文本工具在画面中合适的位置输入相应的文字，效果如图5-145所示。

图5-145

05 选择2点线工具，在文字的间隔处按住Shift键的同时按住鼠标左键拖动绘制一条直线段，如图5-146所示。

06 选中该线段，按住Shift键的同时按住鼠标左键向下拖动到合适位置后，按鼠标右键进行复制，效果如图5-147所示。

图5-146

图5-147

07 选择矩形工具，在画面右侧按住鼠标左键拖动绘制一个矩形。选中该矩形，设置矩形的填充色为墨绿色。在该矩形被选中的状态下，单击鼠标右键执行"顺序>向后一层"命令，将该矩形移动到文字的下面，效果如图5-148所示。

图5-148

08 将构成海报的对象选中并编组，借助"置于图文框内部"功能得到完整的画面内容，如图5-149所示。

图5-149

5.9 使用透明度工具制作暗调广告

文件路径	第5章\使用透明度工具制作暗调广告
难易指数	★★★★★
技术掌握	● 钢笔工具 ● 文本工具 ● 透明度工具

🖑 操作思路

本案例首先使用钢笔工具在画面的中心位置绘制立体的图形组；然后使用透明度工具改变素材的效果；最后使用文本工具在适当的位置输入文字。

🖱 案例效果

案例效果如图5-150所示。

图5-150

实例079 制作广告中的立体图形

🎤 操作步骤

01 执行菜单"文件>新建"命令，创建一个"宽度"为277.0mm、"高度"为155.0mm的新文档。双击矩形工具，创建一个与画板等大的矩形。接着在右侧的调色板中使用鼠标左键单击黑色色块，设置矩形的填充色，如图5-151所示。

02 选择钢笔工具，在画面的中心位置绘制一个不规则图形，然后在右侧的调色板中使用鼠标左键单击10%黑色色块，为其设置填充色。使用鼠标右键单击☑按钮，去除轮廓

色，如图5-152所示。

图5-151

图5-152

03 继续使用钢笔工具，在刚刚绘制的图形下方再次绘制一个不规则图形，设置"颜色"为深灰色，如图5-153所示。

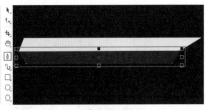

图5-153

04 使用同样的方法，继续在画面中绘制其他颜色的不规则图形。使其呈现出倒三角的立体形状，效果如图5-154所示。

图5-154

05 导入素材"1.png"，多次执行菜单"对象>顺序>向后一层"命令，效果如图5-155所示。

图5-155

艺境

中文版CorelDRAW图形创意设计与制作全视频

实践228例 溢彩版

实例080 制作广告中的暗调元素

🎙 操作步骤

01 导入鞋子素材"2.png"，适当旋转，效果如图5-156所示。

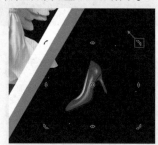

图5-156

02 在鞋子素材被选中的状态下，选择透明度工具，在属性栏中单击"均匀透明度"按钮，设置"合并模式"为"亮度"、"透明度"为0，此时效果如图5-157所示。

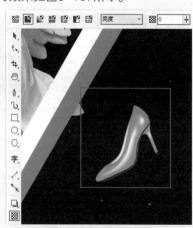

图5-157

03 使用同样的方法，将其余的素材导入文档中，并设置其"合并模式"为"亮度"、"透明度"为0，效果如图5-158所示。

图5-158

04 选择文本工具，在画面的中心位置单击鼠标左键插入光标，建立文字输入的起始点，输入相应的文字。选中文字，接着在属性栏中

设置合适的字体、字号，在右侧的调色板中使用鼠标左键单击白色色块，设置文字颜色，效果如图5-159所示。

图5-159

05 使用同样的方法，在下方输入其他文字，效果如图5-160所示。

图5-160

06 选择矩形工具，在画面的下方按住Ctrl键的同时按住鼠标左键拖动绘制一个正方形，在属性栏中设置"轮廓宽度"为0.5mm，然后使用鼠标右键单击白色色块，设置正方形的轮廓色，如图5-161所示。

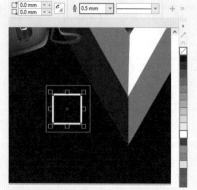

图5-161

07 在属性栏中设置"旋转角度"为45.0°，效果如图5-162所示。

08 在使用选择工具的状态下，在该菱形上按住Shift键的同时按住鼠标左键向右拖动到合适位置后，单击

鼠标右键将该菱形进行平移复制，如图5-163所示。

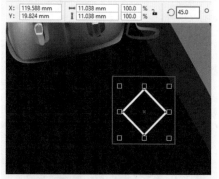

图5-162

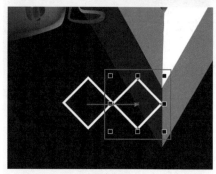

图5-163

09 使用快捷键Ctrl+R，复制出另外两个相同的图形，效果如图5-164所示。

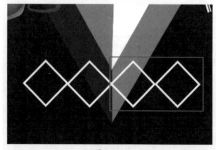

图5-164

10 使用文本工具在菱形内部添加适当的文字。最终效果如图5-165所示。

图5-165

5.10 使用透明度工具制作简约画册内页

文件路径	第5章\使用透明度工具制作简约画册内页
难易指数	★★★★★
技术掌握	● 矩形工具 ● 文本工具 ● 钢笔工具 ● 透明度工具 ● 2点线工具

扫码深度学习

操作思路

本案例首先使用矩形工具在画面中绘制多个矩形；然后将素材导入到文档中并使用文本工具在适当的位置输入文字；接着使用钢笔工具在画面中绘制三角形，通过透明度工具改变三角形的透明度；最后使用2点线工具在画面中绘制直线段。

案例效果

案例效果如图5-166所示。

图5-166

实例081 制作版面中的图形图像元素

操作步骤

01 执行菜单"文件>新建"命令，创建一个"宽度"为286.0mm，"高度"为182.0mm的文档。双击矩形工具，创建一个与画板等大的矩形。设置"填充色"为淡灰色，并去除轮廓色，效果如图5-167所示。

02 继续使用矩形工具在画面中绘制两个不同颜色的矩形，效果如图5-168所示。

图5-167　　　　　　　图5-168

03 执行菜单"文件>导入"命令，导入素材"1.jpg"，如图5-169所示。

04 选择矩形工具，在人像素材的上面按住Ctrl键的同时按住鼠标左键拖动绘制一个正方形，如图5-170所示。

图5-169　　　　　　　图5-170

05 使用选择工具在素材上单击鼠标右键，执行"PowerClip内部"命令，当光标变为黑色粗箭头时在矩形内单击鼠标左键，将素材置于图文框内部，接着在右侧的调色板中使用鼠标右键单击☒按钮，去除轮廓色，效果如图5-171所示。

06 选择矩形工具，在画面的右侧按住鼠标左键拖动绘制一个细长的红色矩形，如图5-172所示。

图5-171　　　　　　　图5-172

07 选择钢笔工具，在画面的左侧绘制三角形。去除轮廓色，设置"填充色"为红色，如图5-173所示。

08 选中刚刚绘制的三角形，选择透明度工具，在属性栏中单击"均匀透明度"按钮，设置"透明度"为40，效果如图5-174所示。

图5-173　　　　　　　图5-174

09 选择2点线工具，在画面中适当的位置按住鼠标左键拖动，绘制一条直线段。在属性栏中设置"轮廓宽度"为0.35mm。接着在右侧的调色板中使用鼠标右键单击40%黑色色块，设置线段的轮廓色，效果如图5-175所示。

图5-175

实例082　制作画册中的文字

🎙 **操作步骤**

01 选择文本工具，在素材的左侧按住鼠标左键拖动绘制一个文本框，在文本框中输入相应的文字。选中文字，在属性栏中设置合适的字体、字号，设置文本的对齐方式为"左"，在右侧的调色板中设置文字的颜色为绿色，效果如图5-176所示。

图5-176

02 继续使用文本工具，在段落文字的左侧单击鼠标左键插入光标，输入文字。在属性栏中设置合适的字体、字号，并设置合适的字体颜色，效果如图5-177所示。

MODERNSEASON

图5-177

03 在文字上方双击，拖动控制点将文字进行旋转，并放置在合适的位置，如图5-178所示。

图5-178

04 使用同样的方法，在左侧页面中添加符号、段落文字，如图5-179所示。

图5-179

05 继续在右侧页面横线下输入稍大一些的标题文字与段落文字，设置文本的对齐方式为"右"。最终效果如图5-180所示。

图5-180

5.11　使用透明度工具制作绚丽文字展板

文件路径	第5章\使用透明度工具制作绚丽文字展板
难易指数	★★★★★
技术掌握	● 矩形工具 ● 透明度工具 ● 文本工具 ● 钢笔工具

🔍 扫码深度学习

💡 **操作思路**

本案例首先使用矩形工具在画面中绘制正方形；然后通过透明度工具更改正方形的"合并模式"与"透明度"；接着使用文本工具在正方形上方输入文字，并使用钢笔工具在矩形内绘制多边形；最后使用多边形工具在画面中绘制三角形。

🖱 **案例效果**

案例效果如图5-181所示。

图5-181

实例083　制作展板主体模块

🎙 **操作步骤**

01 执行菜单"文件>新建"命令，创建一个新文档。导入背景素材"1.jpg"，如图5-182所示。

图5-182

02 将星星素材"2.png"导入到文档中，调整导入对象的大小，并将其放置在画面中适当的位置，效果如图5-183所示。

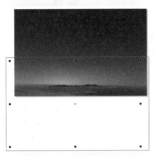

图5-183

03 选择矩形工具，在画面的右侧按住Ctrl键的同时按住鼠标左键拖动绘制一个正方形。设置"填充色"为紫灰色，去除轮廓色，效果如图5-184所示。

图5-184

04 选中该正方形，选择透明度工具，在属性栏中单击"均匀透明度"按钮，设置"合并模式"为"添加"、"透明度"为50，如图5-185所示。

图5-185

05 选中该正方形，在属性栏中设置"旋转角度"为45.0°，效果如图5-186所示。

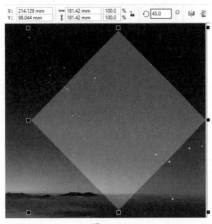

图5-186

06 选择文本工具，在正方形上面单击鼠标左键插入光标，建立文字输入的起始点，输入相应的文字。选中文字，在属性栏中选择合适的字体、字号，并在右侧的调色板中设置文字颜色为粉色，效果如图5-187所示。

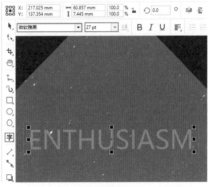

图5-187

07 继续使用文本工具在该文字下方输入其他不同颜色的文字，效果如图5-188所示。

图5-188

08 选择钢笔工具，在最下方的文字上绘制一个六边形，如图5-189所示。

图5-189

09 在该图形被选中的状态下，在右侧的调色板中使用鼠标右键单击 ☐ 按钮，去除轮廓色。使用鼠标左键单击橘黄色色块，为图形填充颜色，效果如图5-190所示。

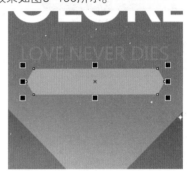

图5-190

10 使用选择工具选中该图形，单击鼠标右键，执行"顺序>向后一层"命令，将其移动到文字的后方，如图5-191所示。

图5-191

11 使用同样的方法，在画面的左侧绘制一个稍小的正方形，设置合适的参数并在正方形的上面输入相应的文字并绘制图形，效果如图5-192所示。

图5-192

实例084　制作半透明三角形装饰元素

操作步骤

01 选择多边形工具，在属性栏中设置"点数或边数"为3，设置完成后在画面的右上方按住鼠标左键从下至上拖动绘制一个倒三角形，设置填充色为紫黑色并去除轮廓色，如图5-193所示。

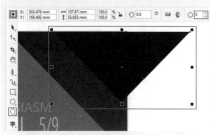

图5-193

02 选中该三角形，选择透明度工具，在属性栏中单击"均匀透明度"按钮，设置"合并模式"为"乘"、"透明度"为80，效果如图5-194所示。

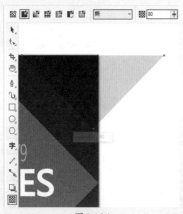

图5-194

03 使用同样的方法，继续在画面中绘制多个三角形，调整合适的大小、角度，设置适当的透明度，效果如图5-195所示。

图5-195

04 选择文本工具，在画面左下方适当的位置输入相应的文字，效果如图5-196所示。

图5-196

05 使用快捷键Ctrl+A全选画面中所有文字和图形，使用快捷键Ctrl+G进行组合对象，接着选择矩形工具，创建一个与画板等大的矩形。选中组合对象，执行菜单"对象>PowerClip>置于图文框内部"命令，当光标变成黑色粗箭头时，单击刚刚绘制的矩形，即可实现图形的精确剪裁，如图5-197所示。

图5-197

06 在右侧的调色板中使用鼠标右键单击☐按钮，去除轮廓色。最终效果如图5-198所示。

图5-198

5.12 社交软件用户信息界面

文件路径	第5章\社交软件用户信息界面
难易指数	★★★★★
技术掌握	● 矩形工具 ● 文本工具 ● 透明度工具 ● 钢笔工具

扫码深度学习

操作思路

本案例首先使用矩形工具在画面中绘制矩形和圆角矩形；接着使用椭圆形工具在画面中心位置绘制正圆形；然后使用文本工具在适当的位置输入文字；最后使用钢笔工具在画面的底部绘制折线。

案例效果

案例效果如图5-199所示。

图5-199

实例085　制作用户信息背景图

操作步骤

01 执行菜单"文件>新建"命令，创建一个新文档。选择矩形工具，在画面中绘制一个矩形，设置填充色为蓝黑色并去除轮廓色，效果如图5-200所示。

图5-200

02 执行菜单"文件>导入"命令，导入素材"1.jpg"。在画面中适当的位置按住鼠标左键拖动，调整导入对象的大小，释放鼠标完成导入操作，效果如图5-201所示。

图5-201

03 选择矩形工具，在素材上按住鼠标左键拖动绘制一个矩形。在属性栏中单击"圆角"按钮，接着单击"同时编辑所有角"按钮，使其处于断开状态，设置左上角和右上角的"转角半径"为3.0mm，如图5-202所示。

图5-202

04 选中素材，单击鼠标右键执行"PowerClip内部"命令，当光标变为黑色粗箭头时，在矩形内单击鼠标左键，将素材置于图文框内部。接着使用鼠标右键单击☑按钮，去除轮廓色，效果如图5-203所示。

图5-203

05 使用同样的方法，在素材"1.jpg"上再次绘制一个转角半径相同的矩形，设置其填充色为黄绿色，并去除轮廓色，效果如图5-204所示。

图5-204

06 选中黄绿色矩形，选择透明度工具，在属性栏中单击"均匀透明度"按钮，设置"透明度"为43，效果如图5-205所示。

图5-205

实例086 制作用户信息区域

🎤 操作步骤

01 使用同样的方法，在画面下方绘制一个矩形，在属性栏中设置左下角和右下角的"转角半径"为3.0mm，在右侧的调色板中使用鼠标右键单击☑按钮，去除轮廓色，接着设置"填充色"为深绿色，效果如图5-206所示。

图5-206

02 选择椭圆形工具，在画面中适当的位置按住Ctrl键的同时按住鼠标左键拖动绘制一个正圆形，绘制完成后设置该正圆形的填充色为深绿色，如图5-207所示。

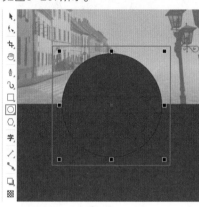

图5-207

03 使用同样的方法，在该圆内侧绘制一个稍小的正圆形，如图5-208所示。

图5-208

04 执行菜单"文件>导入"命令，导入人像素材"2.jpg"，如图5-209所示。

图5-209

05 选中人像素材，单击鼠标右键执行"PowerClip内部"命令，然后单击稍小的正圆，将素材置于图文框内部，并将轮廓色去除，效果如图5-210所示。

图5-210

06 选择文本工具,在画面中适当的位置单击鼠标左键插入光标,建立文字输入的起始点,输入相应的文字。选中文字,在属性栏中设置合适的字体、字号,然后设置文字的颜色为青色,如图5-211所示。

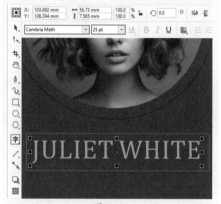

图5-211

07 使用同样的方法,在该文字下方继续输入其他的文字,效果如图5-212所示。

图5-212

实例087 制作按钮

🎙️**操作步骤**

01 选择矩形工具,在文字的下方按住鼠标左键拖动绘制一个矩形。

在属性栏中单击"圆角"按钮,接着设置该矩形的4个角的"转角半径"为2.0mm。选中圆角矩形,去除轮廓色,编辑一个青色系的渐变颜色,效果如图5-213所示。

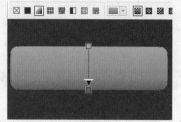

图5-213

02 选中该圆角矩形,按住鼠标左键向上拖动到合适的位置后,单击鼠标右键将其复制,如图5-214所示。

图5-214

03 选择复制的圆角矩形,将光标定位到右侧中心位置的控制点处,按住鼠标左键向内拖动,改变圆角矩形的长度,如图5-215所示。

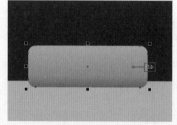

图5-215

04 将该圆角矩形复制一份放置在右侧,效果如图5-216所示。

图5-216

05 选择选择工具,按住Shift键加选两个圆角矩形,重复执行菜单"对象>顺序>向后一层"命令,

将其移动到风景素材的后方,效果如图5-217所示。

图5-217

06 使用同样的方法,在画面的底部绘制两个圆角矩形,如图5-218所示。

图5-218

07 选择文本工具,在画面中合适的位置输入文字,如图5-219所示。

图5-219

08 选择钢笔工具,在底部的圆角矩形上方绘制两段线条,然后在属性栏中设置其"轮廓宽度"为"细线",如图5-220所示。最终效果如图5-221所示。

图5-220

图5-221

5.13 中式版面

文件路径	第5章\中式版面
难易指数	★★★★★
技术掌握	● 椭圆形工具 ● 文本工具 ● 钢笔工具

扫码深度学习

操作思路

本案例首先将素材导入到文档中；接着使用椭圆形工具在画面的中心位置绘制一个正圆形，并将素材置于图文框内部；然后使用文本工具在画面中输入文字；最后使用钢笔工具在文字的上方绘制一个闭合路径。

案例效果

案例效果如图5-222所示。

图5-222

实例088 制作圆形图片版面

操作步骤

01 执行菜单"文件>新建"命令，创建一个方形文档。执行菜单"文件>导入"命令，导入素材"1.jpg"，如图5-223所示。

图5-223

02 再次执行菜单"文件>导入"命令，导入素材"2.jpg"。选择椭圆形工具，在画面的中心位置按住Ctrl键的同时按住鼠标左键拖动绘制一个正圆形，如图5-224所示。

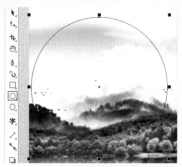

图5-224

03 使用选择工具选中素材"2.jpg"，接着单击鼠标右键执行"PowerClip内部"命令，当光标变为黑色粗箭头时，在正圆形内部单击鼠标左键，将素材置于图文框内部。然后在右侧的调色板中使用鼠标右键单击☒按钮，去除轮廓色，如图5-225所示。

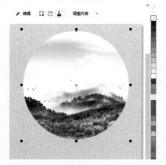

图5-225

实例089 添加文字与装饰元素

操作步骤

01 选择文本工具，在画面中适当的位置单击鼠标左键插入光标，建立文字输入的起始点，输入相应的文字。选中文字，在属性栏中设置合适的字体、字号，单击"将文本更改为垂直方向"按钮，如图5-226所示。

图5-226

02 使用同样的方法，继续在画面中输入其他文字，效果如图5-227所示。

图5-227

03 选择钢笔工具，在画面的下方绘制一个图形，如图5-228所示。

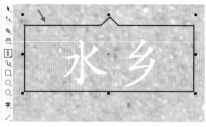

图5-228

04 设置"填充色"为深红色，并去除轮廓色，效果如图5-229所示。

05 在该图形被选中的状态下，单击鼠标右键执行"顺序>向后一层"命令，将其移动到文字的后方。最终效果如图5-230所示。

图5-229

图5-230

要点速查：PowerClip

PowerClip是将一个矢量对象作为"图框/容器"，将其他内容（可以是矢量对象或位图对象）置入到图框中，而置入的对象只显示图框形状范围内的。

首先要确定PowerClip的"内容"和"图文框"，接着选择"内容"对象，执行菜单"对象>PowerClip>置于图文框内部"命令，然后将光标移动到"图文框"内部，如图5-231所示。

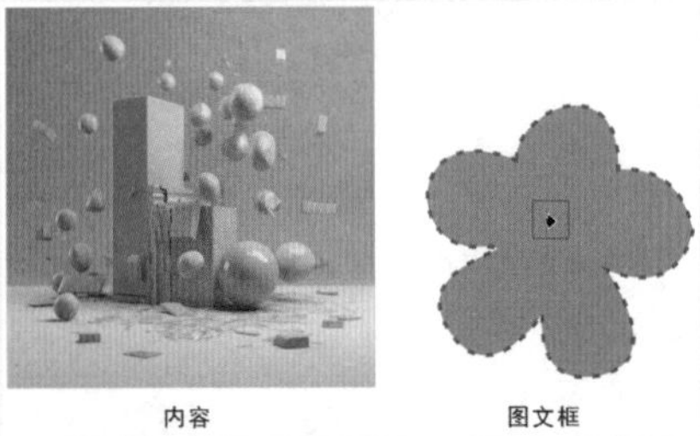

内容　　　　　　图文框

图5-231

单击鼠标左键即可将内容置于图文框的内部，如图5-232所示。

图文框

图5-232

具体操作步骤如下。

01 执行菜单"对象>PowerClip>提取内容"命令，随即内容被提取出来。

02 选择PowerClip对象，执行菜单"对象>PowerClip>编辑PowerClip"命令，或者单击浮动工具栏中的 ✎编辑 按钮，进入内容编辑状态。若要退出编辑状态，可以单击浮动工具栏中的 ✓完成 按钮或执行菜单"对象>PowerClip>完成编辑PowerClip"命令，退出编辑状态。

03 执行菜单"对象>PowerClip>中"命令、"对象>PowerClip>按比例拟合"命令、"对象>PowerClip>按比例填充"命令、"对象>PowerClip>伸展以填充"命令，可以调整内容在图文框中的位置并设置填充效果。

04 单击浮动工具栏中的"选择内容"按钮 ⬚，即可选中PowerClip内容，然后可以进行移动、删除等编辑操作，如图5-233所示。

图5-233

5.14 淡雅蓝色画册内页

文件路径	第5章\淡雅蓝色画册内页
难易指数	★★★★★
技术掌握	● 钢笔工具 ● 置于图文框内部 ● 文本工具

🔍扫码深度学习

💡操作思路

本案例首先使用钢笔工具在画面中绘制四边形；接着将素材导入到文档中，并置于图文框内部；最后使用文本工具在画面中输入文字。

案例效果

案例效果如图5-234所示。

图5-234

实例090 制作画册图形与图像部分

🎤操作步骤

01 执行菜单"文件>新建"命令，创建一个"宽度"为554.0mm、"高度"为382.0mm的文档。创建一个与画板等大的矩形，设置"填充色"为灰色，去除轮廓色，如图5-235所示。

图5-235

02 再次使用矩形工具在画面的中心位置按住鼠标左键拖动绘制一个较小的白色矩形，如图5-236所示。

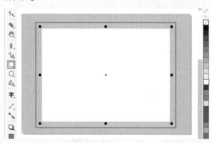

图5-236

03 选择钢笔工具，在画面的左侧绘制一个四边形，选中该四边形，设置"填充色"为蓝色，并去除轮廓色，效果如图5-237所示。

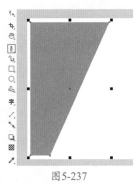

图5-237

04 继续使用钢笔工具在蓝色图形的右侧绘制一个闭合路径，如图5-238所示。

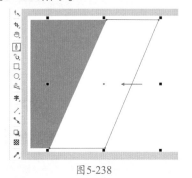

图5-238

05 导入素材"1.jpg"，如图5-239所示。

图5-239

06 选中风景素材，执行菜单"对象>PowerClip>置于图文框内部"命令，当光标变成黑色粗箭头时，单击刚刚绘制的闭合路径，即可实现位图的精确剪裁。在右侧的调色板中使用鼠标右键单击⊠按钮，去除轮廓色，如图5-240所示。

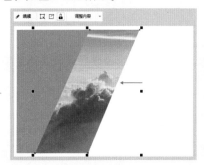

图5-240

07 再次使用钢笔工具在画面的上方绘制一个四边形，如图5-241所示。

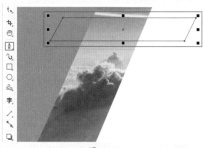

图5-241

08 选中该四边形，设置"填充色"为蓝色，并去除轮廓色，效果如图5-242所示。

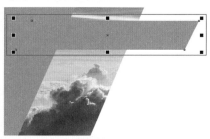

图5-242

09 选中该四边形，选择透明度工具，在属性栏中单击"渐变透明度"按钮，设置"渐变类型"为"线性渐变透明度"，单击"全部"按钮，接着在四边形上拖动控制杆调整"渐变透明度"的效果，效果如图5-243所示。

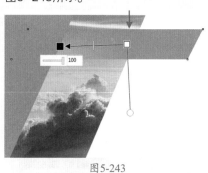

图5-243

实例091　添加版面中的文字

操作步骤

01 选择文本工具，在画面的左侧单击鼠标左键插入光标，建立文字输入的起始点，输入相应的文字。选中文字，在属性栏中设置合适的字体、字号。接着设置文本颜色为深蓝色，如图5-244所示。

图5-244

02 使用同样的方法，在画面中输入其他文字，如图5-245所示。

图5-245

03 使用文本工具在画面的右侧按住鼠标左键拖动绘制一个文本框，如图5-246所示。

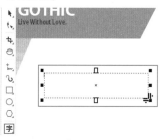

图5-246

04 在文本框中输入文字。选中文本框，在属性栏中设置合适的字体、字号，并在右侧的调色板中设置文字的颜色为60%黑色，如图5-247所示。

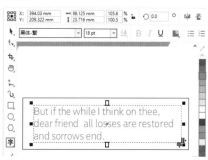

图5-247

05 使用同样的方法，继续在画面的右侧输入其他段落文字。最终效果如图5-248所示。

图5-248

5.15 抽象数字海报

文件路径	第5章\抽象数字海报
难易指数	★★★★★
技术掌握	● 钢笔工具 ● PowerClip 内部 ● 文本工具

扫码深度学习

操作思路

本案例首先使用钢笔工具在画面中绘制闭合路径；然后将素材导入到文档中，通过"PowerClip内部"命令将素材置于图文框内部；最后使用文本工具在画面中适当的位置输入文字。

案例效果

案例效果如图5-249所示。

图5-249

实例092 制作海报中的数字样式

操作步骤

01 执行菜单"文件>新建"命令，创建一个A4大小的纵向文档。选择钢笔工具，在画面中适当的位置绘制一个闭合路径，如图5-250所示。

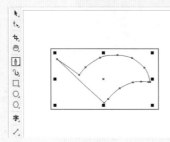

图5-250

02 使用同样的方法，继续在画面中绘制闭合路径，使其呈现出数字2的立体形态，效果如图5-251所示。

图5-251

03 导入素材"1.jpg"，如图5-252所示。

图5-252

04 使用选择工具选中素材"1.jpg"，然后单击鼠标右键执行"PowerClip内部"命令，当光标变为黑色粗箭头时，单击画面左上方的闭合路径，将素材置于图文框内部。接着在右侧的调色板中使用鼠标右键单击▢按钮，去除轮廓色，如图5-253

所示。

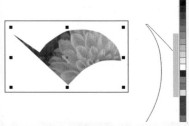

图5-253

05 使用同样的方法，再次导入素材"1.jpg"，并执行"PowerClip内部"命令，将素材置于图文框内部，效果如图5-254和图5-255所示。

图5-254   图5-255

实例093 制作海报中的主体文字部分

操作步骤

01 选择文本工具，在画面中适当的位置按住鼠标左键拖动绘制一个文本框，如图5-256所示。

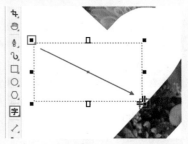

图5-256

02 在文本框中输入相应的文字，接着使用选择工具选中文本框，然后在属性栏中设置合适的字体、字号，如图5-257所示。

03 设置文字颜色为深红色，效果如图5-258所示。

04 使用同样的方法，继续在画面中输入文字，并设置不同的颜色，效果如图5-259所示。

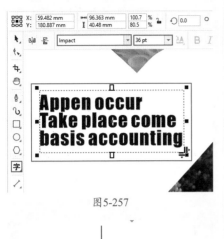

图5-257

图5-258

图5-259

05 选择钢笔工具，在画面的右下角绘制一个闭合路径，如图5-260所示。

图5-260

06 在该路径被选中的状态下，设置"填充色"为深黄绿色，接着在右侧的调色板中使用鼠标右键单击☒按钮，去除轮廓色，效果如图5-261所示。最终效果如图5-262所示。

图5-261

图5-262

5.16 摩登感网页广告

文件路径	第5章\摩登感网页广告
难易指数	★★★★★
技术掌握	● 矩形工具 ● 椭圆形工具 ● PowerClip 内部 ● 文本工具
	（二维码） 🔍扫码深度学习

操作思路

本案例首先将素材导入到画面中；然后使用矩形工具、椭圆形工具和钢笔工具在画面中绘制图形；接着通过"PowerClip内部"命令将图片和图形置于图文框内部；最后使用文本工具在画面中输入文字。

案例效果

案例效果如图5-263所示。

图5-263

实例094 制作广告背景

操作步骤

01 执行菜单"文件>新建"命令，创建一个横版的新文档。执行菜单"文件>导入"命令，导入素材"1.jpg"，如图5-264所示。

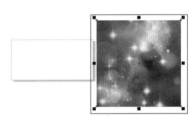

图5-264

02 双击矩形工具，创建一个与画板等大的矩形，如图5-265所示。

图5-265

03 使用选择工具选中画板外的素材"1.jpg"，然后单击鼠标右键执行"PowerClip内部"命令，当光标变为黑色粗箭头时，在画板内的矩形上单击鼠标左键，将素材置于图文框内部。然后在右侧的调色板中使用鼠标右键单击☒按钮，去除轮廓色，如图5-266所示。

图5-266

04 选择矩形工具，在画面顶部绘制白色矩形，效果如图5-267所示。

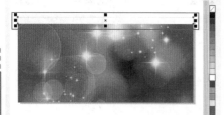

图5-267

05 选中该矩形，按住Shift键的同时按住鼠标左键向下拖动，至合适位置时单击鼠标右键，将其移动复制。设置复制出的矩形颜色为黑色，如图5-268所示。

图5-268

06 按住Shift键加选白色和黑色的矩形，将图形组平移复制。接着多次使用快捷键Ctrl+R复制多个图形组，并删除画板外的图形，效果如图5-269所示。

图5-269

07 按住Shift键加选所有的矩形，单击鼠标右键执行"组合"命令。选择钢笔工具，在画面中绘制一个闭合路径，如图5-270所示。

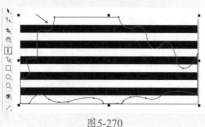

图5-270

08 选中矩形组，单击鼠标右键执行"PowerClip内部"命令，当光标变为黑色粗箭头时，在闭合路径内单击鼠标左键，将图形组置于图文框内部。接着在右侧的调色板中使用鼠标右键单击□按钮，去除轮廓色，效果如图5-271所示。

图5-271

09 执行菜单"文件>导入"命令，再次将素材"1.jpg"导入到文档中。选择椭圆形工具，在素材上按住Ctrl键的同时按住鼠标左键拖动绘制一个正圆形。选中刚刚导入的素材，单击鼠标右键执行"PowerClip内部"命令，当光标变为黑色粗箭头时，在正圆形内部单击鼠标左键，将素材置于图文框内部，如图5-272所示。

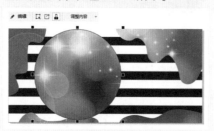

图5-272

10 在正圆形被选中的状态下，在右侧的调色板中使用鼠标右键单击白色色块，设置正圆形的轮廓色，接着在属性栏中设置"轮廓宽度"为2.5mm，效果如图5-273所示。

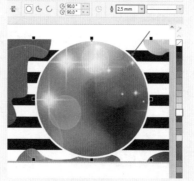

图5-273

11 使用同样的方法，将素材"2.jpg"和"3.jpg"导入到文档中，并通过"PowerClip内部"命令将素材置于图文框内部，效果如图5-274所示。

图5-274

实例095 添加人物以及文字元素

🎤 操作步骤

01 执行菜单"文件>导入"命令，将素材"4.png"导入到文档中，调整其大小并将其放置在合适的位置，如图5-275所示。

图5-275

02 再次执行菜单"文件>导入"命令，将素材"5.png"导入到文档中，如图5-276所示。

图5-276

03 在素材"5.png"被选中的状态下，使用选择工具在其上方按住鼠标左键单击，当四周的控制点变为带有弧度的双箭头时，按住鼠标左键拖动控制点将其旋转，如图5-277所示。

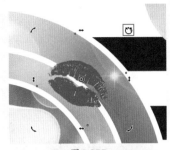

图 5-277

04 选择矩形工具，在画面的右侧按住鼠标左键拖动绘制一个矩形。在该矩形被选中的状态下，在右侧的调色板中使用鼠标左键单击白色色块，设置矩形的填充色。使用鼠标右键单击☑按钮，去除轮廓色，如图 5-278 所示。

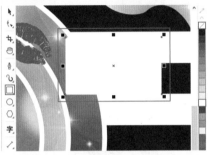

图 5-278

05 选择文本工具，在白色矩形上单击鼠标左键插入光标，建立文字输入的起始点，输入文字。接着选中文字，在属性栏中设置合适的字体、字号，如图 5-279 所示。

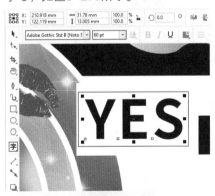

图 5-279

06 在文字被选中的状态下，设置"颜色"为玫红色，如图 5-280 所示。

07 选择选择工具，按住 Shift 键加选矩形和文字，接着再次单击鼠标左键，当四周的控制点变为带有弧度的双箭头时，按住鼠标左键拖动控制

点将其旋转，效果如图 5-281 所示。

图 5-280

图 5-281

08 使用同样的方法，继续在画面的右侧绘制矩形，在其上方输入相应的文字并旋转至合适的角度。最终效果如图 5-282 所示。

图 5-282

5.17 黑白格调电影宣传招贴

文件路径	第 5 章 \ 黑白格调电影宣传招贴
难易指数	★★★★★
技术掌握	● 刻刀工具 ● 透明度工具 ● 图像调整实验室

🔍 扫码深度学习

💡 **操作思路**

本案例首先使用刻刀工具将背景分成两份并填充不同的颜色；接着将素材导入到文档中，通过"PowerClip

内部"命令将素材置于图文框内部；然后使用钢笔工具和文本工具在画面中绘制图形并输入文字；最后使用椭圆形工具和透明度工具在画面中制作紫色的发光效果。

🖱 **案例效果**

案例效果如图 5-283 所示。

图 5-283

实例096 制作招贴中的背景部分

🎤 **操作步骤**

01 执行菜单"文件>新建"命令，创建一个"宽度"为 201.0mm、"高度"为 283.0mm 的文档。双击矩形工具，创建一个与画板等大的矩形。选择交互式填充工具，在属性栏中单击"渐变填充"按钮，设置"渐变类型"为"线性渐变填充"，设置完成后编辑一个灰色系的渐变，接着按住鼠标左键拖动控制杆的位置，调整渐变的角度。在右侧的调色板中使用鼠标右键单击☑按钮，去除轮廓色，如图 5-284 所示。

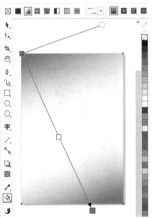

图 5-284

02 继续绘制黑色矩形。选择刻刀工具，在黑色矩形上按住鼠标左键并拖动，将矩形分成两个部分，如图5-285所示。

图5-285

03 使用选择工具选中右侧的四边形，然后选择交互式填充工具，在属性栏中单击"渐变填充"按钮，设置"渐变类型"为"线性渐变填充"，然后编辑一个灰色系的渐变，效果如图5-286所示。

图5-286

04 执行菜单"文件>导入"命令，导入素材"1.png"，如图5-287所示。

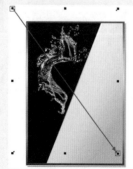

图5-287

05 使用同样的方法导入素材"2.png"，效果如图5-288所示。

图5-288

实例097　制作招贴中的人像部分

操作步骤

01 执行菜单"文件>导入"命令，将素材"3.jpg"导入到文档中。在该素材被选中的状态下，执行菜单"效果>调整>图像调整实验室"命令，在弹出的"图像调整实验室"对话框中设置"亮度"为-35，如图5-289所示。

图5-289

02 设置完成后单击OK按钮。选择钢笔工具，在素材"3.jpg"上绘制一个闭合路径，如图5-290所示。

图5-290

03 使用选择工具选中素材"3.jpg"，单击鼠标右键执行"PowerClip内部"命令，当光标变为黑色粗箭头时，在闭合路径内单击鼠标左键，将素材置于图文框内部。接着在右侧的调色板中使用鼠标右键单击☒按钮，去除轮廓色，效果如图5-291所示。

图5-291

04 使用同样的方法，将素材"4.jpg"导入到文档中，调整合适的色调并将其置于图文框内部，效果如图5-292所示。

图5-292

05 选择钢笔工具，在素材"3.jpg"的左侧绘制一个闭合路径，接着设置"填充色"为淡灰色，并去除轮廓色，如图5-293所示。

图5-293

06 使用同样的方法，在素材"4.jpg"的右侧绘制图形，并设置"填充色"为黑色，如图5-294所示。

图5-294

07 继续使用钢笔工具在画面中绘制其他图形，效果如图5-295所示。

图5-295

实例098 制作招贴中的前景部分

操作步骤

01 选择文本工具，在画面的中心位置单击鼠标左键插入光标，建立文字输入的起始点，输入相应的文字。选中文字，在属性栏中设置合适的字体、字号，单击"粗体"按钮，接着在右侧的调色板中使用鼠标右键单击白色色块，设置文字的轮廓色，如图5-296所示。

02 在文字被选中的状态下，将文字复制一份，设置"填充色"为白色，如图5-297所示。

03 选择选择工具，在白色文字上单击鼠标右键执行"顺序>向后一层"命令，将其移动到黑色文字的后方，然后将其向左移动，效果如图5-298所示。

图5-296

图5-297

图5-298

04 使用同样的方法，在画面的右侧输入文字并将其移动到黑色文字的后方，效果如图5-299所示。

图5-299

05 选择钢笔工具，在画面的底部绘制一个四边形的闭合路径。接着在右侧的调色板中使用鼠标左键单击黑色色块，设置闭合路径的填充色，如图5-300所示。

图5-300

06 将该四边形复制一份，设置"填充色"为白色并去除轮廓色，然后将其移动到适当的位置，效果如图5-301所示。

图5-301

07 选择文本工具，在四边形上输入文字，如图5-302所示。

图5-302

08 使用选择工具在文字上单击鼠标左键，当四周的控制点变为带有弧度的双箭头时，按住鼠标左键拖动控制点将其旋转，效果如图5-303所示。

图5-303

09 选择椭圆形工具，在画面中适当的位置按住Ctrl键的同时按住鼠标左键拖动，绘制一个正圆形。选择交互式填充工具，在属性栏中单击"渐变填充"按钮，设置"渐变类型"为"椭圆形渐变填充"，然后编辑一个白色到透明的渐变，并在右侧的调色板中去除正圆形的轮廓色，效果如图5-304所示。

图5-304

$\Large10$ 将该正圆形不等比缩小，效果如图5-305所示。

图5-305

$\Large11$ 再次单击该正圆形，将其旋转并放置在适当的位置，效果如图5-306所示。

图5-306

$\Large12$ 使用同样的方法，在画面中绘制其他图形，在其上方输入文字，并制作发光效果，如图5-307所示。

图5-307

$\Large13$ 选择椭圆形工具，在画面的上方按住Ctrl键的同时按住鼠标左键拖动绘制一个正圆形。设置"填充色"为深紫色，去除轮廓色，效果如图5-308所示。

图5-308

$\Large14$ 选中该正圆形，选择透明度工具，在属性栏中单击"渐变透明度"按钮，设置"合并模式"为"屏幕"，单击"椭圆形渐变透明度"按钮，如图5-309所示。

图5-309

$\Large15$ 使用同样的方法，继续在画面中其他位置制作发光效果。最终效果如图5-310所示。

图5-310

第6章

位图处理

本章概述

在CorelDRAW的"位图"菜单中可以针对位图对象进行各种各样的效果操作。这些特殊效果的使用方法非常简单，只需要选中相应对象，执行菜单命令，并进行参数设置即可完成操作。如果想对矢量对象进行效果操作，则需要将矢量对象转换为位图对象。

本章重点

- 掌握"位图"菜单的使用方法
- 尝试进行多种效果的制作

6.1 使用三维效果制作立体的会员卡

文件路径	第6章\使用三维效果制作立体的会员卡
难易指数	★★★★★
技术掌握	● 交互式填充工具 ● 转换为位图 ● "三维旋转"效果

扫码深度学习

操作思路

本案例讲述了如何使用三维效果制作立体的会员卡。首先使用矩形工具绘制一个灰色的矩形作为背景和会员卡正面的矩形;接着使用文本工具在会员卡正面添加合适的文字,并制作会员卡右上方的标志以及会员卡背面;然后在正反两面执行"三维旋转"命令,制作透视效果;最后为其制作阴影并调整前后顺序和位置。

案例效果

案例效果如图6-1所示。

图6-1

实例099 制作会员卡正面效果

操作步骤

01 创建一个A4尺寸的空白文档,接着绘制一个和画板等大的矩形,设置"填充色"为灰色并去除轮廓色。使用鼠标右键单击矩形,在弹出的快捷菜单中执行"锁定"命令,将其锁定,如图6-2所示。

图6-2

02 继续使用矩形工具,在灰色矩形上按住鼠标左键拖动绘制一个小矩形。编辑一个红色系渐变,去除轮廓色,效果如图6-3所示。

图6-3

03 使用同样的方法,继续在红色渐变矩形下方分别绘制大小合适的黑色矩形和白色矩形,如图6-4所示。

图6-4

04 选中红色渐变矩形,使用快捷键Ctrl+C将其复制,接着使用快捷键Ctrl+V进行粘贴。选中复制的红色矩形,选择交互式填充工具,在属性栏中单击"均匀填充"按钮,设置"填充色"为浅红色,如图6-5所示。

05 选择透明度工具,在属性栏中单击"双色图样透明度"按钮,在"透明度挑选器"中设置合适的样式,在图形上按住鼠标左键拖动调整控制杆的位置,如图6-6所示。

图6-5

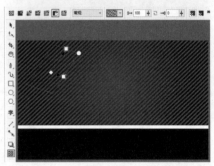

图6-6

06 在保持当前的状态下,在属性栏中设置"背景透明度"为80,效果如图6-7所示。框选红色矩形和上方的条纹状矩形,使用快捷键Ctrl+G组合对象,使用快捷键Ctrl+C将其复制,接着使用快捷键Ctrl+V进行粘贴。将新复制出来的矩形组移动到画面外的位置,留以备用。

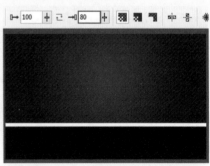

图6-7

07 选择文本工具,在红色矩形左上方单击鼠标左键,建立文字输入的起始点,输入相应的文字。接着选中文字,在属性栏中设置合适的字体、字号,单击"粗体"按钮,如图6-8所示。

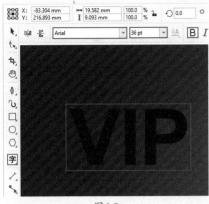

图6-8

08 选中该文字，使用快捷键Ctrl+K进行拆分。选中字母V，选择交互式填充工具，在属性栏中单击"渐变填充"按钮，设置"渐变类型"为"线性渐变填充"，接着在字母上按住鼠标左键拖动调整控制杆的位置，使用鼠标左键双击控制杆添加节点，然后编辑一个金色系的渐变颜色，如图6-9所示。

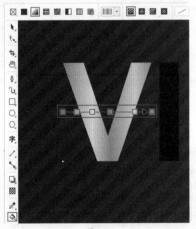

图6-9

09 在右侧调色板中使用鼠标右键单击黑色色块，为文字设置轮廓色，在属性栏中设置"轮廓宽度"为0.2mm，如图6-10所示。

图6-10

10 使用同样的方法，为其他字母添加金色系的渐变颜色和黑色轮廓，效果如图6-11所示。

图6-11

11 按住Shift键加选3个字母，使用快捷键Ctrl+G组合对象，接着按住鼠标左键向左移动，移动到合适位置后按鼠标右键进行复制，如图6-12所示。

图6-12

12 选中下面的文字，在右侧的调色板中使用鼠标左键单击黑色色块，为文字更改填充颜色，如图6-13所示。

图6-13

13 继续使用文本工具在该文字下方输入其他金色文字，效果如图6-14所示。

图6-14

14 制作画面中的钻石效果。选择钢笔工具，在主标题字母上方绘制一个钻石形状，在属性栏中设置"轮廓宽度"为0.1mm，如图6-15所示。

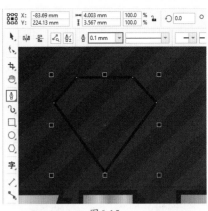

图6-15

15 选中钻石形状，选择交互式填充工具，在属性栏中单击"渐变填充"按钮，设置"渐变类型"为"线性渐变填充"，接着在图形上按住鼠标左键拖动调整控制杆的位置，然后编辑一个金色系的渐变颜色，如图6-16所示。

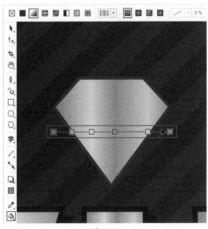

图6-16

16 选择2点线工具，在画面中钻石形状内绘制线条，在属性栏中设置"轮廓宽度"为0.1mm，从而完成钻石图形的制作，如图6-17所示。

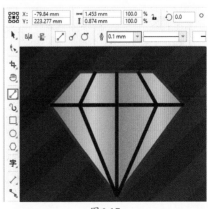

图6-17

17 按住Shift键加选刚刚绘制的所有黑色线条，使用快捷键Ctrl+G组合对象，在右侧的调色板中使用鼠标右键单击80%黑色色块，为其设置轮廓色，如图6-18所示。

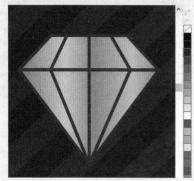

图6-18

18 制作钻石图形的阴影。按住Shift加选钻石图形和上面的线条，使用快捷键Ctrl+G组合对象，接着按住鼠标左键向左上方移动，移动到合适位置后按鼠标右键进行复制。选中下面的钻石图形，设置填充色为黑色，去除轮廓色，如图6-19所示。

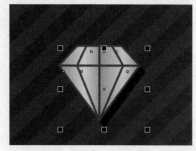

图6-19

19 在选中下面钻石图形的状态下，选择透明度工具，在属性栏中单击"均匀透明度"按钮，设置"透明度"为25，效果如图6-20所示。

图6-20

20 制作会员卡右上方的标志。选择矩形工具，在会员卡的右上方绘制一个矩形，在属性栏中设置"轮廓宽度"为0.2mm，如图6-21所示。

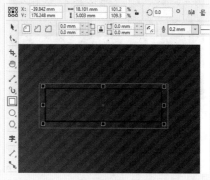

图6-21

21 选中该矩形，在属性栏中单击"圆角"按钮，设置"转角半径"为1.0mm，效果如图6-22所示。

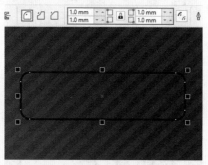

图6-22

22 在选中该圆角矩形的状态下，在右侧的调色板中使用鼠标右键单击白色色块，设置其轮廓色。使用鼠标左键单击黑色色块，为圆角矩形填充颜色，效果如图6-23所示。

图6-23

23 选择文本工具，在圆角矩形上单击鼠标左键，建立文字输入的起始点，输入相应的文字。接着选中文字，在属性栏中设置合适的字体、字号，单击"粗体"按钮，如图6-24所示。

图6-24

24 在选中文字的状态下，选择交互式填充工具，在属性栏单击"均匀填充"按钮，设置"填充色"为金色，如图6-25所示。

图6-25

25 使用同样的方法，继续制作其他的文字，如图6-26所示。

图6-26

26 单击选中前面制作出的钻石，使用快捷键Ctrl+C进行复制，接着使用快捷键Ctrl+V进行粘贴。将复制的钻石图形移动到圆角矩形中的右侧，如图6-27所示。按住Shift键分别单击金色文字和钻石图形及圆角矩形将其进行加选，使用快捷键Ctrl+G进行组合，然后使用快捷键Ctrl+C将其复制，使用快捷键Ctrl+V进行粘贴。将新复制出来的标志移出画面，留以备用。

图6-27

27 会员卡正面制作完成，如图6-28
所示。框选会员卡正面的所有文字及图形，然后使用快捷键Ctrl+G将其进行组合。

图6-28

实例100　制作会员卡背面效果

操作步骤

01 制作会员卡背面。将之前复制出的红色矩形组和标志移动到画面中，将标志放到矩形组的右上方，如图6-29所示。

图6-29

02 使用矩形工具在矩形组上绘制一个与其长度相等的矩形，如图6-30所示。

图6-30

03 选中该矩形，选择交互式填充工具，在属性栏中单击"渐变填充"按钮，设置"渐变类型"为"线性渐变填充"，接着在图形上按

住鼠标左键拖动调整控制杆的位置，编辑一个灰色系的渐变，如图6-31所示。

图6-31

04 使用同样的方法，继续在下方绘制一个黑色矩形和白色矩形，效果如图6-32所示。

图6-32

05 选择文本工具，在白色矩形左侧单击鼠标左键，建立文字输入的起始点，输入相应的文字。选中文字，在属性栏中设置合适的字体、字号，并设置"填充色"为白色，如图6-33所示。

图6-33

06 继续使用文本工具在该文字下方输入其他文字，效果如图6-34所示。

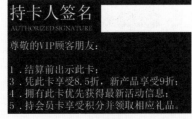

图6-34

07 此时会员卡背面制作完成，效果如图6-35所示。将会员卡背面的所有文字及图形进行框选，然后使用快捷键Ctrl+G进行组合。

图6-35

实例101　制作立体的会员卡效果

操作步骤

01 选择矩形工具，在画面中绘制一个与会员卡正面等大的矩形。在属性栏中单击"圆角"按钮，设置"转角半径"为2.6mm，如图6-36所示。

图6-36

02 选中会员卡正面，执行菜单"对象>PowerClip>置于图文框内部"命令，当光标变成黑色粗箭头时，单击刚刚绘制的圆角矩形，即可实现图形组的精确剪裁，如图6-37所示。

03 在右侧的调色板中使用鼠标右键单击☒按钮，去除轮廓色，效果如图6-38所示。

图6-37

图6-38

04 选中会员卡正面图形，执行菜单"位图>转换为位图"命令，在弹出的"转换为位图"对话框中设置"分辨率"为150dpi、"颜色模式"为"RGB色（24位）"，设置完成后单击OK按钮，如图6-39所示。

图6-39

05 执行菜单"效果>三维效果>三维旋转"命令，在弹出的"三维旋转"对话框中设置"水平"为17，此时位图对象将产生透视效果。勾选"预览"复选框，可随时查看调整后的效果。调整完成后单击OK按钮，如图6-40所示。此时画面效果如图6-41所示。

06 选中会员卡正面，选择阴影工具，在会员卡上按住鼠标左键向下拖动添加阴影效果，然后在属性栏中设置"阴影颜色"为黑色、"合并模式"为"乘"、"阴影不透明度"为50、"阴影羽化"为15，如图6-42所示。

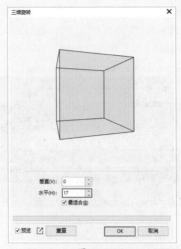

图6-40

图6-41

图6-42

07 继续使用同样的方法，制作出会员卡背面的透视立体效果和阴影效果，如图6-43所示。

图6-43

08 选中会员卡正面，将其移动到会员卡背面上方合适的位置。最终效果如图6-44所示。

图6-44

6.2 使用模糊效果制作新锐风格海报

文件路径	第6章\使用模糊效果制作新锐风格海报
难易指数	⭐⭐⭐⭐⭐
技术掌握	● 矩形工具 ● 文本工具 ● "高斯式模糊"效果 ● 透明度工具

🔍扫码深度学习

💡**操作思路**

本案例首先导入一个与画板等大的背景素材；然后使用矩形工具制作矩形海报主图效果；接着执行"高斯式模糊"命令为其制作模糊效果；最后使用文本工具在画面中合适的位置添加文字。

📖**案例效果**

案例效果如图6-45所示。

图6-45

实例102　制作海报背景效果

操作步骤

01 创建一个A4大小的竖版文档，导入素材"1.jpg"，如图6-46所示。

图6-46

02 选择矩形工具，在画面中绘制一个矩形，如图6-47所示。

图6-47

03 选中该矩形，选择交互式填充工具，接着在属性栏中单击"均匀填充"按钮，设置"填充色"为紫色。然后在右侧的调色板中使用鼠标右键单击☒按钮，去除轮廓色，如图6-48所示。

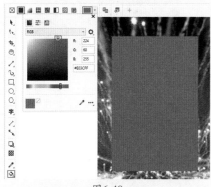

图6-48

04 此时紫色矩形变为位图，执行菜单"效果>模糊>高斯式模糊"

命令，在弹出的"高斯式模糊"对话框中设置其"半径"为3.0像素，单击OK按钮，如图6-49所示。

图6-49

05 此时画面效果如图6-50所示。

图6-50

06 选中该矩形，选择透明度工具，在属性栏中单击"均匀透明度"按钮，设置"合并模式"为"乘"、"透明度"为10，如图6-51所示。

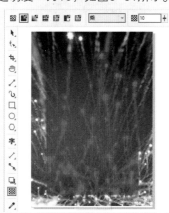

图6-51

07 此时背景部分制作完成，效果如图6-52所示。

图6-52

实例103　制作海报的主体文字

操作步骤

01 制作画面上方标志。继续使用矩形工具在画面上方绘制一个小矩形。选中该小矩形，在右侧的调色板中使用鼠标右键单击☒按钮，去除轮廓色。使用鼠标左键单击黄色色块，为矩形填充颜色，如图6-53所示。

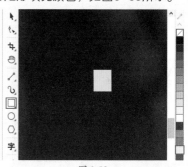

图6-53

02 选择钢笔工具，在黄色矩形的左侧绘制一个三角形，如图6-54所示。

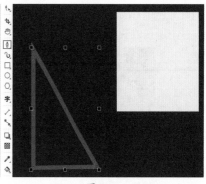

图6-54

03 选中该三角形，在右侧的调色板中使用鼠标右键单击☒按钮去除轮廓色，并设置"填充色"为玫红色，如图6-55所示。

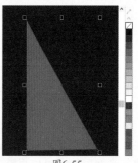

图6-55

04 继续使用钢笔工具在黄色矩形右侧绘制一个橙色四边形，如

图6-56所示。

图6-56

05 继续使用同样的方法，在相应的位置制作不同颜色的图形，效果如图6-57所示。

图6-57

06 此时画面上方标志制作完成，所在位置如图6-58所示。

图6-58

07 选择文本工具，在标志图形下方单击鼠标左键，建立文字输入的起始点，输入相应的文字。接着选中文字，在属性栏中设置合适的字体、字号，如图6-59所示。

08 继续使用文本工具在标志右侧位置输入适当的白色文字，效果如图6-60所示。

09 选择矩形工具，在第一个字母E上绘制一个矩形，选中该矩形，在右侧的调色板中使用鼠标右键单击□按钮，去除轮廓色。使用鼠标左键单击白色色块，为矩形填充颜色，如图6-61所示。

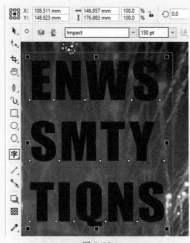

图6-59

图6-60

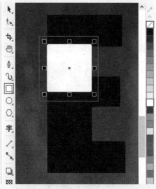

图6-61

10 选择钢笔工具在第二个字母N上绘制一个三角形，设置"填充色"为玫红色，并去除轮廓色，效果如图6-62所示。

图6-62

11 继续使用同样的方法，在其他字母上绘制不同颜色的装饰图形，效果如图6-63所示。

图6-63

12 接着选择文本工具，在主标题文字下方单击鼠标左键，建立文字输入的起始点，接着输入中括号。选中符号，在属性栏中设置合适的字体、字号，并在右侧的调色板中使用鼠标左键单击红色色块，为其设置填充色，如图6-64所示。

图6-64

13 继续使用文本工具在刚刚输入的中括号中输入文字，如图6-65所示。

图6-65

14 继续使用文本工具在画面的底部输入其他的文字，如图6-66所示。海报设计完成，最终效果如图6-67所示。

图6-66

艺境
中文版CorelDRAW图形创意设计与制作全视频
实践228例 溢彩版

图6-67

要点速查：模糊效果

在CorelDRAW中可以创建多种模糊效果，选择合适的模糊效果能够使画面更加别具一格或者更具有动感。执行菜单"效果>模糊"命令，在子菜单中可以看到多种模糊效果，如图6-68所示。

```
☑ 调节模糊(T)...
◢ 定向平滑(D)...
◢ 羽化(F)...
▦ 高斯式模糊(G)...
▨ 锯齿状模糊(J)...
▥ 低通滤波器(L)...
▨ 动态模糊(M)...
▨ 放射式模糊(R)...
◉ 智能模糊(A)...
▨ 平滑(S)...
⊓ 柔和(F)...
▨ 缩放(Z)...
```

图6-68

- ➤ 调节模糊：可选择多种方式对对象进行模糊。
- ➤ 定向平滑：可以在图像中添加微小的模糊效果，使图像中的渐变区域平滑且保留边缘细节和纹理。
- ➤ 羽化：可以使对象边缘产生虚化的效果。
- ➤ 高斯式模糊：可以根据数值的设置使图像按照高斯分布的方式快速模糊图像，从而产生朦胧的效果。
- ➤ 锯齿状模糊：用来去掉图像区域中的小斑点和杂点。
- ➤ 低通滤波器：只针对图像中的某些元素，该命令可以调整图像中尖锐的边角和细节，使图像的模糊效果更加柔和。
- ➤ 动态模糊：模仿拍摄运动物体的手法，通过使像素进行某一方向上的线性位移来产生运动模糊效果，使平面图像具有动态感。

- ➤ 放射式模糊：使图像从指定的圆心处产生同心圆旋转的模糊效果。
- ➤ 智能模糊：有选择性地为画面中的部分像素区域创建模糊效果。
- ➤ 平滑："平滑"命令使用了一种极为细微的模糊效果，可以减少相邻像素之间的色调差别，使图像产生细微的模糊变化。
- ➤ 柔和：可以使图像产生轻微的模糊变化，而不影响图像中的细节。
- ➤ 缩放：可以创建从某个点往外扩散的爆炸感视觉效果。

6.3 制作空间感网格广告

文件路径	第6章 \ 制作空间感网格广告
难易指数	★★★★★
技术掌握	● 矩形工具 ● 交互式填充工具 ● 文本工具 ● "高斯式模糊"效果 ● 椭圆形工具

🔍扫码深度学习

💡操作思路

本案例首先为画面添加一个橘色渐变效果的矩形背景；然后向画面中导入大小、方向都合适的素材图片，为其制作合适的模糊效果；接着使用文本工具为画面添加文字；最后制作大树图形和其他图形，以装饰画面效果。

🗂案例效果

案例效果如图6-69所示。

图6-69

实例104 制作广告背景部分

🎤操作步骤

01 新建一个"宽度"为297.0mm、"高度"为165.0mm的文档。绘制一个和画板等大的矩形，为其设置一个橙色系的渐变填充颜色，并去除轮廓色，效果如图6-70所示。

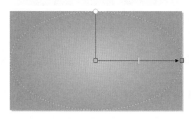

图6-70

02 导入橙子素材"1.png"，如图6-71所示。

图6-71

03 在选中橙子素材的状态下，执行菜单"效果>模糊>高斯式模糊"命令，在弹出的"高斯式模糊"对话框中设置"半径"为13.0像素，单击OK按钮，如图6-72所示。此时橙子效果如图6-73所示。

图6-72

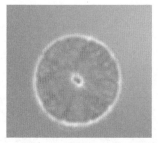

图6-73

04 继续导入其他橙子素材"2.png"至画面中相应位置。在选中该素材的状态下，在属性栏中单击"水平镜像"按钮，将其水平翻转，如图6-74

所示。

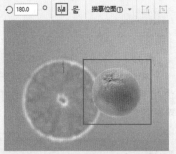
图6-74

05 执行菜单"效果>模糊>高斯式模糊"命令，在弹出的"高斯式模糊"对话框中设置"半径"为10像素，单击OK按钮，如图6-75所示。此时画面效果如图6-76所示。

图6-75

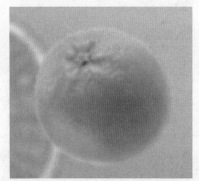
图6-76

06 使用鼠标右键单击该素材，在弹出的快捷菜单中执行"顺序>向后一层"命令，此时画面中的两个橙子素材的位置会自动转换，效果如图6-77所示。

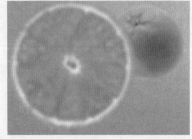
图6-77

07 继续导入甜点素材"3.png"，将其摆放在画面上方相应位置，如图6-78所示。

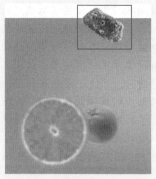
图6-78

08 选中甜点素材，执行菜单"效果>模糊>高斯式模糊"命令，在弹出的"高斯式模糊"对话框中设置"半径"为10像素，单击OK按钮，如图6-79所示。此时甜点效果如图6-80所示。

图6-79

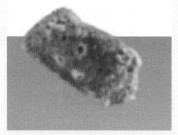
图6-80

09 使用同样的方法，继续导入素材，为其添加合适的"高斯式模糊"效果，并将其摆放在合适的位置，效果如图6-81所示。

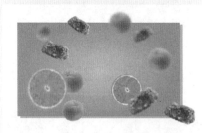
图6-81

10 使用快捷键Ctrl+A全选画面中的所有素材及背景，然后使用快捷键Ctrl+G进行组合。选择矩形工具，在画面中绘制一个与画板等大的矩形，如图6-82所示。

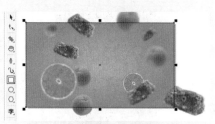
图6-82

11 选中组合对象，执行菜单"对象>PowerClip>置于图文框内部"命令，当光标变为黑色粗箭头时，单击刚刚绘制的矩形，即可实现位图的精确剪裁。在右侧的调色板中使用鼠标右键单击☑按钮，去除轮廓色，效果如图6-83所示。

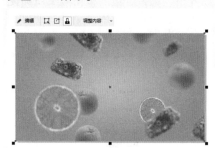
图6-83

实例105 制作主体文字和树形装饰

操作步骤

01 选择文本工具，在画面中单击鼠标左键，建立文字输入的起始点，输入相应的文字。接着选中文字，在属性栏中设置合适的字体、字号，如图6-84所示。

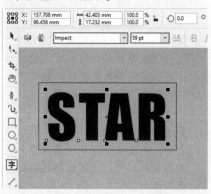
图6-84

02 使用同样的方法，在画面中合适位置输入其他文字，效果如图6-85所示。

图6-85

03 添加装饰树效果。选择矩形工具，在文字右侧绘制一个矩形，如图6-86所示。

图6-86

04 选中该矩形，在属性栏中单击"圆角"按钮，设置"转角半径"为1.5mm，效果如图6-87所示。

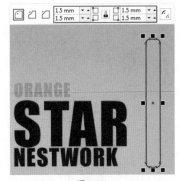

图6-87

05 使用同样的方法，继续在该矩形上方绘制一个小的圆角矩形，将其旋转并摆放在合适的位置，如图6-88所示。

图6-88

06 按住Shift键分别单击两个圆角矩形将其加选，单击属性栏中的"焊接"按钮，将其合并，如图6-89所示。

图6-89

07 使用同样的方法，继续绘制出另外两个"树枝"形状，并合并为一个图形，此时树干制作完成，效果如图6-90所示。

图6-90

08 选中树干，选择交互式填充工具，在属性栏中单击"均匀填充"按钮，设置"填充色"为深棕色，并去除轮廓线，如图6-91所示。

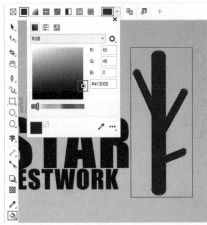

图6-91

09 绘制树叶部分。选择椭圆形工具，在树干上方按住鼠标左键拖动绘制一个椭圆形，设置"填充色"为橙色并去除轮廓色，如图6-92所示。

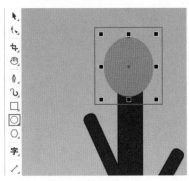

图6-92

10 继续使用同样的方法，绘制出不同大小的圆形作为树叶，效果如图6-93所示。

图6-93

实例106　添加辅助图形

操作步骤

01 继续使用椭圆形工具在文字右侧按住Ctrl键的同时按住鼠标左键拖动绘制两个白色正圆形，如图6-94所示。

图6-94

02 选中上方的白色正圆形，使用快捷键Ctrl+C将其复制，接着使用快捷键Ctrl+V进行粘贴。选中复制的正圆形，在右侧的调色板中使用鼠标左键单击橙色色块，为其更改填充颜色，如图6-95所示。

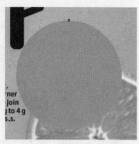

图6-95

03 选中橙色正圆形，选择形状工具，此时正圆形上会出现一个白色节点，通过使用鼠标左键单击该节点并拖动，使其形成一个扇形，如图6-96所示。

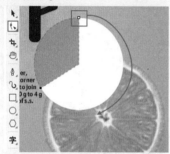

图6-96

04 在选择该扇形的状态下，再次单击该扇形，此时扇形的控制点会变成弧形双箭头控制点，通过拖动控制点，将其旋转至合适的角度并摆放在合适的位置，效果如图6-97所示。

图6-97

05 继续使用椭圆形工具在扇形下方绘制出两个橙色椭圆形，如图6-98所示。

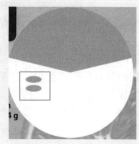

图6-98

06 导入素材"3.png"，在扇形下方按住鼠标左键拖动，调整导入对象的大小，释放鼠标完成导入操作，如图6-99所示。

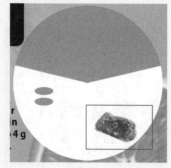

图6-99

07 选择文本工具，在扇形上单击鼠标左键，建立文字输入的起始点，输入相应的文字。接着选中文字，在属性栏中设置合适的字体、字号，然后在右侧的调色板中设置文本颜色为白色，如图6-100所示。

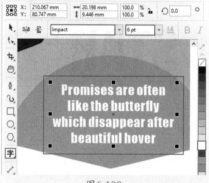

图6-100

08 继续使用文本工具在扇形下方输入相应的橙色文字，效果如图6-101所示。

图6-101

09 使用同样的方法，在画面下方的白色正圆形上输入适当的文字，效果如图6-102所示。

10 此时空间感网格广告制作完成，最终效果如图6-103所示。

图6-102

图6-103

6.4 使用卷页效果制作促销广告

文件路径	第6章\使用卷页效果制作促销广告
难易指数	★★★★★
技术掌握	● 矩形工具 ● 文本工具 ● 涂抹工具 ● "卷页"效果

扫码深度学习

操作思路

本案例首先使用矩形工具为画面添加一个白色的矩形作为背景；然后使用文本工具输入主标题及副标题；接着绘制矩形并将其变形，在其上方制作"卷页"效果的位图；最后导入大小合适的素材放置在位图的上方，即可完成设计。

案例效果

案例效果如图6-104所示。

THINK BOTTOM SANDALS
STYLE
Generally speaking such platforms aren exactly in Lady style but they do look weird However

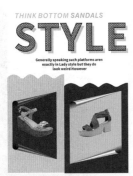

图6-104

实例107 制作广告的主体文字效果

操作步骤

01 执行菜单“文件>新建”命令，新建一个A4大小的空白文档，绘制一个与画面等大的矩形。使用鼠标右键单击矩形，在弹出的快捷菜单中执行“锁定”命令，将其锁定。

02 接着选择文本工具，在画面上方单击鼠标左键，建立文字输入的起始点，输入相应的文字。接着选中文字，在属性栏中设置合适的字体、字号，并设置“填充色”为嫩粉色，如图6-105所示。

STYLE

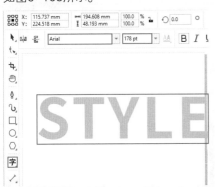

图6-105

03 选中文字，使用快捷键Ctrl+C将其复制，接着使用快捷键Ctrl+V进行粘贴。保持选中复制出文字的状态下，选择交互式填充工具，在属性栏中单击“双色图样填充”按钮，在“第一种填充色或图样”中设置合适的样式，设置“前景颜色”为黑色，“背景颜色”为白色，接着在图形上按住鼠标左键拖动调整控制杆的位置，如图6-106所示。

STYL

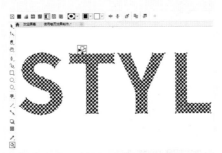

图6-106

04 在保持当前的状态下，选择透明度工具，在属性栏中单击“均匀透明度”按钮，设置“合并模式”为“减少”，设置“透明度”为0，效果如图6-107所示。

STYL

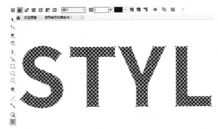

图6-107

05 选中复制出的文字，设置轮廓宽度为1.0mm，并将其移动到合适的位置，如图6-108所示。

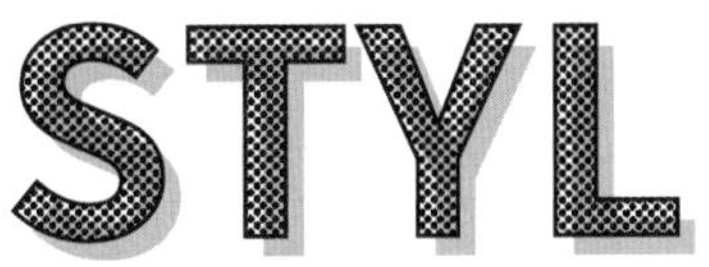

STYL

图6-108

06 继续使用文本工具在主标题上方单击鼠标左键，建立文字输入的起始点，输入相应的文字。接着选中文字，在属性栏中设置合适的字体、字号，单击“粗体”和“斜体”按钮，并设置“填充色”为嫩粉色，如图6-109所示。

THINK BOTTOM SANDALS
STYL

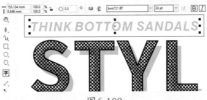

图6-109

07 在使用文本工具的状态下，在文字后方单击插入光标，然后按住鼠标左键向前拖动，选中最后一个单词，然后在调色板中更改文本颜色，如图6-110所示。

THINK BOTTOM SANDALS
STYLE

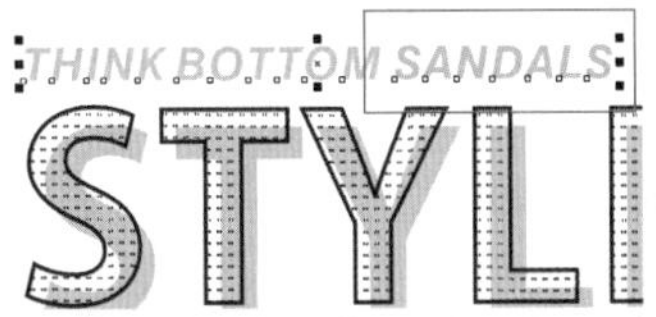

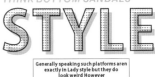

图6-110

08 继续使用文本工具在主标题下方输入其他文字，效果如图6-111所示。

THINK BOTTOM SANDALS
STYLE
Generally speaking such platforms aren exactly in Lady style but they do look weird However

图6-111

实例108 制作广告的装饰图形及卷边效果

操作步骤

01 选择矩形工具，在画面的左下方绘制一个矩形，如图6-112所示。选中该矩形，选择交互式填充工具，接着在属性栏中单击“均匀填充”按钮，设置“填充色”为浅橙色，并去除轮廓色，如图6-113所示。

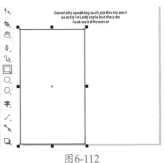

图6-112

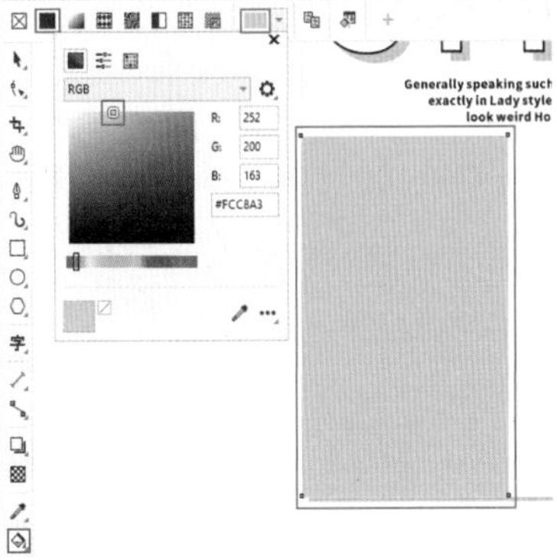

图6-113

02 选中矩形，选择涂抹工具，在属性栏中设置"笔尖半径"为30.0mm、"压力"为50，单击"平滑涂抹"按钮，然后在矩形边缘按住鼠标左键向下拖动将矩形变形，如图6-114所示。重复将其变形，矩形上方边缘效果如图6-115所示。使用同样的方法绘制出右侧的深蓝色图形，如图6-116所示。

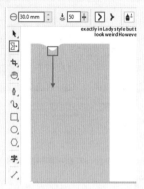

图6-114

图6-115

图6-116

03 接着使用矩形工具在浅橙色图形上绘制一个深蓝色的矩形，如图6-117所示。

04 选中深蓝色矩形，执行菜单"效果>三维效果>卷页"命令，在弹出的"卷页"对话框中单击"左上角卷页"按钮，设置"方向"为"水平"、"纸"为"透明的"、"卷曲度"为橙色、"宽度"为100%、"高度"为24%，单击OK按钮，如图6-118所示。此时画面效果如图6-119所示。

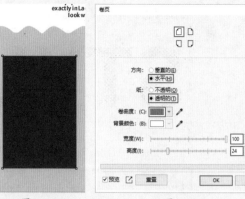

图6-117　　　　　　　　图6-118　　　　　　　　图6-119

05 选中该矩形，执行菜单"位图>转换为位图"命令，在弹出的"转换为位图"对话框中设置"分辨率"为72dpi、"颜色模式"为"CMYK色（32位）"，单击OK按钮，如图6-120所示。再次执行菜单"效果>三维效果>卷页"命令，在弹出的"卷页"对话框中单击"左下角卷页"按钮，设置"方向"为"水平"、"纸"为"透明的"、卷曲度"颜色"为橙色，"宽度"为100%，"高度"为26%，单击OK按钮，如图6-121所示。此时画面效果如图6-122所示。

图6-120　　　　　　　　图6-121　　　　　　　　图6-122

06 使用同样的方法，制作出画面中右侧的卷边图形，如图6-123所示。导入素材"1.png"并放置在左侧卷页中，如图6-124所示。

07 使用同样的方法，导入另一个凉鞋素材"2.png"，如图6-125所示。此时卷边效果的促销广告制作完成，最终效果如图6-126所示。

图6-123　　　　　图6-124　　　　　图6-125　　　　　图6-126

要点速查："卷页"效果

"卷页"效果可以使图像的4个边角产生向内卷曲的效果。选择位图，执行菜单"效果>三维效果>卷页"命令，在弹出的"卷页"对话框中，设置相应参数后单击OK按钮，如图6-127所示。

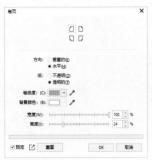

图6-127

➤ 卷页位置：单击相应按钮选择卷页
  的位置。单击▢按钮，设置卷页在左
  上角；单击▢按钮，设置卷页在右上
  角；单击▢按钮，设置卷页在左下
  角；单击▢按钮，设置卷页在右下角。

➤ 方向：用来设置卷页的方向。选中
  "垂直的"单选按钮，卷页效果垂
  直摆放；选中"水平"单选按钮，
  卷页效果水平摆放。

➤ 纸：用来设置卷页的透明度，有
  "不透明"和"透明的"两个选
  项。设置为"不透明"时，可以通
  过右侧"颜色"选项组中的"背
  景"颜色来设置卷页后方的颜色。
  设置为"透明的"时，卷页后方为
  透明效果。

➤ 卷曲度/背景颜色：用来设置卷页
  的颜色和卷页后的背景颜色。

➤ 宽度：设置卷页的宽度。数值越
  大，卷页越长。

➤ 高度：设置卷页卷起的高度。数值越
  大，卷起的高度越高。

6.5 单色杂志内页版面

文件路径	第6章\单色杂志内页版面
难易指数	⭐⭐⭐⭐⭐
技术掌握	● 文本工具 ● 设置位图颜色模式 ● "玻璃砖"效果 ● 透明度工具

🔍扫码深度学习

操作思路

本案例首先将导入到画面中的素
材制作出"玻璃砖"效果作为背景；然
后使用矩形工具绘制绿色矩形，并将
其放置在合适的位置；接着使用文本工
具输入相应的文字；最后制作带有"渐
变"效果和"透明度"效果的矩形，并
放置在画面中间作为页面的效果。

案例效果

案例效果如图6-128所示。

图6-128

实例109 制作杂志的左侧页面

操作步骤

01 新建A4尺寸的空白文档，导入背景
素材"1.jpg"，如图6-129所示。

图6-129

02 选中风景素材，执行菜单"位图>
模式>灰度"命令，将图片变为
黑白图片，如图6-130所示。

图6-130

03 在选中素材的状态下，执行菜
单"效果>创造性>玻璃砖"命
令，在弹出的"玻璃砖"对话框中设

置"块宽度"为15、"块高度"为
10，单击OK按钮，如图6-131所示。
此时画面效果如图6-132所示。

图6-131

图6-132

04 选择矩形工具，在画面的左侧绘
制一个矩形，设置"填充色"为
深青绿色，去除轮廓色，如图6-133
所示。

图6-133

05 制作主体文字。选择文本工具，
在矩形上单击鼠标左键，建立文
字输入的起始点，输入相应的文字。
接着选中文字，在属性栏中设置合适
的字体、字号，并在右侧的调色板中
使用鼠标左键单击白色色块，为文字
设置颜色，如图6-134所示。

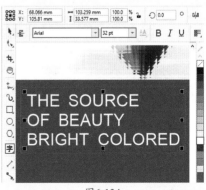

图6-134

06 继续使用文本工具在主体文字的下方输入相应的白色文字，选中文字，在属性栏中设置"旋转角度"为90.0，设置合适的字体、字号，如图6-135所示。

图6-135

07 制作段落文字。继续使用文本工具，在主体文字的下方按住鼠标左键从左上角向右下角拖动创建文本框，如图6-136所示。

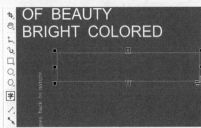

图6-136

08 输入相应的文字，使用选择工具选中文本框，在属性栏中设置合适的字体、字号，如图6-137所示。

图6-137

09 继续使用同样的方法，制作下方的段落文字，如图6-138所示。

10 使用矩形工具在画面中绘制一个矩形，然后编辑一个白色到黑色

的渐变颜色，去除轮廓色，效果如图6-139所示。

图6-138

图6-139

11 选中渐变矩形，选择透明度工具，在属性栏中单击"渐变透明度"按钮，设置"合并模式"为"乘"，单击"线性渐变透明度"按钮，接着在图形上按住鼠标左键拖动调整控制杆的位置，然后将左侧节点的颜色设置为黑色，右侧节点颜色设置为灰色，效果如图6-140所示。

图6-140

12 此时杂志的左侧制作完成，画面效果如图6-141所示。

图6-141

实例110　制作杂志的右侧页面

🎙️**操作步骤**

01 使用矩形工具在画面的右上方绘制一个深青绿色矩形，如图6-142所示。

图6-142

02 选择文本工具，在刚刚绘制的矩形上单击鼠标左键，建立文字输入的起始点，输入相应的文字。接着选中文字，在属性栏中设置合适的字体、字号，并在调色板中设置文字颜色为白色，如图6-143所示。

图6-143

03 使用同样的方法，继续在刚刚输入的文字右侧输入其他白色文字，效果如图6-144所示。

图6-144

04 继续使用矩形工具在右侧页面绘制另一个黑白渐变矩形，效果如图6-145所示。

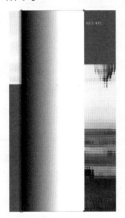

图6-145

05 选中该矩形，选择透明度工具，在属性栏中单击"渐变透明度"按钮，设置"合并模式"为"乘"，单击"线性渐变透明度"按钮。接着在图形上按住鼠标左键拖动调整控制杆的位置，然后将左边节点的颜色设置为灰色，将右边节点的颜色设置为黑色，效果如图6-146所示。最终效果如图6-147所示。

图6-146

图6-147

要点速查：位图的颜色模式

"模式"命令可以更改位图的色彩模式，同一个图像转换为不同的颜色模式在显示效果上也有所不同。

选择一个位图，执行菜单"位图>模式"命令，在子菜单中可以进行颜色模式的选择，如图6-148所示。不同颜色模式的效果也不同，这是因为在图像的转换过程中可能会丢失部分颜色信息。不同颜色模式对比效果如图6-149所示。

图6-148

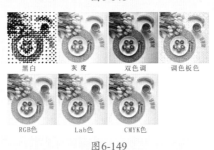

图6-149

文件路径	第6章\调整图像颜色制作清爽网页海报
难易指数	★★★★★
技术掌握	● 透明度工具 ● 颜色平衡 ● 文本工具

🔍扫码深度学习

操作思路

本案例首先使用矩形工具绘制一个与画板等大的蓝色系渐变颜色的矩形；接着导入背景素材并为其调整透明度，再绘制画面中的白色图框和白色装饰小图形；接着使用文本工具输入合适的主标题文字和画面左上方的标志；最后导入素材，为其添加"颜色平衡"效果。

案例效果

案例效果如图6-150所示。

图6-150

实例111　制作网页海报背景效果

操作步骤

01 创建一个A4尺寸的横版文档，绘制一个和画板等大的矩形，编辑一个蓝色系的渐变颜色，如图6-151所示。

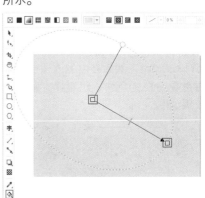

图6-151

02 执行菜单"文件>导入"命令，导入水滴素材"1.jpg"，如图6-152所示。

03 选中水滴素材，选择透明度工具，在属性栏中单击"均匀透明度"按钮，设置"透明度"为80，效果如图6-153所示。

图6-152

图6-153

04 继续使用矩形工具在画面中绘制一个矩形,如图6-154所示。

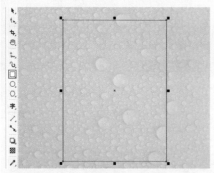

图6-154

05 在属性栏中设置"轮廓宽度"为26.0pt,然后在右侧的调色板中右键单击白色色块,设置其轮廓色,效果如图6-155所示。

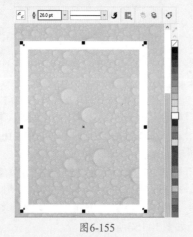

图6-155

06 选中白色框,执行菜单"对象>将轮廓转换为对象"命令,选择橡皮擦工具,在属性栏中单击"方形笔尖"按钮,在白色框边缘按住鼠标左键拖动,擦去白色框下方多余的部分,如图6-156所示。

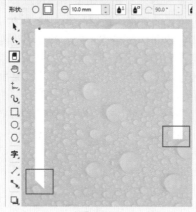

图6-156

07 在选中白色框的状态下,再次单击该白色框,此时图形的控制点变为弧形双箭头控制点,通过拖动双箭头控制点将其旋转,效果如图6-157所示。

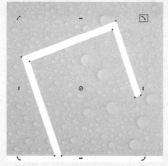

图6-157

08 继续使用同样的方法,绘制其他白色的图形并将其摆放在合适的位置,效果如图6-158所示。

图6-158

09 使用钢笔工具在画面中绘制一个闪电的图形,如图6-159所示。

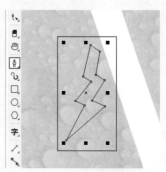

图6-159

10 在右侧的调色板中右键单击☑按钮,去除轮廓色。左键单击白色色块,为图形填充颜色,效果如图6-160所示。

图6-160

11 选中闪电图形,按住鼠标左键向左上方拖动,移动到合适位置后按鼠标右键进行复制,然后将其旋转至合适的角度,效果如图6-161所示。

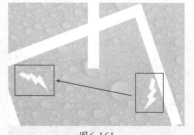

图6-161

12 使用同样的方法,制作其他的闪电图形,如图6-162所示。

图6-162

13 选择矩形工具，在画面的合适位置绘制一个白色小矩形，如图6-163所示。

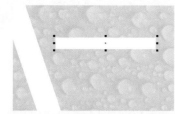

图6-163

14 选择涂抹工具，在属性栏中设置"笔尖半径"为5.0mm、"压力"为50，单击"平滑涂抹"按钮，然后使用鼠标左键在矩形的边缘拖动，使其呈现出不规则的图形效果，如图6-164所示。

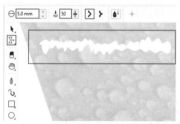

图6-164

15 双击该图形，此时图形的控制点变为弧形双箭头控制点，拖动右下角的双箭头控制点将其向左旋转，效果如图6-165所示。

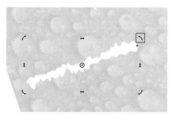

图6-165

16 选中该图形，按住鼠标左键向右下方拖动，移动到合适位置后单击鼠标右键进行复制，将鼠标放置在该图形右侧中间的控制点上，当光标变为←→形状时，按住鼠标左键拖动将其进行放大，效果如图6-166所示。

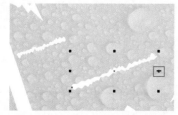

图6-166

实例112　制作网页海报文字和图像部分

操作步骤

01 选择文本工具，在画面中单击鼠标左键，建立文字输入的起始点，输入相应的文字。接着选中文字，在属性栏中设置合适的字体、字号，如图6-167所示。

图6-167

02 双击该文字，此时文字的控制点变为双箭头控制点，拖动控制点将其进行旋转，效果如图6-168所示。

图6-168

03 执行菜单"文件>导入"命令，导入素材"2.png"，并适当将其旋转，效果如图6-169所示。

图6-169

04 选中素材，执行菜单"对象>PowerClip>置于图文框内部"命令，当光标变成黑色粗箭头时，单击刚刚输入的主标题，即可实现位图的

精确剪裁，如图6-170所示。

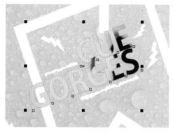

图6-170

05 创建PowerClip对象后，使用鼠标右键单击该对象，执行菜单"编辑PowerClip"命令，进入内容的编辑状态，重新调整素材的位置，如图6-171所示。

图6-171

06 调整完成后，单击窗口右上角的"完成编辑内容"按钮，此时画面效果如图6-172所示。

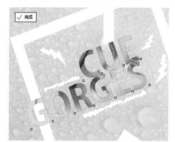

图6-172

07 继续使用文本工具在合适位置输入适当的文字，如图6-173所示。

图6-173

08 制作左上方的标志。选择椭圆形工具，在画面的左上方按住Ctrl

键的同时按住鼠标左键拖动绘制一个正圆形。然后编辑一个合适的渐变颜色，去除轮廓色，效果如图6-174所示。

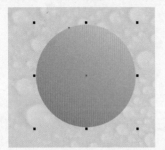

图6-174

09 选择文本工具，在刚刚制作的正圆形上单击鼠标左键，建立文字输入的起始点，输入相应的文字。接着选中文字，在属性栏中设置合适的字体、字号，单击"粗体"按钮和"斜体"按钮，并设置文本颜色为白色，如图6-175所示。

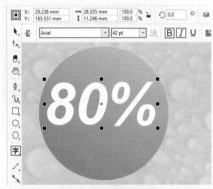

图6-175

10 双击该文字，此时文字的控制点变为双箭头控制点，拖动控制点将其旋转至合适角度，效果如图6-176所示。

图6-176

11 继续使用同样的方法，在正圆形上合适位置输入其他文字，并对其进行调整，如图6-177所示。此时画面效果如图6-178所示。

图6-177

图6-178

12 导入素材"2.png"，执行菜单"效果>调整>颜色平衡"命令，在弹出的"颜色平衡"对话框中的"中间色调"选项中设置"青——红"为20、"品红——绿"为5、"黄——蓝"为12，设置完成后单击OK按钮，如图6-179所示。此时画面效果如图6-180所示。

图6-179

图6-180

13 使用矩形工具在素材上绘制一个矩形，如图6-181所示。

14 选中素材，执行菜单"对象>PowerClip>置于图文框内部"命令，当光标变成黑色粗箭头时，单击刚刚绘制的矩形，即可实现位图的精

确剪裁。接着在右侧的调色板中使用鼠标右键单击☑按钮，去除轮廓色。最终效果如图6-182所示。

图6-181

图6-182

6.7 唯美人像海报

文件路径	第6章\唯美人像海报
难易指数	⭐⭐⭐⭐⭐
技术掌握	● "高斯式模糊"效果 ● 椭圆形工具 ● 文本工具

🔍扫码深度学习

💡操作思路

本案例首先导入一个背景图片，并为其添加"高斯式模糊"效果，接着导入合适的素材图片；然后使用文本工具在画面中输入主体文字，接着制作下方飘带图形和导入4个素材图片放置到画面下方合适的位置；最后在画面中输入其他文字。

案例效果

案例效果如图6-183所示。

图6-183

实例113 制作人像海报背景效果

操作步骤

01 新建一个A4尺寸的竖版文档，导入背景素材"1.jpg"。在选中蛋糕素材的状态下，单击属性栏中的"垂直镜像"按钮，然后单击"水平镜像"按钮，效果如图6-184所示。

图6-184

02 选中蛋糕素材，执行菜单"效果>模糊>高斯式模糊"命令，在弹出的"高斯式模糊"对话框中设置"半径"为12.0像素，设置完成后单击OK按钮，如图6-185所示。此时画面效果如图6-186所示。将蛋糕素材移出画板，留以备用。

图6-185

图6-186

03 选择矩形工具，在画面中绘制一个与画板等大的矩形，如图6-187所示。

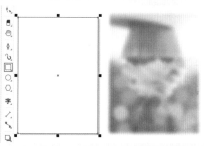

图6-187

04 选中蛋糕素材，执行菜单"对象>PowerClip>置于图文框内部"命令，当光标变成黑色粗箭头时，单击刚刚绘制的矩形，即可实现位图的精确剪裁。在右侧的调色板中使用鼠标右键单击☑按钮，去除轮廓色，效果如图6-188所示。

图6-188

05 执行菜单"文件>导入"命令，导入花环素材"2.png"，在工作区中按住鼠标左键拖动，调整导入对象的大小，释放鼠标完成导入操作，如图6-189所示。

06 继续使用同样的方法，导入素材"3.png"，并将其放置在花环

素材的上面，效果如图6-190所示。

图6-189

图6-190

实例114 制作人像海报的主体文字效果

操作步骤

01 接着选择文本工具，在素材上单击鼠标左键，建立文字输入的起始点，输入相应的文字。接着选中文字，在属性栏中设置合适的字体、字号，并设置文本颜色为淡粉色，如图6-191所示。

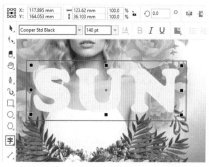

图6-191

02 使用快捷键Ctrl+K将文字进行拆分，选中字母N，选择形状工具，将该字母向下移动并旋转至合适的角度，如图6-192所示。

图6-192

03 继续使用同样的方法，制作其他两个字母，效果如图6-193所示。

04 接着使用同样的方法，制作出主标题下方的文字，如图6-194所

示。按住Shift键分别单击两组文字将其进行加选，接着使用快捷键Ctrl+G进行组合，然后使用快捷键Ctrl+C将其复制，接着使用快捷键Ctrl+V进行粘贴，复制出一份文字。

图6-193

图6-194

05 选中复制出的文字，设置"轮廓色"为深紫色，"轮廓宽度"为10.0mm，去除填充色，效果如图6-195所示。

图6-195

06 使用鼠标右键单击紫色文字，在弹出的快捷菜单中执行"顺序>向后一层"命令，将紫色文字移到白色文字的后方，效果如图6-196所示。

图6-196

07 选择椭圆形工具，在字母S的左上方按住Ctrl键的同时按住鼠标

左键拖动绘制出一个正圆形。选择交互式填充工具，在属性栏中单击"渐变填充"按钮，设置"渐变类型"为"椭圆形渐变填充"，接着在图形上按住鼠标左键拖动调整控制杆的位置，然后编辑一个粉色系的渐变颜色，去掉轮廓色，如图6-197所示。

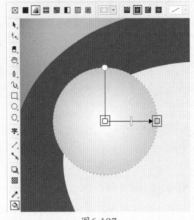

图6-197

08 选中粉色正圆形，按住鼠标左键向下拖动，至合适位置后按鼠标右键进行复制，如图6-198所示。

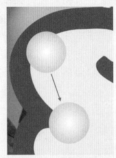

图6-198

09 继续使用同样的方法，复制多个正圆形并将其摆放在合适的位置，如图6-199所示。按住Shift键加选文字上所有的粉色正圆形，使用快捷键Ctrl+G进行组合。

图6-199

10 选中粉色正圆形组，执行菜单"对象>PowerClip>置于图文框

内部"命令，当光标变成黑色粗箭头时，单击淡粉色的主标题文字，即可实现图形组的精确剪裁，如图6-200所示。

图6-200

实例115 制作人像海报的装饰图形

操作步骤

01 选择钢笔工具，在主体文字的下方绘制一个图形，设置"填充色"为紫色，去除轮廓色，如图6-201所示。

图6-201

02 继续使用钢笔工具在多边形左侧绘制一个深紫色的四边形，如图6-202所示。

图6-202

03 使用鼠标右键单击深紫色四边形，在弹出的快捷菜单中执行

"顺序>向后一层"命令,此时深紫色四边形会自动移动到紫色多边形的后方,效果如图6-203所示。

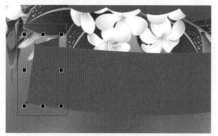

图6-203

04 继续使用同样的方法,绘制出其他的图形,最终组成飘带形状,如图6-204所示。

图6-204

05 选择钢笔工具,在飘带的下方绘制一个粉色的线段,在属性栏中设置"轮廓宽度"为1.0mm,效果如图6-205所示。

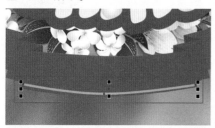

图6-205

06 选中线段,按住Shift键的同时按住鼠标左键向上拖动,至合适位置时按鼠标右键进行复制,效果如图6-206所示。

图6-206

07 执行菜单"文件>导入"命令,依次导入蛋糕素材,如图6-207所示。

08 选择文本工具,在飘带上单击鼠标左键,建立文字输入的起始点,输入相应的文字。接着选中文字,在属性栏中设置合适的字体、字号,并在右侧的调色板中使用鼠标左键单击淡黄色色块,为文字设置颜色,如图6-208所示。

图6-207

图6-208

09 使用同样的方法,继续在画面下方输入其他文字,效果如图6-209所示。

图6-209

10 使用椭圆形工具在刚刚输入的文字左侧按住Ctrl键的同时按住鼠标左键拖动绘制一个正圆形,如图6-210所示。

图6-210

11 选择矩形工具,在画面中绘制一个小矩形。选中该矩形,将其旋转并放置到合适的位置,如图6-211所示。

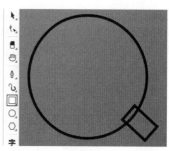

图6-211

12 加选矩形和正圆形,单击属性栏中的"焊接"按钮,将两个图形合并,如图6-212所示。

图6-212

13 选中此图形,在右侧的调色板中使用鼠标右键单击⊘按钮,去除轮廓色。使用鼠标左键单击白色色块,为图形填充颜色,如图6-213所示。

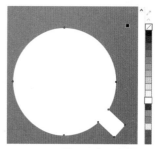

图6-213

14 选择椭圆形工具,在刚刚制作的图形上绘制一个椭圆形,如图6-214所示。

图6-214

15 将此椭圆形复制一份放置到旁边待用。加选图形上的椭圆形和图形，单击属性栏中的"移除前面对象"按钮，效果如图6-215所示。

图6-215

16 将刚才复制出的椭圆形移动到白色图形上，如图6-216所示。

图6-216

17 加选图形上的椭圆形和图形，单击属性栏中的"移除前面对象"按钮，效果如图6-217所示。

图6-217

18 继续使用同样的方法，制作出完整的图形，如图6-218所示。海报制作完成，最终效果如图6-219所示。

图6-218

图6-219

第7章

文字的使用

本章概述

    文字，既是传递信息的工具，也是重要的装饰手段，所以在设计作品中占有重要的地位。在本章中学习如何使用文字工具组中的工具去创建点文字、段落文字、区域文字和路径文字。在文字创建完成后，可以使用"字符"面板和"段落"面板编辑文字属性。

本章重点

- 掌握文本工具的使用方法
- 掌握不同类型文字的创建
- 掌握文本对象参数的设置方法

7.1 使用文本工具制作简单汽车广告

文件路径	第7章 \ 使用文本工具制作简单汽车广告
难易指数	★★★★★
技术掌握	● 矩形工具 ● 文本工具 ● 阴影工具

扫码深度学习

操作思路

本案例讲解了如何使用文本工具制作简单的汽车广告。首先使用文本工具在画面的右侧输入文字；然后使用矩形工具和钢笔工具绘制图形；最后通过阴影工具为导入的素材制作阴影效果。

案例效果

案例效果如图7-1所示。

图7-1

实例116 制作广告中的主体文字部分

操作步骤

01 执行菜单"文件>新建"命令，创建一个"宽度"为189.0mm、"高度"为267.0mm的文档。选择矩形工具，创建一个与画板等大的矩形。设置"填充色"为铬黄色，去除轮廓色，如图7-2所示。

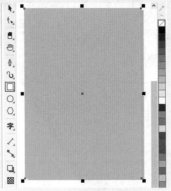

图7-2

02 选择文本工具，在画面中单击鼠标左键插入光标，建立文字输入的起始点，输入相应的文字。接着选中文字，在属性栏中选择合适的字体、字号，然后单击"粗体"按钮，如图7-3所示。

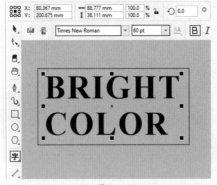

图7-3

03 在文字被选中的状态下，在右侧的调色板中使用鼠标左键单击白色色块，设置文本颜色，如图7-4所示。

图7-4

04 使用同样的方法，继续在画面的右侧输入其他文字，效果如图7-5所示。

05 选择矩形工具，在黄色文字上按住鼠标左键拖动，绘制一个矩形。选中该矩形，在右侧的调色板中使用鼠标右键单击☑按钮，去除轮廓

色。使用鼠标左键单击白色色块，为矩形填充颜色，如图7-6所示。

图7-5

图7-6

06 在该矩形被选中的状态下，多次执行菜单"对象>顺序>向后一层"命令，将其移动到黄色文字的后方，效果如图7-7所示。

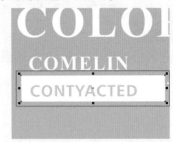

图7-7

07 继续使用矩形工具在刚刚制作的白色矩形上再绘制一个矩形，如图7-8所示。

图7-8

08 在该矩形被选中的状态下，双击位于界面底部状态栏中的"轮廓笔"按钮，在弹出的"轮廓笔"对话框中设置"颜色"为白色、"宽度"为0.2mm，在"风格"下拉列表中选择一个合适的"虚线"样式，

设置完成后单击OK按钮，如图7-9所示。

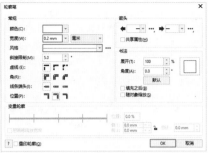

图7-9

09 此时画面效果如图7-10所示。

图7-10

10 使用同样的方法，继续制作右侧的矩形框，效果如图7-11所示。

图7-11

11 继续使用文本工具在刚刚制作的矩形下方按住鼠标左键从左上角向右下角拖动，创建一个文本框，如图7-12所示。

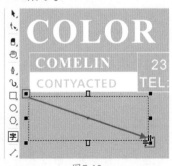

图7-12

12 在文本框中输入适当的文字，使用选择工具选中文本框中的文字，在属性栏中设置合适的字体、字

号，然后设置"填充色"为白色，如图7-13所示。

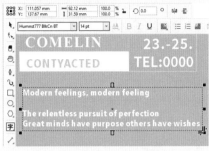

图7-13

13 在使用文本工具的状态下，在文字后方单击插入光标，然后按住鼠标左键向前拖动，选中后两段文字，然后在属性栏中更改字体，如图7-14所示。

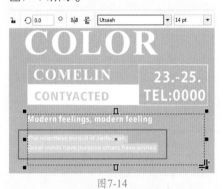

图7-14

14 选择选择工具，使用鼠标左键将画面中的文字和矩形框选，使用快捷键Ctrl+G进行组合，然后在其上方单击鼠标左键，当四周的控制点变为弧形双箭头时，通过拖动左上角的双箭头控制点将其向左下方拖动进行旋转，效果如图7-15所示。

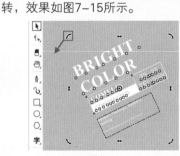

图7-15

实例117 制作广告中的图形部分

🎤 操作步骤

01 选择钢笔工具，在画面的左侧绘制一个四边形，如图7-16所示。

02 选中该四边形，在右侧的调色板中使用鼠标右键单击☑按钮，去除轮廓色。使用鼠标左键单击白色色块，为四边形填充颜色，效果如图7-17所示。

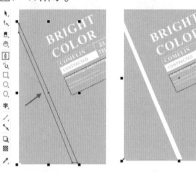

图7-16　　图7-17

03 使用同样的方法，在画面的右下方绘制其他四边形，效果如图7-18所示。

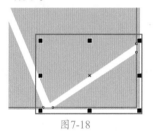

图7-18

04 选择椭圆形工具，在画面的右下角按住鼠标左键拖动绘制一个椭圆形，如图7-19所示。

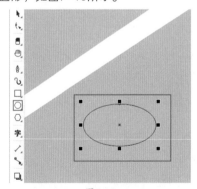

图7-19

05 选中该椭圆形，在右侧的调色板中使用鼠标右键单击☑按钮，去除轮廓色。使用鼠标左键单击白色色块，为椭圆填充颜色，如图7-20所示。

06 选择文本工具，在椭圆形上单击鼠标左键，建立文字输入的起始点，输入相应的文字。接着选中文字，在属性栏中设置合适的字体、

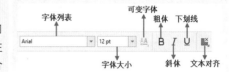

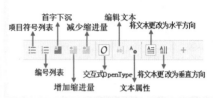

图7-27

字号，设置文本颜色为黄色，效果如图7-21所示。

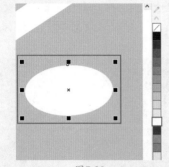

图7-20

图7-21

07 按住Shift键加选椭圆形和文字，使用快捷键Ctrl+G进行组合，再次单击该组图文，此时图文组的控制点变为双箭头控制点，通过拖动左上角的双箭头控制点将其向左下方拖动旋转，效果如图7-22所示。

图7-22

08 导入素材"1.png"，如图7-23所示。

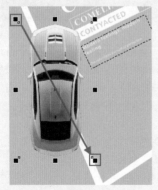

图7-23

09 选中汽车素材，选择阴影工具，在汽车中间位置按住鼠标左键向左拖动，制作阴影效果。接着在属性栏中设置"阴影颜色"为黑色、"合并模式"为"乘"、"阴影不透明度"为22、"阴影羽化"为2，此时效果如图7-24所示。

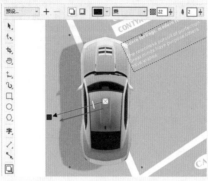

图7-24

10 在选择汽车的状态下，再次单击该汽车，此时素材的控制点变为双箭头控制点，通过拖动双箭头控制点将其进行适当的旋转。最终效果如图7-25所示。

图7-25

要点速查：文本工具

在输入文字之前需要选择字（文本工具），如图7-26所示。随即在属性栏中就会显示其相关选项。在属性栏中可以对文本的一些最基本的属性进行设置，例如：字体、字号、样式、对齐方式等选项，如图7-27所示。

图7-26

➤ Arial ▾ 字体列表：在"字体列表"下拉列表中选择一种字体，即可为新文本或所选文本设置字样。

➤ 12 pt ▾ 字号：在下拉列表中选择一种字号或输入数值，为新文本或所选文本设置一种指定字体大小。

➤ B I U 粗体/斜体/下划线：单击"粗体"按钮B，可以将文本设为粗体；单击"斜体"按钮I，可以将文本设为斜体；单击"下划线"按钮U，可以为文字添加下划线。

➤ 文本对齐：单击"文本对齐"按钮，可以在弹出的下拉列表的"无""左""中""右""两端对齐"以及"强制两端对齐"中选择一种对齐方式，使文本做相应的对齐设置。

➤ 符号项目列表：添加或删除带项目符号的列表格式。

➤ 编号列表：添加或删除带数字的列表格式。

➤ 首字下沉：是指段落文字的第一个字母尺寸变大并且位置下移至段落中。单击该按钮即可为段落文字添加或去除首字下沉。

➤ 增加缩进量：将列表项向右移动。

➤ 减少缩进量：将列表项向左移动。

➤ 编辑文本：选择需要设置的文字，单击文本工具属性栏中的"编辑文本"按钮，可以在打开的"文本编辑器"中修改文本及其字体、字号和颜色。

➤ 文本属性：单击该按钮，即可

艺境

中文版CorelDRAW图形创意设计与制作全视频

实践228例 溢彩版

打开"文本属性"泊坞窗，在其中可以对文字的各个属性进行调整。

➤ 📄 📄 文本方向：选择文字对象，单击文字属性栏中的"将文本更改为水平方向"按钮📄或"将文本更改为垂直方向"按钮📄，可以将文字转换为水平或垂直方向。

➤ 🅾交互式OpenType：OpenType功能可用于选定文本时，在屏幕上显示指示。

7.2 中式古风感标志设计

文件路径	第7章\中式古风感标志设计
难易指数	⭐⭐⭐⭐⭐
技术掌握	● 艺术笔工具 ● 文本工具 ● 矩形工具

操作思路

本案例讲解了如何制作中式古风感的标志设计。首先通过使用艺术笔工具在画面中绘制图形；接着使用文本工具在适当的位置输入文字；最后使用矩形工具在文字的间隔处绘制矩形。

案例效果

案例效果如图7-28所示。

图7-28

实例118 制作标志中的图形部分

操作步骤

01 新建一个A4尺寸的横版文档。选择艺术笔工具，在属性栏中单击"笔刷"按钮，设置"类别"为"书法"，接着选择一个不规则的笔刷样式。设置完成后，在画面中按住鼠标左键拖动绘制一个弯曲的笔触图形，如图7-29所示。

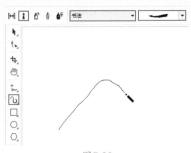

图7-29

02 接着在属性栏中设置"笔触宽度"为13.0mm，如图7-30所示。

图7-30

03 设置"填充色"为深橘黄色，接着在右侧的调色板中使用鼠标右键单击☐按钮，去除轮廓色，效果如图7-31所示。

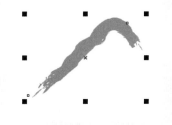

图7-31

04 继续使用艺术笔工具在该图形的下方绘制一个淡橙色的笔触图形，如图7-32所示。

---

05 在该图形被选中的状态下，单击鼠标右键执行"顺序>置于此对象后"命令，当光标变为黑色粗箭头时，使用鼠标左键单击橘黄色笔触图形，将刚刚绘制的笔触图形置于橘黄色笔触图形的下方，效果如图7-33所示。

图7-32　　　　图7-33

06 继续使用同样的方法，在画面中绘制不同颜色的笔触图形，效果如图7-34所示。

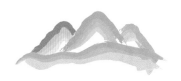

图7-34

实例119 制作标志中的文字部分

操作步骤

01 选择文本工具，在图形的下方单击鼠标左键插入光标，输入文字，接着选中文字，在属性栏中设置合适的字体、字号，设置"颜色"为深绿色，如图7-35所示。

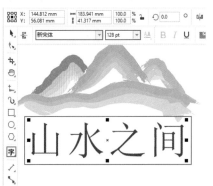

图7-35

02 选择矩形工具，在文字的中间位置按住鼠标左键拖动，绘制一个矩形。选中该矩形，在右侧的调色板中使用鼠标右键单击☑按钮，去除轮廓色，设置"填充色"为深绿色，如图7-36所示。

图7-36

03 选中该矩形，按住Shift键的同时按住鼠标左键向右拖动，至合适位置后单击鼠标右键进行复制，效果如图7-37所示。

图7-37

04 使用快捷键Ctrl+R再次复制一个矩形到其他文字之间，效果如图7-38所示。

图7-38

05 再次使用文本工具在画面中适当的位置输入文字。最终效果如图7-39所示。

图7-39

要点速查：创建美术字

"美术字"适用于版面中字数较少的文本，也称美术文本。美术字的特点是在输入文字过程中需要按Enter键进行换行，否则文字不会自动换行。

选择工具箱中的文本工具字，在文档中单击鼠标左键，此时单击的位置会显示闪烁的光标，接着输入文本。若要换行，按Enter键进行换行，然后继续输入文字。文字输入完成后，在空白区域单击即可完成输入。

7.3 使用文本工具制作时尚杂志封面

文件路径	第 7 章 \ 使用文本工具制作时尚杂志封面
难易指数	★★★★★
技术掌握	● 文本工具 ● 椭圆形工具 ● 形状工具 ● 矩形工具

扫码深度学习

操作思路

本案例首先通过文本工具在画面中输入文字；接着使用椭圆形工具在画面中绘制正圆形和椭圆形；最后使用矩形工具制作文字后面的图形。

案例效果

案例效果如图7-40所示。

图7-40

实例120　制作杂志封面主标题效果

操作步骤

01 新建一个竖版文档，导入素材"1.jpg"，如图7-41所示。

图7-41

02 选择文本工具，在画面上方单击鼠标左键插入光标，建立文字输入的起始点，输入相应的文字。接着选中文字，在属性栏中选择合适的字体、字号，单击"粗体"按钮，然后在右侧的调色板中使用鼠标左键单击白色色块，设置文字的颜色，效果如图7-42所示。

图7-42

03 继续使用文本工具在该文字下方输入其他白色文字，效果如图7-43所示。

图7-43

04 选择椭圆形工具，在画面的右上方按住Ctrl键的同时按住鼠标左键拖动绘制一个正圆形，设置一个松石绿色到白色的渐变填充，去除轮廓色，效果如图7-44所示。

图7-44

05 选中该正圆形，使用快捷键Ctrl+Q将其转换为曲线。选择形状工具，选中正圆形下方的控制点，按住Shift键的同时按住鼠标左键将控制点垂直向下拖动，如图7-45所示。

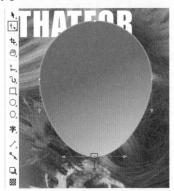

图7-45

06 在属性栏中单击"突出节点"按钮，向上拖动控制柄对路径进行调整，使圆形底部产生变形，效果如图7-46所示。

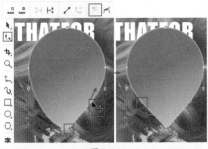

图7-46

07 在选择该图形的状态下，再次单击该图形，此时该图形的控制

点将变为弧形双箭头控制点，通过拖动控制点将其旋转，效果如图7-47所示。

图7-47

08 选择文本工具，在图形上单击鼠标左键插入光标，建立文字输入的起始点，输入相应的文字。接着选中文字，在属性栏中选择合适的字体、字号，并设置不同的文字颜色，效果如图7-48所示。

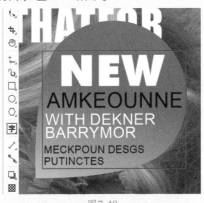

图7-48

09 选择椭圆形工具，在画面的左上角按住鼠标左键拖动，绘制一个椭圆形。设置轮廓线颜色为松石绿色，"轮廓宽度"为0.5mm，效果如图7-49所示。

图7-49

10 使用同样的方法，在该椭圆形的内侧再绘制一个稍小的、颜色相同的椭圆形，如图7-50所示。

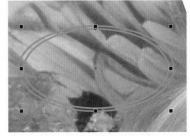

图7-50

11 使用文本工具在椭圆形中间位置单击鼠标左键，建立文字输入的起始点，输入相应的文字。接着选中文字，在属性栏中设置合适的字体、字号，并设置文字的颜色为松石绿色，效果如图7-51所示。

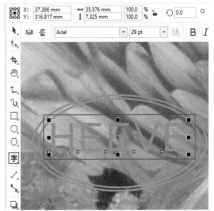

图7-51

12 选择2点线工具，在刚刚输入的文字下方按住Shift键的同时按住鼠标左键拖动，绘制一条直线。选中该直线，在属性栏中设置"轮廓宽度"为0.2mm，如图7-52所示。

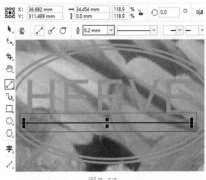

图7-52

13 双击位于界面底部状态栏中的"轮廓笔"按钮，在弹出的"轮

廓笔"对话框中设置颜色为松石绿色，效果如图7-53所示。

图7-53

14 选择星形工具，在属性栏中设置"点数或边数"为5、"锐度"为53，设置完成后，在线段的下方按住Ctrl键的同时按住鼠标左键拖动，绘制一个正五角星形，设置合适的填充色并去除轮廓色，效果如图7-54所示。

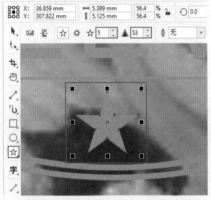

图7-54

实例121 制作杂志封面的底部文字

操作步骤

01 选择文本工具，在画面中适当的位置按住鼠标左键拖动，绘制一个文本框，如图7-55所示。

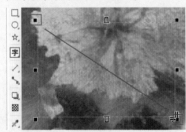

图7-55

02 在文本框中输入合适的文字，接着使用选择工具选中文本框，在属性栏中设置合适的字体、字号，单击"粗体"按钮，设置文字对齐方式

为"左"，并设置文本颜色为白色，效果如图7-56所示。

图7-56

03 继续使用同样的方法，在画面中适当的位置输入不同的文字，效果如图7-57所示。

图7-57

04 选择矩形工具，在画面的右侧白色文字上按住鼠标左键拖动，绘制一个矩形，如图7-58所示。

图7-58

05 继续在文字的其他位置绘制大小不同的矩形，效果如图7-59所示。

图7-59

06 按住Shift键加选白色文字上的所有矩形，在属性栏中单击"焊接"按钮，效果如图7-60所示。

图7-60

07 在该图形被选中的状态下，设置该图形的填充色为松石绿色，并在右侧的调色板中使用鼠标右键单击☑按钮，去除轮廓色，如图7-61所示。

图7-61

08 在该图形被选中的状态下，多次执行菜单"对象>顺序>向后一层"命令，将其移动到白色文字的后方。最终效果如图7-62所示。

图7-62

要点速查：创建大量的文字

对于大量文字的编排，可以通过创建"段落文本"的方式进行。

选择文本工具，然后在页面中按住鼠标左键并从左上角向右下角进行拖动，创建文本框，如图7-63所示。

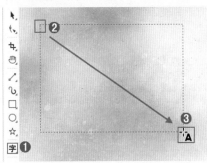

图7-63

这个文本框的作用在于，在输入文字后，段落文本会根据文本框的大小、长宽自动换行，当调整文本框架的长宽时，文字的排版也会发生变化。文本框创建完成后，在文本框中输入文字即可，这段文字被称为"段落文本"，效果如图7-64所示。

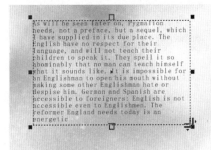

图7-64

7.4 使用文本工具制作创意文字版式

文件路径	第7章\使用文本工具制作创意文字版式
难易指数	★★★★★
技术掌握	● 椭圆形工具 ● 涂抹工具 ● 文本工具 ● 钢笔工具

扫码深度学习

💡 操作思路

本案例首先通过椭圆形工具和涂抹工具在画面中制作出不规则的圆形；接着使用文本工具在画面中适当的位置输入文字；最后使用钢笔工具绘制图形。

🖱 案例效果

案例效果如图7-65所示。

图7-65

实例122 制作扭曲的背景图形

🎤 操作步骤

01 新建一个A4尺寸的竖版文档。选择椭圆形工具，在画面的中心位置按住Ctrl键的同时按住鼠标左键拖动，绘制一个正圆形。设置"填充色"为深蓝色，并在调色板中去除轮廓色，如图7-66所示。

图7-66

02 在正圆形被选中的状态下，选择涂抹工具，在属性栏中设置"笔尖半径"为20.0mm、"压力"为80，单击"平滑涂抹"按钮，设置完成后在正圆形上按住鼠标左键拖动，

将正圆形变形，如图7-67所示。

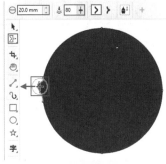

图7-67

03 使用同样的方法，继续将正圆形变形，效果如图7-68所示。

图7-68

实例123 制作不规则分布的文字

🎤 操作步骤

01 选择文本工具，在正圆形上单击鼠标左键插入光标，建立文字输入的起始点，输入相应的文字。接着选中文字，在属性栏中设置合适的字体、字号，在右侧的调色板中使用鼠标左键单击白色色块，设置文字颜色，如图7-69所示。

图7-69

02 在文字被选中的状态下，执行菜单"对象>拆分"命令，将文字进行拆分，如图7-70所示。

图7-70

03 双击字母P，当字母的控制点变为弧形双箭头控制点时，通过拖动左上角的双箭头控制点将其向左上方拖动进行旋转，效果如图7-71所示。

图7-71

04 使用同样的方法，将其他文字进行旋转并放置在适当的位置，如图7-72所示。

图7-72

05 继续使用文本工具在图形上输入其他白色文字并将其旋转至合适角度，效果如图7-73所示。

图7-73

06 导入素材"1.png"，效果如图7-74所示。

图7-74

07 继续使用文本工具在画面的上方输入黑色文字，如图7-75所示。

图7-75

08 在使用文本工具的状态下，在文字前方单击插入光标，然后按住鼠标左键向后拖动，选中第一个字母，然后在属性栏中更改字号，效果如图7-76所示。

图7-76

09 选择钢笔工具，沿着文字的轮廓绘制一个不规则图形，设置该图形的填充色为红色，并去除轮廓色，效果如图7-77所示。

图7-77

10 使用鼠标右键单击该图形，在弹出的快捷菜单中执行"顺序>向后一层"命令，将其移动到文字的后方，如图7-78所示。

图7-78

11 选中文字，在右侧的调色板中使用鼠标左键单击白色色块，更改文字颜色，如图7-79所示。

图7-79

12 按住Shift键加选文字和红色的图形，再次在文字上单击鼠标左键，此时图形和文字的控制点变为弧形双箭头控制点，通过拖动左上角的双箭头控制点将其向左旋转，效果如图7-80所示。

图7-80

13 继续使用文本工具在画面的下方输入深蓝色文字并将其进行适当的旋转，如图7-81所示。

图7-81

136

14 选择钢笔工具，在画面的右下方绘制一个不规则图形，如图7-82所示。

图7-82

15 在右侧的调色板中使用鼠标右键单击☐按钮，去除轮廓色，接着设置"填充色"为蓝色，效果如图7-83所示。

图7-83

16 此时创意文字版式制作完成，最终效果如图7-84所示。

图7-84

扫码深度学习

操作思路

本案例首先通过矩形工具和钢笔工具在画面中绘制图形；接着将素材导入到文档中，执行"PowerClip内部"命令，将素材置于不规则多边形的图文框内部；然后使用钢笔工具和文本工具在画面中绘制图形并输入文字；最后使用矩形工具制作画册中间的阴影部分。

案例效果

案例效果如图7-85所示。

图7-85

实例124 制作画册内页图形

操作步骤

01 执行菜单"文件>新建"命令，新建一个"宽度"为560.0mm、"高度"为222.0mm的文档。创建一个与画板等大的矩形。设置"填充色"为灰色，效果如图7-86所示。

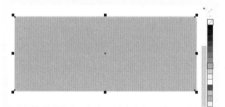

图7-86

02 继续使用矩形工具在刚刚制作的灰色矩形上绘制一个稍小的矩形，在属性栏中设置"轮廓宽度"为0.2mm。选中该矩形，在右侧的调色板中使用鼠标右键单击白色色块，设置轮廓色。使用鼠标左键单击浅灰色色块，为矩形填充颜色，如图7-87所示。

03 在该矩形被选中的状态下，选择阴影工具，在矩形上按住Shift键的同时按住鼠标左键向右拖动，制作矩形的阴影效果。在属性栏中设置"阴影颜色"为黑色，"合并模式"为"乘"，"阴影不透明度"为50，

"阴影羽化"为15，如图7-88所示。

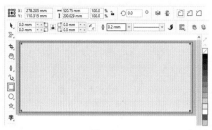

图7-87

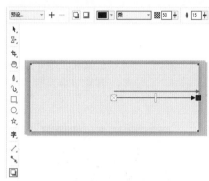

图7-88

04 导入素材"1.jpg"，如图7-89所示。

图7-89

05 选择钢笔工具，在素材"1.jpg"上绘制一个四边形，如图7-90所示。

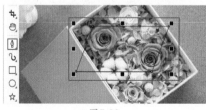

图7-90

06 选中该素材，执行菜单"对象>PowerClip>置于图文框内部"命令，当光标变成黑色粗箭头时，单击刚刚绘制的四边形，即可实现位图的精确剪裁。然后在右侧的调色板中使用鼠标右键单击☐按钮，去除轮廓色，效果如图7-91所示。

图7-91

实例125 制作画册内页文字

操作步骤

01 继续使用钢笔工具在画面的左侧绘制四边形，设置"填充色"为黑色，如图7-92所示。

图7-92

02 选择文本工具，在四边形上单击鼠标左键，建立文字输入的起始点，输入相应的文字。接着选中文字，在属性栏中设置合适的字体、字号，然后在右侧的调色板中使用鼠标左键单击苔绿色色块，为文字设置颜色，如图7-93所示。

图7-93

03 再次使用钢笔工具在蓝灰色文字下方绘制一个四边形，如图7-94所示。

图7-94

04 选择文本工具，在四边形上单击鼠标左键插入光标，建立文字输入的起始点，输入相应的文字。接着选中文字，在属性栏中设置合适的字体、字号。设置文字对齐方式为"两端对齐"，并在调色板中设置文字颜色为白色。最后选中文本框，在右侧的调色板中使用鼠标右键单击☑按钮，去除四边形轮廓色，如图7-95所示。

图7-95

05 使用同样的方法，制作右侧的图形和文字，如图7-96所示。

图7-96

06 选择矩形工具，在画面的左侧按住鼠标左键拖动绘制一个矩形。接着设置一个白色到黑色的渐变颜色，并去除轮廓色，如图7-97所示。

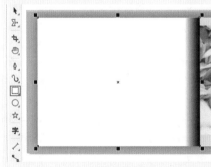

图7-97

07 选择透明度工具，在属性栏中单击"均匀透明度"按钮，设置

"合并模式"为"乘"、"透明度"为60，然后单击"全部"按钮，此时矩形效果如图7-98所示。

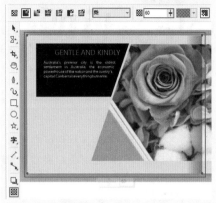

图7-98

08 选中刚刚绘制的矩形，按住Shift键的同时按住鼠标左键向右拖动，到合适位置后按鼠标右键进行复制，如图7-99所示。

图7-99

09 在复制出的图形被选中的状态下，在属性栏中单击"水平镜像"按钮，将其进行水平翻转。最终效果如图7-100所示。

图7-100

要点速查：区域文字

"区域文字"是指在封闭的图形内创建的文本，区域文本的外轮廓呈现出封闭图形的形态，所以通过创建区域文字可以在不规则图形范围内排列大量的文字。

首先绘制一个封闭的图形，并选择这个封闭的图形。选择文本工具，将光标移动至闭合路径内，此时光标变为I形状，按住鼠标左键单击，如图7-101所示。

输入文字，随着文字的输入可以发现文本出现在封闭的路径内，如图7-102所示。

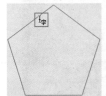
图7-101

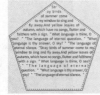
图7-102

7.6 创建路径文字制作海报

文件路径	第7章＼创建路径文字制作海报
难易指数	★★★★★
技术掌握	● 文本工具 ● 钢笔工具 ● 椭圆形工具

扫码深度学习

操作思路

本案例首先通过文本工具在画面中输入文字；然后使用钢笔工具和文本工具在画面中适当的位置创建路径文字；最后使用椭圆形工具在画面的左上方绘制正圆形。

案例效果

案例效果如图7-103所示。

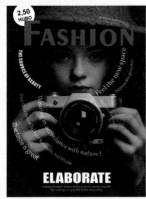
图7-103

实例126　创建主体文字

操作步骤

01 新建一个空白文档，导入素材"1.jpg"，如图7-104所示。

图7-104

02 选择文本工具，在画面的上方单击鼠标左键插入光标，建立文字输入的起始点，输入相应的文字。接着选中文字，在属性栏中设置合适的字体、字号，并设置文字颜色为深紫色，如图7-105所示。

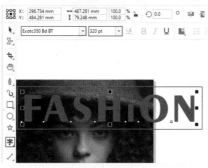
图7-105

03 将光标移动到字母A后侧，按住鼠标左键向前拖动将其选中，在属性栏中更改字体大小，如图7-106所示。

图7-106

04 使用同样的方法，更改其他字母大小，并适当调整字母间距，效

果如图7-107所示。

图7-107

05 使用同样的方法，在画面的下方输入其他文字，效果如图7-108所示。

图7-108

06 选择钢笔工具，在画面的左上方绘制一个路径，如图7-109所示。

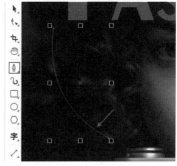
图7-109

07 选择文本工具，将光标定位到路径上，当光标变为形状时，单击鼠标左键建立文字输入的起始点，如图7-110所示。

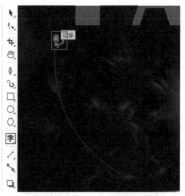
图7-110

08 接着在画面中输入相应的白色文字，选中文字，在属性栏中设置

合适的字体、字号，效果如图7-111所示。

图7-111

09 使用同样的方法，继续在画面中合适位置绘制路径并输入路径文字，效果如图7-112所示。

图7-112

实例127 制作辅助文字与图形

🎙️操作步骤

01 选择椭圆形工具，在画面的左上角按住Ctrl键的同时按住鼠标左键拖动绘制一个正圆形。选中该正圆形，在右侧的调色板中使用鼠标右键单击☑按钮，去除轮廓色。使用鼠标左键单击白色色块，为正圆形填充颜色，如图7-113所示。

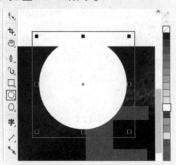

图7-113

02 再次选择文本工具，在该正圆形上方输入相应的文字，如图7-114所示。

图7-114

03 在选择文字的状态下，再次单击该文字，此时文字的控制点变为双箭头控制点，通过拖动右上角的双箭头控制点将其旋转，效果如图7-115所示。

图7-115

04 选中白色正圆形，多次按快捷键Ctrl+Page Down将其移动到紫色文字的后方，如图7-116所示。

图7-116

05 使用快捷键Ctrl+A将画面中的所有图形文字全选，使用快捷键Ctrl+G进行组合，然后选择矩形工具，在画面中绘制一个与画板等大的矩形，如图7-117所示。

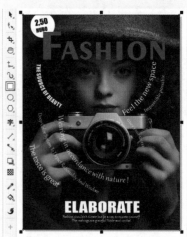

图7-117

06 选择组合对象，执行菜单"对象>PowerClip>置于图文框内部"命令，当光标变成黑色粗箭头时，单击刚刚绘制的矩形，效果如图7-118所示。

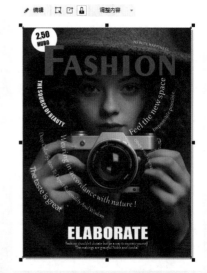

图7-118

07 在右侧的调色板中使用鼠标右键单击☑按钮，去掉轮廓色。最终效果如图7-119所示。

图7-119

7.7 创建路径文字制作简约文字海报

文件路径	第7章\创建路径文字制作简约文字海报
难易指数	★★★★★
技术掌握	● 钢笔工具 ● 文本工具 ● 椭圆形工具

📱扫码深度学习

操作思路

本案例首先使用钢笔工具在画面绘制曲线和文字的路径；接着使用文本工具在画面中输入文字；最后使用椭圆形工具和钢笔工具在画面中绘制图形。

案例效果

案例效果如图7-120所示。

图7-120

实例128 制作带有阴影的图形

操作步骤

01 执行菜单"文件>新建"命令，创建一个"宽度"为296.0mm、"高度"为185.0mm的文档。双击矩形工具，创建一个与画板等大的矩形。设置"颜色"为青色，如图7-121所示。

图7-121

02 导入食物素材"1.png"，如图7-122所示。

图7-122

03 选中该素材，选择阴影工具，按住鼠标左键在图形中间位置向右拖动制作阴影效果。然后在属性栏中设置"阴影颜色"为黑色、"合并模式"为"乘"、"阴影不透明度"为50、"阴影羽化"为6，效果如图7-123所示。

图7-123

04 选择钢笔工具，在画面中绘制一条弧形路径，如图7-124所示。

图7-124

05 在该路径被选中的状态下，双击位于界面底部状态栏中的"轮廓笔"按钮，在弹出的"轮廓笔"对话框中设置"颜色"为白色、"宽度"为0.75mm，在"风格"下拉列表中选择一个合适的"虚线"样式，设置完成后单击OK按钮，如图7-125所示。此时画面效果如图7-126所示。

所示。

图7-125

图7-126

06 在该路径被选中的状态下，单击鼠标右键执行"顺序>向后一层"命令，将其移动到食物素材的后方，效果如图7-127所示。

图7-127

07 使用同样的方法，继续在画面中绘制其他白色路径，效果如图7-128所示。

图7-128

实例129 制作带有弧度的文字

操作步骤

01 再次选择钢笔工具，在画面的上方绘制路径，如图7-129所示。选择文本工具，将光标定位到路径上，

当光标变为 形状时，单击鼠标左键建立文字输入的起始点，如图7-130所示。

图7-129

图7-130

02 接着在路径上方输入文字，选中文字，在属性栏中设置合适的字体、字号，在右侧的调色板中使用鼠标左键单击白色色块，设置文字颜色，效果如图7-131所示。

图7-131

03 继续使用文本工具在画面的下方输入其他白色文字，效果如图7-132所示。

04 选择椭圆形工具，在画面中适当的位置按住Ctrl键并按住鼠标左键拖动绘制一个正圆形。选中该正圆形，设置"填充色"为紫色并去除轮廓色，效果如图7-133所示。

图7-132

图7-133

05 使用同样的方法，继续在画面中绘制不同大小的正圆形，效果如图7-134所示。

图7-134

06 选择钢笔工具，在画面的右侧绘制一个不规则图形，如图7-135所示。

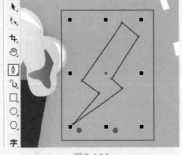

图7-135

07 选中该图形，在右侧的调色板中使用鼠标右键单击☑按钮，去除轮廓色，并设置"填充色"为紫色，效果如图7-136所示。

图7-136

08 继续使用钢笔工具在画面中绘制其他紫色图形。最终效果如图7-137所示。

图7-137

7.8 动物保护主题公益广告设计

文件路径	第7章\动物保护主题公益广告设计
难易指数	★★★★★
技术掌握	● 矩形工具 ● 文本工具 ● 椭圆形工具 ● 钢笔工具 ● 阴影工具

💡操作思路

本案例首先使用矩形工具制作背景和分割线；然后使用文本工具在画面中输入文字；接着使用椭圆形工具和钢笔工具绘制图标；最后将素材导入到文档中并通过阴影工具制作阴影效果。

案例效果

案例效果如图7-138所示。

图7-138

实例130 制作动物保护主题公益广告

操作步骤

01 执行菜单"文件>新建"命令，创建一个文档。双击矩形工具，创建一个与画板等大的矩形。设置合适的填充色，并去除轮廓色，效果如图7-139所示。

图7-139

02 继续使用矩形工具在画面的下方按住鼠标左键拖动，绘制一个矩形。设置"填充色"为白色，去除轮廓色，效果如图7-140所示。

图7-140

03 导入素材"1.png"，效果如图7-141所示。

04 选择文本工具，在画面的左侧单击鼠标左键插入光标，建立文字输入的起始点，输入相应的文字。接

着选中文字，在属性栏中选择合适的字体、字号，在右侧的调色板中左键单击60%黑色色块，设置文字颜色，如图7-142所示。

图7-141

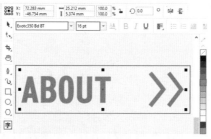

图7-142

05 继续使用文本工具在该文字的下方输入一行文字并设置不同的颜色，效果如图7-143所示。

图7-143

06 选择矩形工具，在文字的下方按住鼠标左键拖动绘制一个矩形。在该矩形被选中的状态下，在右侧的调色板中使用鼠标右键单击⊠按钮，去除轮廓色。使用鼠标左键单击40%黑色色块，为矩形填充颜色，如图7-144所示。

图7-144

07 选择文本工具，在画面中适当的位置按住鼠标左键从左上角向右下角拖动，创建一个文本框，如

图7-145所示。

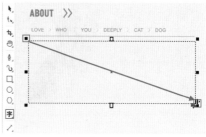

图7-145

08 接着在属性栏中设置合适的字体、字号，设置完成后在文本框内输入文字。在右侧的调色板中左键单击70%黑色按钮，为文字设置颜色，效果如图7-146所示。

图7-146

09 在使用文本工具的状态下，选中部分文字，在右侧的调色板中更改文字颜色，如图7-147所示。

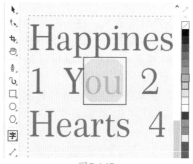

图7-147

10 使用同样的方法，继续改变其他文字的颜色，效果如图7-148所示。

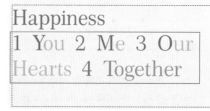

图7-148

11 继续使用文本工具在画面中输入其他文字，效果如图7-149所示。

图7-149

12 选择椭圆形工具，在画面中适当的位置按住Ctrl键的同时按住鼠标左键拖动绘制一个正圆形。接着在属性栏中设置"轮廓宽度"为0.2mm，设置完成后在右侧的调色板中使用鼠标右键单击40%黑色色块，设置椭圆形的轮廓色，如图7-150所示。

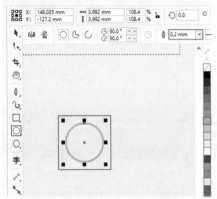

图7-150

13 选择钢笔工具，在正圆形内绘制一个尖角图形。选中该图形，在右侧的调色板中使用鼠标左键单击40%黑色色块，设置填充色。使用鼠标右键单击⊘按钮，去除轮廓色，效果如图7-151所示。

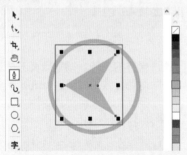

图7-151

14 按住Shift键加选该图形和刚刚制作的正圆形，使用快捷键Ctrl+G进行组合。接着按住Shift键的同时按住鼠标左键向右拖动到合适位置后，单击鼠标右键进行复制，如图7-152所示。

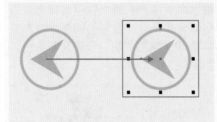

图7-152

15 选择右侧的图形组，在属性栏中单击"水平镜像"按钮，将其进行水平翻转，效果如图7-153所示。

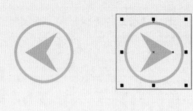

图7-153

16 导入素材"2.jpg"，如图7-154所示。

图7-154

17 选中该素材，选择阴影工具，按住鼠标左键在素材中间位置向右下方拖动制作阴影，接着在属性栏中设置"阴影颜色"为黑色、"合并模式"为"乘"、"阴影不透明度"为50、"阴影羽化"为15，此时效果如图7-155所示。

图7-155

18 此时动物保护主题公益广告制作完成，最终效果如图7-156所示。

图7-156

7.9 企业宣传三折页设计

文件路径	第7章\企业宣传三折页设计
难易指数	★★★★★
技术掌握	● 矩形工具 ● 椭圆形工具 ● 钢笔工具 ● 文本工具 ● 透明度工具 ● 交互式填充工具

扫码深度学习

操作思路

本案例首先通过矩形工具将画面分为3个部分；接着使用椭圆形工具、透明度工具和交互式填充工具在画面中绘制不同的正圆形；再使用文本工具在适当的位置输入文字，并使用矩形工具在文字下方绘制矩形；最后使用钢笔工具绘制弯曲的线段。

案例效果

案例效果如图7-157所示。

图7-157

实例131 制作企业宣传三折页设计

操作步骤

01 执行菜单"文件>新建"命令，创建一个"宽度"为284.0mm，"高度"为209.0mm的文档。绘制一个与画面等高的蓝色矩形，效果如图7-158所示。

图7-158

02 选中该矩形，按住Shift键的同时按住鼠标左键向右拖动，至合适位置后单击鼠标右键进行复制。复制出两个矩形，并更改颜色，如图7-159所示。

图7-159

03 执行菜单"文件>导入"命令，导入蓝天素材"1.png"，如图7-160所示。

图7-160

04 选择椭圆形工具，在蓝天素材上按住Ctrl键的同时按住鼠标左键拖动绘制一个正圆形，如图7-161所示。

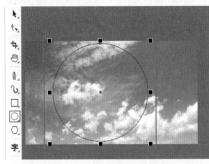

图7-161

05 选中蓝天素材，执行菜单"对象>PowerClip>置于图文框内部"命令，当光标变成黑色粗箭头时，单击刚绘制的正圆形，即可实现位图的精确剪裁。接着在右侧的调色板中使用鼠标右键单击☑按钮，去除轮廓色，效果如图7-162所示。

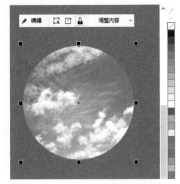

图7-162

06 继续使用椭圆形工具在蓝天素材上再次绘制一个正圆形，在右侧的调色板中使用鼠标右键单击☑按钮，去除轮廓色。设置"填充色"为天蓝色，如图7-163所示。

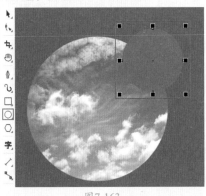

图7-163

07 在该正圆形被选中的状态下，单击鼠标右键执行"顺序>向后一层"命令，将其移动到蓝天素材的后方，效果如图7-164所示。

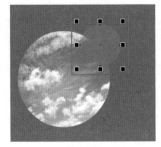

图7-164

08 继续在蓝天素材的下方绘制一个正圆形。然后选择交互式填充工具，在属性栏中单击"渐变填充"按钮，设置"渐变类型"为"线性渐变填充"，然后编辑一个蓝色系的渐变颜色，如图7-165所示。

图7-165

09 在右侧的调色板中使用鼠标右键单击☑按钮，去除轮廓色，效果如图7-166所示。

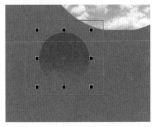

图7-166

10 选择文本工具，在渐变的正圆形上单击鼠标左键插入光标，建立文字输入的起始点，输入文字，接着选中文字，在属性栏中设置合适的字体、字号，在右侧的调色板中使用鼠标左键单击白色色块，设置文字颜色，效果如图7-167所示。

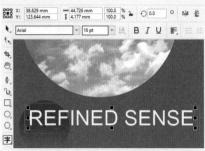

图7-167

11 使用同样的方法，继续在画面中输入其他文字，如图7-168所示。

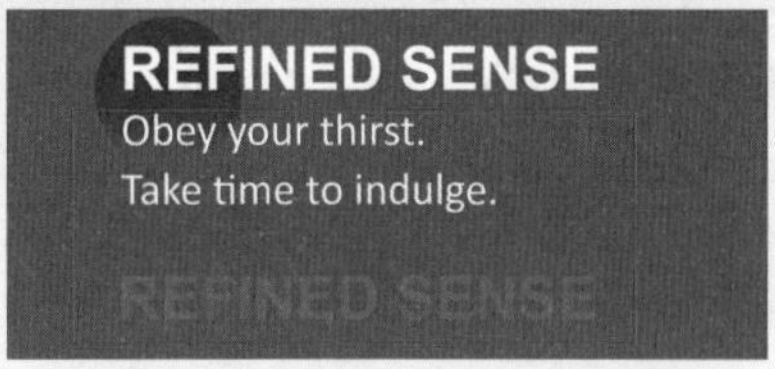

REFINED SENSE
Obey your thirst.
Take time to indulge.

图7-168

12 继续使用文本工具，在刚刚输入的文字下方按住鼠标左键从左上角向右下角拖动，创建一个文本框，如图7-169所示。

图7-169

13 在文本框中输入相应的文字，使用选择工具选中文本框，在属性栏中设置合适的字体、字号，效果如图7-170所示。

图7-170

实例132 制作中间页面

🎙 操作步骤

01 继续使用椭圆形工具在画面的中心位置绘制一个蓝色的正圆形，如图7-171所示。

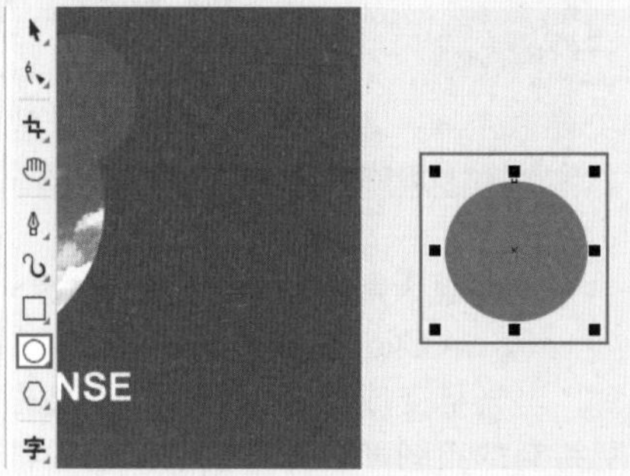

图7-171

02 选择钢笔工具，在正圆形的右侧绘制一个路径，绘制完成后在属性栏中设置"轮廓宽度"为1.0mm，设置"轮廓色"为蓝灰色，效果如图7-172所示。

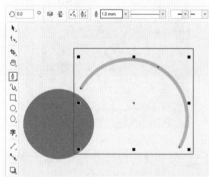

图7-172

03 使用同样的方法，再次绘制一条路径，效果如图7-173所示。半圆弧形也可以使用椭圆形工具绘制半个圆形，然后使用刻刀工具进行切分。

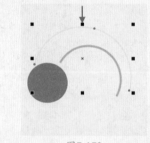

图7-173

04 选择文本工具，在刚刚绘制的正圆形下方输入不同字体、字号和不同颜色的文字，效果如图7-174所示。

CHARACTERISTIC
MODERN SEASON

ELABORATE
To me, the past is black and white,
but the future is always color.

REFINED SENSE
Being single is better
than being in an unfaithful relationship.

FASHION SCENE
More pastel,
more passion

COLORED

图7-174

05 选择矩形工具，在刚刚输入的文字下方绘制一个矩形。选中该矩形，在右侧的调色板中使用鼠标右键单击☑按钮，去除轮廓色并设置"填充色"为蓝色，如图7-175所示。

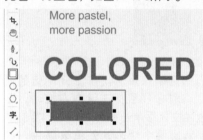

图7-175

06 继续在该矩形下方绘制其他不同大小的蓝色矩形，如图7-176所示。

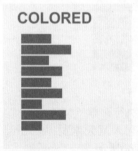

图7-176

07 选择文本工具，在刚刚制作的矩形上输入适当的文字，效果如图7-177所示。

图7-177

实例133 制作右侧页面

操作步骤

01 导入素材 "2.jpg"，如图7-178所示。

图7-178

02 选择钢笔工具，在该素材上绘制一个不规则图形，如图7-179所示。选择刚刚导入的素材，执行菜单 "对象>PowerClip>置于图文框内部" 命令，当光标变成黑色粗箭头时，单击刚刚绘制的不规则图形，即可实现位图的精确剪裁，最后去除轮廓色，如图7-180所示。

图7-179

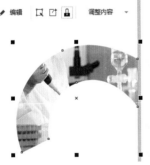

图7-180

03 使用同样的方法，再次导入素材 "2.jpg"，然后执行 "PowerClip内部" 命令，将素材置于图文框内部，并放置在适当的位置，效果如图7-181所示。

04 选择椭圆形工具，在画面的右侧绘制一个正圆形。选中该正圆形，在右侧的调色板中使用鼠标右键

单击☑按钮，去除轮廓色，并设置 "填充色" 为蓝色，效果如图7-182所示。

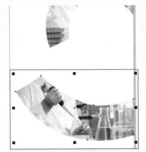

图7-181

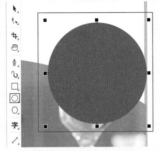

图7-182

05 选择透明度工具，在属性栏中单击 "均匀透明度" 按钮，设置 "透明度" 为20，效果如图7-183所示。

图7-183

06 使用同样的方法，在该正圆形下方再次绘制一个半透明的正圆形，如图7-184所示。

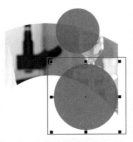

图7-184

07 选择钢笔工具，在刚刚绘制的正圆形左侧绘制一条曲线，在属性栏中设置 "轮廓宽度" 为1.5mm，并设置 "轮廓色" 为深蓝色，效果如图7-185所示。

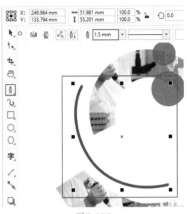

图7-185

08 继续使用钢笔工具在该曲线左侧绘制其他长度不同且颜色不同的曲线，效果如图7-186所示。

图7-186

09 选择文本工具，在刚才制作的正圆形下方输入相应的蓝灰色文字，如图7-187所示。

图7-187

10 在使用文本工具的状态下，在该文字下方按住鼠标左键拖动创建一个文本框，如图7-188所示。

11 在文本框中输入相应的文字，选中文字，在属性栏中设置合适的字体、字号，效果如图7-189所示。

12 继续使用同样的方法，在该段落文字下方输入其他文字，效果如图7-190所示。

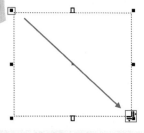

图7-188

图7-189

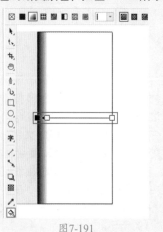

图7-190

13 选择矩形工具，在画面的右侧绘制一个矩形。选中该矩形，接着选择交互式填充工具，在属性栏中单击"渐变填充"按钮，设置"渐变类型"为"线性渐变填充"，然后编辑一个黑色到白色的渐变颜色，如图7-191所示。

图7-191

14 选择透明度工具，在属性栏中单击"渐变透明度"按钮，设置"合并模式"为"乘"、"渐变类型"为"线性渐变透明度"，然后设置"左侧节点透明度"为76，并去除轮廓色，效果如图7-192所示。

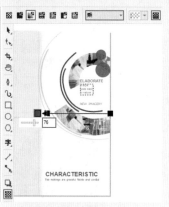

图7-192

15 此时企业宣传三折页设计制作完成，最终效果如图7-193所示。

图7-193

7.10 艺术品画册内页设计

文件路径	第7章\艺术品画册内页设计
难易指数	★★★★★
技术掌握	● 矩形工具 ● 阴影工具 ● 钢笔工具 ● 文本工具 ● 交互式填充工具 ● 透明度工具

🔍 扫码深度学习

💡 操作思路

本案例首先通过矩形工具在画面中绘制矩形，并使用阴影工具添加阴影；接着使用钢笔工具在画面中绘制图形，并使用文本工具输入文字；然后使用矩形工具在画面的右侧绘制一个矩形；最后使用交互式填充工具和透明度工具制作折叠效果。

🖱 案例效果

案例效果如图7-194所示。

图7-194

实例134 制作画册内页背景图及色块

🎤 操作步骤

01 执行菜单"文件>新建"命令，创建一个A4尺寸的横版文档。双击矩形工具，创建一个与画板等大的矩形。设置"填充色"为灰色，去除轮廓色，效果如图7-195所示。

图7-195

02 再次使用矩形工具在该灰色矩形上绘制一个稍小的矩形，在右侧的调色板中使用鼠标右键单击☑按钮，去除轮廓色，并设置"填充色"为橙色，效果如图7-196所示。

03 选中橙色矩形，选择阴影工具，按住鼠标左键从矩形中间位置向右拖动，为矩形添加阴影效果，在属性栏中设置阴影颜色为黑色、

艺境 中文版CorelDRAW图形创意设计与制作全视频 实践228例 溢彩版

"合并模式"为"乘"、"阴影不透明度"为60、"阴影羽化"为5，如图7-197所示。

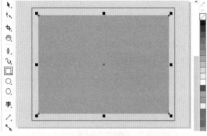

图7-196

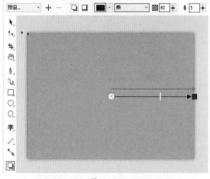

图7-197

04 导入素材"1.jpg"，如图7-198所示。

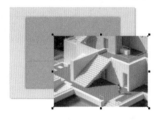

图7-198

05 将素材移动到橙色矩形上方，选中素材，选择透明度工具，在属性栏中单击"均匀透明度"按钮，设置"合并模式"为"叠加"、"透明度"为0，如图7-199所示。

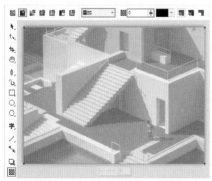

图7-199

06 选中该素材，在属性栏中单击"水平镜像"按钮，效果如图7-200所示。

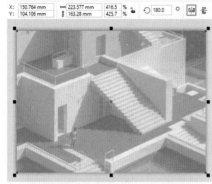

图7-200

07 选择钢笔工具，在画面中绘制一个不规则的图形。选中该图形，在右侧的调色板中使用鼠标右键单击☒按钮，去除轮廓色，并设置"填充色"为红色，效果如图7-201所示。

图7-201

08 继续使用钢笔工具在该图形的左上方绘制一个黑色的不规则图形，效果如图7-202所示。

图7-202

实例135 制作画册内页文字

🎙️操作步骤

01 选择文本工具，在黑色的图形上单击鼠标左键插入光标，建立文字输入的起始点，输入相应的文字，选中文字，在属性栏中设置合适的字

体、字号，在右侧的调色板中使用鼠标左键单击白色色块，设置文字颜色，如图7-203所示。

图7-203

02 使用同样的方法，在画面的右侧输入其他文字，效果如图7-204所示。

图7-204

03 继续使用文本工具在画面右侧按住鼠标左键从左上角向右下角拖动，创建一个文本框。在文本框中输入相应的文字，选中文字，在属性栏中设置合适的字体、字号，效果如图7-205所示。

图7-205

04 在使用文本工具的状态下，在文字的前方单击插入光标，按住鼠标左键向后拖动，选中一段文字，在右侧的调色板中更改字体颜色为白色，如图7-206所示。

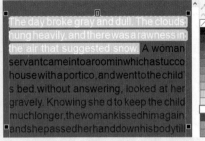

图7-206

05 使用同样的方法，为其他文字更改字体颜色，效果如图7-207所示。

图7-207

06 继续使用同样的方法，在该段落文字的右侧制作其他段落文字，效果如图7-208所示。

图7-208

07 选择选择工具，按住Shift键加选右侧的所有文字，然后在文字组上单击鼠标左键，此时文字组的控制点变为双箭头控制点，拖动右上角的双箭头控制点进行旋转，效果如图7-209所示。

图7-209

08 选择矩形工具，在画面的右侧按住鼠标左键拖动，绘制一个矩形。选中该矩形，接着选择交互式填充工具，在属性栏中单击"渐变填充"按钮，设置"渐变类型"为"线性渐变填充"，然后编辑一个灰色到白色的渐变颜色，并去除轮廓色，如图7-210所示。

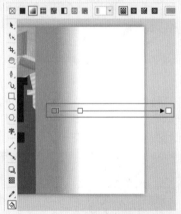

图7-210

09 在该矩形被选中的状态下，选择透明度工具，在属性栏中单击"均匀透明度"按钮，设置"合并模式"为"乘"、"透明度"为0，效果如图7-211所示。

图7-211

10 此时艺术品画册内页设计制作完成，最终效果如图7-212所示。

图7-212

第8章

标志与VI设计

8.1 带有投影的文字标志

文件路径	第 8 章 \ 带有投影的文字标志
难易指数	★★★★★
技术掌握	● 钢笔工具 ● 矩形工具 ● 椭圆形工具 ● 阴影工具 ● 透明度工具

扫码深度学习

操作思路

本案例首先使用钢笔工具分别绘制出4个多边形，为其填充合适的颜色作为背景；然后使用矩形工具和椭圆形工具在画面中分别绘制出白色矩形和正圆形，并为其添加"投影"效果；最后为画面添加多个彩色多边形作为装饰。

案例效果

案例效果如图8-1所示。

图8-1

实例136 制作标志的背景效果

操作步骤

01 执行菜单"文件>新建"命令，新建一个"宽度"为200.0mm、"高度"为200.0mm的文档。选择钢笔工具，在画面的左侧绘制一个三角形，如图8-2所示。

02 选中该三角形，选择交互式填充工具，在属性栏中单击"均匀

填充"按钮，设置"填充色"为艳粉色。然后在右侧的调色板中使用鼠标右键单击☐按钮，去除轮廓色，如图8-3所示。

图8-2

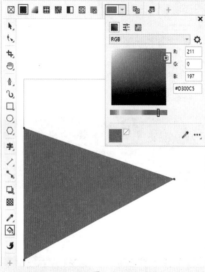

图8-3

03 继续使用同样的方法，绘制出右侧三角形，如图8-4所示。

04 使用钢笔工具在画面的上方绘制一个多边形，如图8-5所示。

05 选中多边形，选择交互式填充工具，接着在属性栏中单击"均匀填充"按钮，设置"填充色"为深蓝色。然后在右侧的调色板中使用鼠标

图8-4

右键单击☐按钮，去除轮廓色，如图8-6所示。

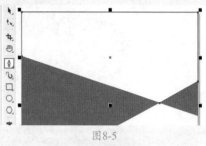

图8-5

图8-6

06 继续使用同样的方法，在画面下方绘制一个深蓝色的图形，此时背景绘制完成，效果如图8-7所示。

图8-7

实例137 制作标志的文字部分

操作步骤

01 选择矩形工具，在画面左侧绘制一个白色矩形，如图8-8所示。

02 为矩形制作投影。选中白色矩形，选择阴影工具，在矩形中间位置按住鼠标左键向左拖动添加阴影效果，在属性栏中设置"阴影颜色"为黑色、"合并模式"为"乘"、"阴

影不透明度"为50、"阴影羽化"为40，效果如图8-9所示。

图8-8

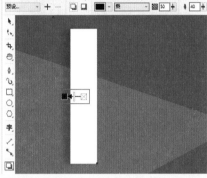

图8-9

03 选择椭圆形工具，在白色矩形的右侧按住Ctrl键的同时按住鼠标左键拖动绘制出一个正圆形。选中正圆形，在属性栏中设置"轮廓宽度"为16.0mm。在右侧的调色板中使用鼠标右键单击白色按钮，为正圆形设置轮廓色，效果如图8-10所示。

图8-10

04 为正圆形制作投影。选中白色正圆形，选择阴影工具，在其中间位置按住鼠标左键向左拖动添加阴影效果，然后在属性栏中设置"阴影颜色"为黑色、"合并模式"为"乘"、"阴影不透明度"为50、"阴影羽化"为15，效果如图8-11

所示。

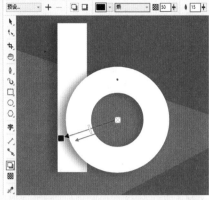

图8-11

05 按住Shift键单击加选此处的艺术字图形，向右移动复制。在属性栏中单击"水平镜像"按钮和"垂直镜像"按钮，然后将复制的艺术字向下移动至合适位置，如图8-12所示。

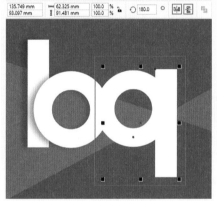

图8-12

06 使用相同的方法分别为图形添加阴影，如图8-13所示。

图8-13

07 使用文本工具，在右侧文字的下方输入其他文字，如图8-14所示。

08 选择钢笔工具，在左侧文字的下方绘制一个橙色图形，去除轮廓色，效果如图8-15所示。

09 选中橙色图形，使用快捷键Ctrl+C将其复制，接着使用快捷

键Ctrl+V进行粘贴，将新复制出来的图形向右下移动至合适的位置，然后将颜色更改为深蓝色，如图8-16所示。

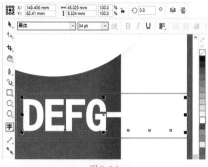

图8-14

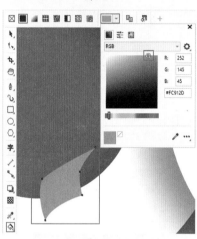

图8-15

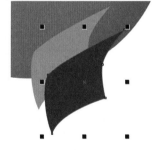

图8-16

10 选中深蓝色图形，执行"效果>模糊>高斯式模糊"命令，在弹出的"高斯式模糊"对话框中设置半径为6.0像素，然后单击OK按钮，如图8-17所示。

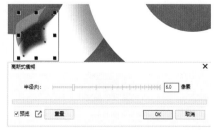

图8-17

11 选择透明度工具，在属性栏中单击"均匀透明度"按钮，设置"合并模式"为"乘"、"透明度"为50。选择该图形，按住鼠标右键单击，在弹出的快捷菜单中执行"顺序>向后一层"命令，此时画面效果如图8-18所示。

图8-18

12 使用同样的方法，继续绘制画面中其他的装饰图形，完成效果如图8-19所示。

图8-19

8.2 卡通感文字标志设计

文件路径	第8章\卡通感文字标志设计
难易指数	★★★★★
技术掌握	● 矩形工具 ● 形状工具 ● 文本工具 ● 交互式填充工具

扫码深度学习

操作思路

本案例首先使用矩形工具制作一个深色矩形作为画面的背景；然后使用文本工具在画面中输入文字并将其变形；接着为文字制作出厚度、投影及高光；最后导入动物素材，并将其放置在合适的位置。

案例效果

案例效果如图8-20所示。

图8-20

实例138 制作变形文字

操作步骤

01 新建一个"宽度"为300.0mm、"高度"为190.0mm的横版文档。绘制一个与画板等大的矩形，并设置"填充色"为深棕色，如图8-21所示。

图8-21

02 选择文本工具，在矩形上方单击鼠标左键，建立文字输入的起始点，输入相应的文字，选中文字，在属性栏中设置合适的字体、字号，并在右侧的调色板中使用鼠标左键单击白色色块，为文字设置颜色，如图8-22所示。

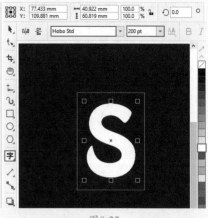

图8-22

03 使用鼠标右键单击字母S，在弹出的快捷菜单中执行"转换为曲线"命令，接着选择形状工具，在字母上方单击，此时可以看到曲线上出现一系列节点，单击字母上方的节点将其选中，通过拖动该节点，将字母S变形，如图8-23所示。

图8-23

04 继续调整字母S的其他节点，将字母继续变形，效果如图8-24所示。

图8-24

05 选中变形后的字母，选择交互式填充工具，接着在属性栏中单击"均匀填充"按钮，设置"填充色"为黄绿色，如图8-25所示。

06 选中变形后的字母S，复制一份并适当缩小。选中复制的字母，选择交互式填充工具，在属性栏中单击"渐变填充"按钮，编辑一个橙色系的渐变颜色，如图8-26所示。

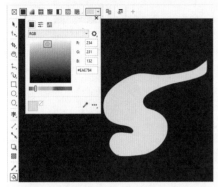

图8-25

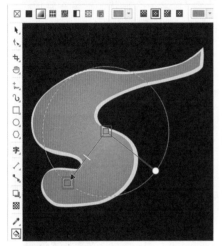

图8-26

07 制作文字的厚度。选中带有橙色渐变色的字母，复制一份并移动至其右侧，使用形状工具将其变形，如图8-27所示。

图8-27

08 选择交互式填充工具，在属性栏中单击"渐变填充"按钮，设置"渐变类型"为"线性渐变填充"，接着在图形上方按住鼠标左键拖动调整控制杆的位置，然后编辑一个咖色系的渐变颜色，如图8-28所示。

图8-28

09 选中刚刚制作出的字母，将其放置在渐变橙色字母的上方，重复使用快捷键Ctrl+Page Down将其放置到文字的下方合适的位置，作为文字的厚度，效果如图8-29所示。

10 选中刚才绘制出的字母，将其复制一份，在右侧的调色板中设置其"填充色"为黑色，如图8-30所示。

图8-29

图8-30

11 保持选中黑色字母的状态下，选择透明度工具，在属性栏中单击"均匀透明度"按钮，设置"透明度"为50，效果如图8-31所示。

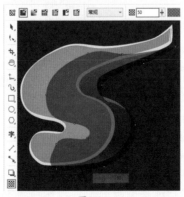

图8-31

12 多次使用快捷键Ctrl+Page Down将其放置到文字的下方并将其移至合适的位置，作为文字的投影，效果如图8-32所示。

图8-32

13 使用同样的方法，继续制作出其他文字，如图8-33所示。

图8-33

实例139　美化标志效果

操作步骤

01 为文字制作高光。使用椭圆形工具在字母S的左侧上方绘制一个亮灰色椭圆形，并将其旋转，如图8-34所示。

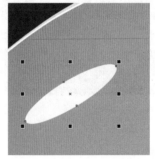

图8-34

02 使用同样的方法，继续绘制出其他字母的高光，如图8-35所示。

图8-35

03 导入素材"1.png"，并将其放置在文字右上角，如图8-36所示。

图8-36

04 选中卡通动物素材，选择阴影工具，在其中间位置按住鼠标左键向右拖动添加阴影效果。在属性栏中设置"阴影的不透明度"为65、"阴影羽化"为5、"阴影颜色"为黑色、"合并模式"为"乘"，如图8-37所示。最终效果如图8-38所示。

图8-37

图8-38

8.3 饮品店标志设计

文件路径	第8章\饮品店标志设计
难易指数	★★★★★
技术掌握	● 椭圆形工具 ● 钢笔工具 ● 交互式填充工具

🔍扫码深度学习

操作思路

本案例使用矩形工具制作一个与画板等大的矩形放置在画面中作为背景；使用椭圆形工具绘制草莓下面的圆形；接着在圆形上添加装饰，绘制草莓；最后在画面中输入相应的文字。

案例效果

案例效果如图8-39所示。

Spirit of Seduction

图8-39

实例140 制作标志背景效果

操作步骤

01 新建宽度为300.0mm、高度为210.0mm的横版文档，使用矩形工具绘制与画板等大的矩形，设置合适的填充色并去除轮廓色，如图8-40所示。

图8-40

02 选择椭圆形工具，在画面中按住Ctrl键的同时按住鼠标左键拖动绘制一个正圆形，设置"填充色"为深青色，去除轮廓色，如图8-41所示。

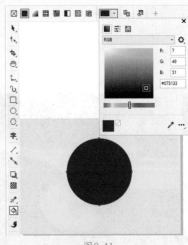

图8-41

03 使用钢笔工具在正圆形的左下方绘制一个形状，然后在属性栏中设置"轮廓宽度"为1.0mm，在右侧的调色板中使用鼠标右键单击黄色色块，设置轮廓色，如图8-42所示。

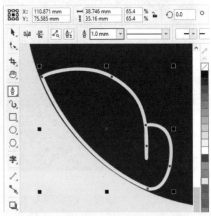

图8-42

04 继续使用同样的方法，绘制其他两个黄色图形，效果如图8-43所示。按住Shift键分别单击3个黄色图形将其进行加选，接着使用快捷键Ctrl+G进行组合。

图8-43

05 选中组合在一起的图形，设置"填充色"为绿色，"轮廓色"

为深青色,如图8-44所示。

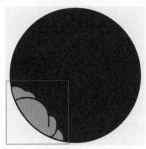

图8-44

选择椭圆形工具,在深青色正圆形上再绘制一个白色小正圆形,如图8-45所示。

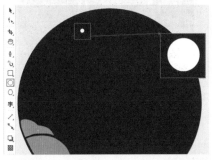

图8-45

选中白色正圆形,使用快捷键Ctrl+C将其复制,接着使用快捷键Ctrl+V进行粘贴,将新复制出来的白色正圆形移动到合适的位置,如图8-46所示。

继续使用同样的方法,复制出其他正圆形并摆放在画面中合适的位置,如图8-47所示。

图8-46   图8-47

此时画面的背景部分制作完成,效果如图8-48所示。

图8-48

实例141 制作标志中的草莓

操作步骤

使用钢笔工具在深青色正圆形上绘制一个草莓形状,如图8-49所示。

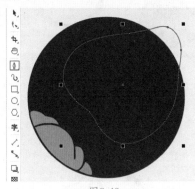

图8-49

选中草莓形状,选择交互式填充工具,在属性栏中单击"渐变填充"按钮,设置"渐变类型"为"椭圆形渐变填充",编辑一个红色系的渐变颜色,去除轮廓色,如图8-50所示。

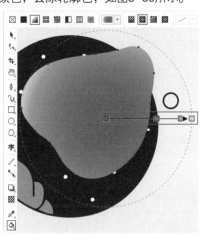

图8-50

制作草莓高光。使用钢笔工具在草莓的尾部绘制一个浅红色的形状,如图8-51所示。

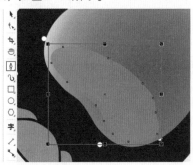

图8-51

制作草莓的叶子部分。继续使用钢笔工具在草莓的尾部绘制一个绿色的形状,如图8-52所示。

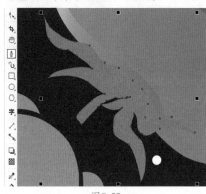

图8-52

接着在绿色叶子上绘制一个比绿色叶子颜色稍浅的绿色形状,如图8-53所示。

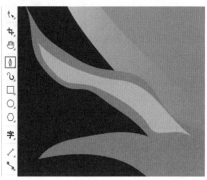

图8-53

继续使用同样的方法,将浅绿色形状全部绘制完成,效果如图8-54所示。

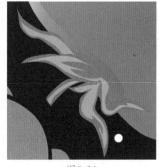

图8-54

制作草莓的籽。选择钢笔工具,在草莓上绘制一个深红色的形状,如图8-55所示。

继续使用同样的方法,在深红色形状上分别绘制黄色和白色的形状,效果如图8-56所示。按住Shift键的同时按住鼠标左键单击刚刚绘制的草莓籽，然后使用快捷键Ctrl+G进行组合。

图8-55

图8-56

09 选中草莓籽并复制，将新复制出来的草莓籽移动到其左下方并缩小，如图8-57所示。

10 继续复制出多个草莓籽并将其摆放在合适位置，效果如图8-58所示。

图8-57

图8-58

实例142 制作标志中的文字

操作步骤

01 选择文本工具，在画面下方输入相应的文字。选中文字，设置"填充色"为深青色，如图8-59所示。

图8-59

02 绘制画面右侧的标志。选择椭圆形工具，在画面右侧绘制一个正圆，在属性栏中设置"轮廓宽度"为1.0mm，接着设置"轮廓色"为深绿色，效果如图8-60所示。

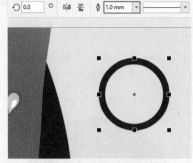

图8-60

03 继续使用文本工具在刚刚绘制的圆形上输入字母S，效果如图8-61所示。

图8-61

04 此时关于饮品店标志的设计制作完成，最终效果如图8-62所示。

图8-62

8.4 创意字体标志设计

文件路径	第8章\创意字体标志设计
难易指数	★★★★★
技术掌握	● 形状工具 ● 文本工具 ● 交互式填充工具

扫码深度学习

操作思路

本案例使用矩形工具为画面制作一个带有渐变颜色的背景矩形；然后使用文本工具在合适的位置输入相应的文字并将其变形；接着为其填充渐变颜色；然后在文字后方制作多重描边的效果；最后在文字的前方制作相应的图形为文字添加装饰效果。

案例效果

案例效果如图8-63所示。

图8-63

实例143 制作标志主体文字

操作步骤

01 新建一个空白文档，绘制一个和画板等大的矩形。编辑一个由蓝色至黑色的渐变颜色，如图8-64所示。

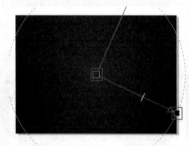

图8-64

02 选择文本工具，在画面中间位置单击鼠标左键，建立文字输入的起始点，输入相应的文字，选中文字，在属性栏中设置合适的字体、字号。并在右侧的调色板中使用鼠标左键单击白色色块，为文字设置颜色，如图8-65所示。

03 继续使用同样的方法，在该文字右侧输入其他字号的字母，并放置在合适的位置，效果如图8-66所示。

图8-65

图8-66

04 使用鼠标右键单击字母S，在弹出的快捷菜单中执行"转换为曲线"命令。然后选择形状工具，单击字母，此时可以看到曲线上会出现一系列节点，单击字母上方的节点将其选中，通过拖动该节点，将字母变形，如图8-67所示。

图8-67

05 选中此节点，单击属性栏中的"尖突节点"按钮，将其变为可调整的尖状控制点，调整节点两端的控制杆，从而调整字母的形状，如图8-68所示。

06 继续在字母上单击节点将其选中，接着在属性栏中单击"添加节点"按钮，为字母S添加节点，如图8-69所示。

07 选中刚刚添加的节点，单击属性栏中的"平滑节点"按钮，

然后在画面中使用鼠标左键调整控制杆，从而调整字母的形状，如图8-70所示。

图8-68

图8-69

图8-70

08 调整完成后，效果如图8-71所示。

图8-71

09 使用同样的方法，继续调整其他字母，效果如图8-72所示。

10 使用钢笔工具在文字的下方绘制一个白色图形，如图8-73所示。

图8-72

图8-73

11 使用同样的方法，继续在文字中间位置绘制一个白色多边形，如图8-74所示。

图8-74

实例144　增强标志质感

操作步骤

01 选中字母S，选择交互式填充工具，在属性栏中单击"渐变填充"按钮，设置"渐变类型"为"线性渐变填充"，接着在图形上按住鼠标左键拖动调整控制杆的位置，然后编辑由黄色到蓝色的渐变颜色，如图8-75所示。

图8-75

02 使用同样的方法，处理其他文字和图形，如图8-76所示。

图8-76

03 将标志图形全选，使用快捷键Ctrl+C将其复制，接着使用快捷键Ctrl+V进行粘贴，选中复制出的文字和图形，在属性栏中单击"焊接"按钮，效果如图8-77所示。

图8-77

04 选中复制出的图形，使用轮廓图工具在画面中按住鼠标左键拖动，调整其大小比原文字大一些，如图8-78所示。

图8-78

05 选中刚刚制作出的文字轮廓图，在属性栏中设置"填充色"为黄色，在右侧的调色板中右键单击☑按钮，去除轮廓色，如图8-79所示。

06 选择黄色轮廓图形，重复使用快捷键Ctrl+Page Down将其放置到渐变文字的下方，效果如图8-80所示。

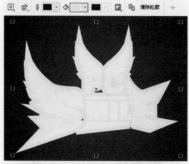

图8-79

图8-80

07 选中黄色轮廓图形，将其复制。使用同样的方法，继续将文字下方绿色轮廓和白色轮廓制作出来，效果如图8-81所示。

图8-81

08 使用钢笔工具在变形字母E中沿着字母的轮廓绘制一个图形，设置"填充色"为浅绿色，去除轮廓色，如图8-82所示。

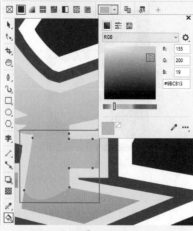

图8-82

09 在选择刚刚绘制出的图形的状态下，选择透明度工具，在属性栏中单击"均匀透明度"按钮，设置"透明度"为50，效果如图8-83所示。

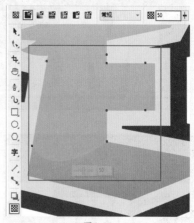

图8-83

10 继续使用钢笔工具上沿着变形字母的轮廓绘制一个图形，编辑一个合适的渐变颜色，如图8-84所示。

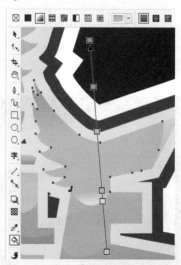

图8-84

11 使用同样的方法，继续将画面中其他文字上的图形绘制出来，如图8-85所示。

图8-85

12 制作文字的高光。选择艺术笔工具，在属性栏中设置合适的笔触和笔触宽度，在变形字母S上按住鼠标左键拖动绘制一条弧线，作为其高光，如图8-86所示。

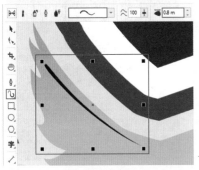

图8-86

13 在右侧的调色板中使用鼠标左键单击白色色块，为弧线填充颜色，如图8-87所示。

图8-87

14 继续使用同样的方法，在画面中适当的位置制作其他高光，效果如图8-88所示。

图8-88

15 选择星形工具，在属性栏中设置"点数或边数"为5、"锐度"为53，然后在字母L的右上方绘制一个白色星形并适当旋转，如图8-89所示。

图8-89

16 此时创意字体标志设计制作完成，最终效果如图8-90所示。

图8-90

8.5 娱乐节目标志

文件路径	第8章\娱乐节目标志
难易指数	⭐⭐⭐⭐⭐
技术掌握	● 钢笔工具 ● 文本工具 ● 交互式填充工具 ● 星形工具

[QR code] 扫码深度学习

操作思路

本案例首先制作一个深色的正方形，在其上方绘制多个颜色稍浅的三角形作为画面的背景；接着使用钢笔工具制作背景装饰图案；然后使用文本工具制作主题文字；最后为画面添加装饰图形。

案例效果

案例效果如图8-91所示。

图8-91

实例145 制作标志背景效果

操作步骤

01 创建一个方形文档，绘制一个与画板等大的矩形，设置"填充色"为藏蓝色，如图8-92所示。

图8-92

02 使用钢笔工具在画面的左下方绘制一个三角形，如图8-93所示。

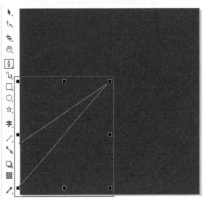

图8-93

03 选中三角形，选择交互式填充工具，设置"填充色"为稍浅的颜色，去除轮廓色，如图8-94所示。

图8-94

04 继续使用同样的方法，在画面中其他位置绘制三角形，使得整体画面具有放射效果，如图8-95所示。

图8-95

05 继续使用钢笔工具在画面左下方绘制浅藏蓝色的直线，在属性栏中设置"轮廓宽度"为0.7mm，如图8-96所示。

图8-96

06 继续使用同样的方法，在画面中其他位置绘制另外两条线段，此时背景绘制完成，如图8-97所示。

图8-97

实例146 制作六芒星图形

🎙️操作步骤

01 选择多边形工具，在属性栏中设置"点数或边数"为3，在画面中

心位置按住Ctrl键并按住鼠标左键向下拖动绘制一个正三角形。选中该三角形，在属性栏中设置"轮廓宽度"为5.0mm，然后在右侧的调色板中使用鼠标右键单击红色色块，设置三角形的轮廓色，效果如图8-98所示。

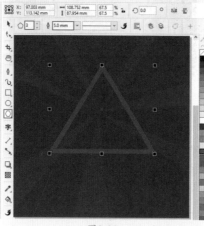

图8-98

02 选中红色三角形，复制该三角形，设置"轮廓色"为黑色，更改轮廓宽度，并将其放大一些，放置在红色三角形的外侧，如图8-99所示。

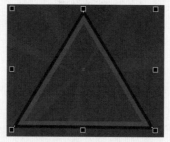

图8-99

03 选中黑色三角形，将其复制一份并缩小，放置在红色三角形的内侧，使红色三角形露出一部分，效果如图8-100所示。

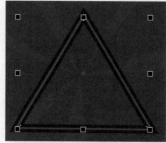

图8-100

04 按住Shift键分别单击3个三角形将其进行加选，接着使用快捷键Ctrl+G进行组合，并将其复制一份，

在属性栏中单击"垂直镜像"按钮，然后将其移动至合适位置，效果如图8-101所示。

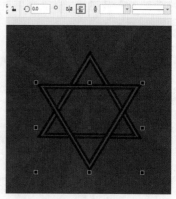

图8-101

05 制作画面上方的吊杆，选择矩形工具，在三角形上方绘制一个矩形，选中该矩形，在右侧的调色板中使用鼠标左键单击黑色色块，为矩形设置填充色并去除轮廓色，如图8-102所示。

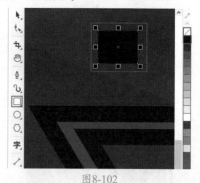

图8-102

06 继续使用钢笔工具在画面中合适的位置绘制一个轮廓宽度为0.5mm的白色折线，如图8-103所示。

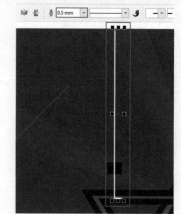

图8-103

07 选中白色折线，执行菜单"对象>将轮廓转换为对象"命令，双击位于界面底部状态栏中的"轮廓笔"按钮，在弹出的"轮廓笔"对话框中设置"颜色"为黑色、"轮廓宽度"为0.75mm、"角"为斜接角、"位置"为外部轮廓，并选择一个合适的线条样式，设置完成后单击OK按钮，如图8-104所示。此时效果如图8-105所示。

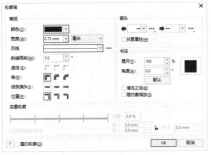

图8-104

图8-105

08 按住Shift键分别单击白色折线和黑色矩形进行加选，接着使用快捷键Ctrl+G进行组合，然后使用快捷键Ctrl+C将其复制，使用快捷键Ctrl+V进行粘贴。选中复制出的图形，将其移动至右侧合适位置，如图8-106所示。

图8-106

09 使用钢笔工具在三角形上绘制一个四边形。选中该四边形，在右侧的调色板中使用鼠标右键单击☑按

钮，去除轮廓色。设置"填充色"为黄色，如图8-107所示。

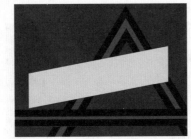

图8-107

10 使用同样的方法，继续在黄色图形的左侧绘制深黄色和黄色图案，效果如图8-108所示。

图8-108

11 将刚刚绘制的3个图形加选并组合，然后复制一份。选择复制的图形，单击属性栏中的"水平镜像"按钮，如图8-109所示。

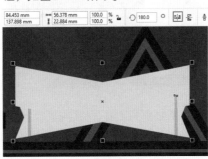

图8-109

12 接着单击"垂直镜像"按钮，然后将其移至合适的位置，效果如图8-110所示。

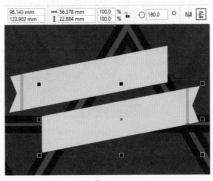

图8-110

实例147 添加艺术字

操作步骤

01 制作文字部分。选择文本工具，在画面的中间位置单击鼠标左键，建立文字输入的起始点，输入相应的文字。选中文字，在属性栏中设置合适的字体、字号，并在右侧的调色板中使用鼠标左键单击白色色块为文字设置颜色，如图8-111所示。

图8-111

02 双击该文字，此时文字的控制点变为弧形双箭头控制点，通过拖动控制点，将其进行适当的旋转，效果如图8-112所示。

图8-112

03 选择钢笔工具，在文字周围沿着文字的轮廓绘制一个图形，如图8-113所示。

图8-113

04 选中刚刚绘制出的图形，双击位于界面底部状态栏中的"编辑填充"按钮，在弹出的"编辑填充"对话框中设置"填充模式"为"均匀填充"，选择深蓝色，单击OK按钮。然后执行"对象>顺序>向后一层"命令将图形移动到文字的后方，效果如图8-114所示。

图8-114

05 选择该图形，设置轮廓色为黄色，"轮廓宽度"为3.0mm，如图8-115所示。

图8-115

06 选择文本工具，创建另外两组文字，旋转并放置在黄色图形上，如图8-116所示。

图8-116

实例148 绘制装饰元素

🎤 操作步骤

01 使用钢笔工具在三角形下方绘制一个四边形。选中该四边形，在属性栏中设置"轮廓宽度"为0.35mm、"填充色"为红色，如图8-117所示。

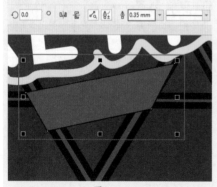

图8-117

02 继续使用同样的方法，在该四边形下方制作其他红色图形，如图8-118所示。

图8-118

03 选择星形工具，在属性栏中设置"点数或边数"为6、"锐度"为30，然后在刚刚绘制的四边形上按住Ctrl键的同时按住鼠标左键拖动绘制一个六角星形，将其进行适当的旋转，设置"填充色"为红色，并去除轮廓色，如图8-119所示。

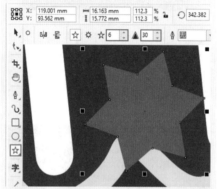

图8-119

04 选择刻刀工具，按住鼠标左键拖动，将星形切割成两部分，如图8-120所示。

图8-120

05 继续使用同样的方法，将星形的其他部分切割，效果如图8-121所示。

图8-121

06 选中星形上的一个角，将其颜色更改为深红色，如图8-122所示。

图8-122

07 使用同样的方法，继续更改星形上其他角的颜色，效果如图8-123所示。

图8-123

08 使用钢笔工具在星形的左侧绘制一个不规则图形，在属性栏中设置其"轮廓宽度"为0.35mm，并为该图形填充颜色，如图8-124所示。

图8-124

09 在选择该图形的状态下，重复使用快捷键Ctrl+Page Down将其放置到星形的下方，效果如图8-125所示。

图8-125

10 继续使用同样的方法，在星形上绘制一个深红色图形，如图8-126所示。

图8-126

11 选中此深红色图形，重复使用快捷键Ctrl+Page Down将其放置到下方合适的位置，效果如图8-127所示。

图8-127

12 制作画面中的蓝色绳子装饰。使用智能绘图工具，设置"形状识别等级"为"中"、"智能平滑等级"为"高"，在画面右下方合适的位置绘制一段线条，绘制完成后在属性栏中设置"轮廓宽度"为1.0mm，在右侧的调色板中设置"轮廓色"为蓝色，效果如图8-128所示。

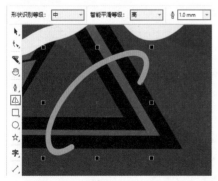

图8-128

13 使用同样的方法，继续在画面中合适的位置绘制其他曲线段，为画面添加绳子装饰，如图8-129所示。

图8-129

14 打开素材"1.cdr"，在素材文档中选中飞机素材，使用快捷键Ctrl+C将其复制，接着回到刚才的文档中使用快捷键Ctrl+V进行粘贴，将新复制出来的飞机素材移动至合适的位置，如图8-130所示。

图8-130

15 选择钢笔工具，在画面中绘制一个星形，如图8-131所示。

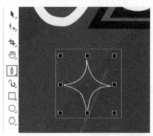

图8-131

16 选中该星形，在右侧的调色板中使用鼠标右键单击☒按钮，去除轮廓色。使用鼠标左键单击黄色按钮，为星形填充颜色，如图8-132所示。

图8-132

17 选中刚刚制作出的星形，将其复制一份，移动到文字的左上方并将其缩小，如图8-133所示。

图8-133

18 继续使用同样的方法，绘制画面中的其他黄色星形，放置在合适的位置。最终效果如图8-134所示。

图8-134

8.6 美妆品牌VI设计

文件路径	第8章\美妆品牌VI设计
难易指数	★★★★★
技术掌握	● 智能填充工具 ● 表格工具 ● 图框精确剪裁 ● 阴影工具 ● 透明度工具

🔍扫码深度学习

💡操作思路

在一套完整的VI系统中，标志往往是最主要的部分，本案例首先制作的就是标志。标志由图形和文字两部分组成，图形部分由三个相同的树叶图形组成。单个的树叶图形可以通过多个圆形重叠后，运用智能填充工具制作出来。而文字部分则需要通过对已有文字的形态进行调整得到。

制作好标志后可以对标志进行多次复制，通过更改标志中图形与文字的大小和位置，从而得到标志的不同组合效果。通过更改标志的颜色并将其摆放在相应的背景图形上，可以得到标志的墨稿、反白稿，以及标志效果的展示页面。

标准制图页面中需要利用表格工具创建出网格，然后使用2点线工具和文本工具制作度量尺与数据信息。

本套VI系统中的标准色页面需要利用矩形工具绘制矩形，并填充VI系统中使用到的颜色。标准字页面中则需要使用文本工具在页面中输入相应的文字。

本套VI系统中的标准图形及辅助图形均为标志中出现过的树叶图形，通过复制并更改颜色及摆放方式即可得到。

本套VI系统的扩展部分包括名片、信封、信纸、吊牌、产品包装与纸袋等内容，可将制作好的标志摆放在素材文档中的各种样机上。

VI画册的封面和封底内容较为简单，通常以单色矩形作为底色，将标志中的图形部分作为背景装饰，并添加合适的文字信息即可。

案例效果

案例效果如图8-135所示。

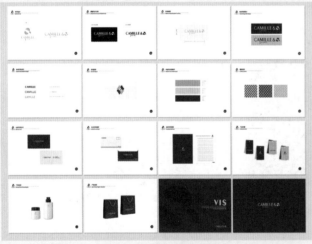

图8-135

实例149　制作标志中的图形

操作步骤

01 执行"文件>打开"命令，打开素材"1.cdr"。在当前文档中包含多个页面，如图8-136所示。

02 首先单击页面1，在此页面中制作标志。选择椭圆形工具，在画面中按住Ctrl键拖动，绘制一个正圆，并在属性栏中设置"轮廓宽度"为0.01px，如图8-137所示。

图8-136

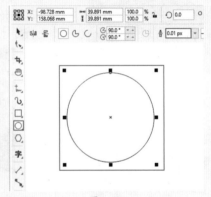

图8-137

03 使用同样的方法绘制其他正圆形，如图8-138所示，接着选中所有圆形，使用快捷键Ctrl+G进行组合。

图8-138

04 选择智能填充工具，在属性栏中设置"填充选项"为"指定"、"填充色"为浅土黄色、"轮廓"为"无轮廓"，接着在正圆形上单击为其填充颜色，如图8-139所示。

05 使用同样的方法为其他部分填充颜色，如图8-140所示。

06 选中正圆组，将其删除。然后选中除叶柄以外的所有色块，单击属性栏中的"合并"按钮，将其合并为一个树叶的图形，如图8-141所示。

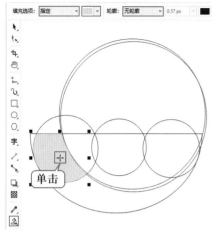

图8-139

图8-140

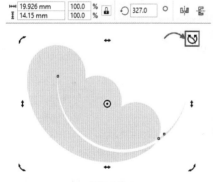

图8-141

07 选中整个图形，将其旋转至合适角度，如图8-142所示。

图8-142

08 选择交互式填充工具，在属性栏中单击"渐变填充"按钮，设置"渐变类型"为"线性渐变填充"。

在图形上按住鼠标左键拖动，为图形添加渐变。并编辑一个渐变颜色，更改渐变效果，如图8-143所示。

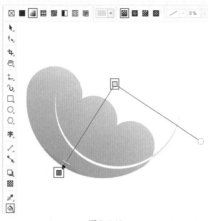

图8-143

09 选中叶子与叶柄图形，按住鼠标左键将其向上拖动，然后单击鼠标右键将其快速复制出一份，如图8-144所示。

图8-144

10 在属性栏中设置其"旋转角度"为194.0°，如图8-145所示。

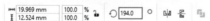

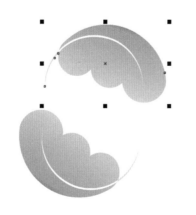

图8-145

11 使用相同的方法将叶子再复制一份，并进行缩放和旋转，如图8-146所示。

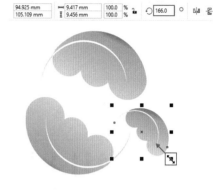

图8-146

12 选中上方的叶子图形，选择交互式填充工具，在画面中按住鼠标左键拖动，更改渐变效果，如图8-147所示。

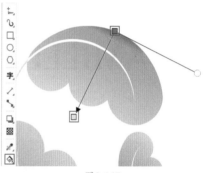

图8-147

13 使用同样方法更改右侧的叶子渐变效果。选中三个叶子图形，使用快捷键Ctrl+G进行组合，效果如图8-148所示。

图8-148

实例150 制作标志的不同组合效果

🎤 操作步骤

01 制作标志的第一种组合效果。选择文本工具，在标志图形的下方单击插入光标，输入文字，接着选中文字，在属性栏中设置合适的字体与字号，如图8-149所示。

图8-149

02 选中文字，选择形状工具，将光标移动至右侧的 ⬛ 上，按住鼠标左键向左拖动，调整文字的间距，如图8-150所示。

图8-150

03 使用快捷键Ctrl+Q将其转换为曲线。选择形状工具，框选字母"M"左下角的两个节点，按住Shift键将其向下拖动，拉长字母"M"的左下部分，如图8-151所示。

图8-151

04 继续使用该工具调整其他节点，如图8-152所示。

图8-152

05 选中文字，选择交互式填充工具，在属性栏中单击"渐变填充"按钮，设置"渐变类型"为"线性渐变填充"，然后更改节点颜色编辑渐变效果，如图8-153所示。

图8-153

06 选择文本工具，在字母"M"的延长部分的右侧单击，输入文字，接着选中文字，在属性栏中设置合适的字体与字号，如图8-154所示。

图8-154

07 使用同样的方法将文字的颜色更改为金色系的渐变色。此时第一种标志组合效果制作完成，如图8-155所示。

图8-155

08 制作标志的第二种组合效果。选中标志，按住鼠标左键将其向

右拖动，至合适的位置后单击鼠标右键，快速将其复制一份，如图8-156所示。

图8-156

09 选中标志文字，按住鼠标左键拖动控制点，将其放大至合适大小，如图8-157所示。

图8-157

10 在英文的后方输入文字，并使用交互式填充工具为其添加渐变色，如图8-158所示。

图8-158

11 选中标志图形，按住鼠标左键将其移动至英文的右侧，并将其缩小至合适大小，如图8-159所示。

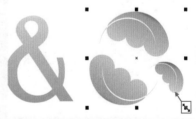

图8-159

12 此时两种标志组合方式制作完成，如图8-160所示。

图8-160

实例151　制作标志的反白稿与墨稿

操作步骤

01 制作标志的反白稿。单击选中页面2，选择文本工具，在画面中的合适位置单击插入光标，输入文字。接着选中文字，在属性栏中设置合适的字体与字号，如图8-161所示。

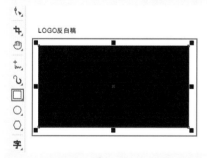

图8-161

02 使用矩形工具在文字的下方绘制一个矩形，去除轮廓色，并为其填充黑色，效果如图8-162所示。

图8-162

03 选中页面1中的第二种标志，使用快捷键Ctrl+C进行复制，使用快捷键Ctrl+V进行粘贴，并将其移动至黑色的矩形上，如图8-163所示。

图8-163

04 接着将其颜色更改为白色，并调整其大小，如图8-164所示。

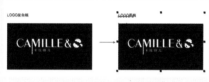

图8-164

05 制作标志的墨稿。选中文字、矩形与标志，按住鼠标左键将其向右拖动，至合适位置后单击鼠标右键，即可将其快速复制出一份，如图8-165所示。

图8-165

06 选中矩形将其删除，接着选中标志，更改标志的颜色为黑色并调整其位置，如图8-166所示。

图8-166

07 使用文本工具更改左上方的文字，如图8-167所示。

图8-167

08 此时墨稿与反白稿制作完成，效果如图8-168所示。

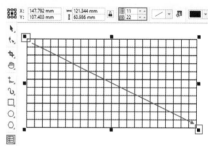

图8-168

实例152　制作标准制图页面

操作步骤

01 选中页面3，选择表格工具，在属性栏中设置"行数"为11，"列数"为22，在画面的上方位置按住鼠标左键拖动，绘制一个网格，如图8-169所示。

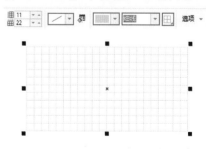

图8-169

02 选中网格，在属性栏中设置"边框选择"为全部、"填充色"为无、"轮廓色"为浅灰色、"轮廓宽度"为"细线"，如图8-170所示。

图8-170

03 选中页面1中的第二种标志，使用快捷键Ctrl+C进行复制，使用快捷键Ctrl+V进行粘贴，并将其移至网格内，适当调整其大小，如图8-171所示。

图8-171

04 选择2点线工具，在网格的左侧按住鼠标左键拖动，绘制一条直线，在属性栏中设置"轮廓宽度"为"细线"，如图8-172所示。

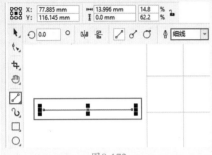

图8-172

05 继续使用同样的方法在画面中绘制其他的直线，如图8-173所示。

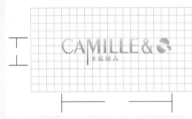

图8-173

06 选择文本工具，在直线间的空白位置单击，输入相应的文字。接着选中文字，在属性栏中设置合适的字体与字号，如图8-174所示。

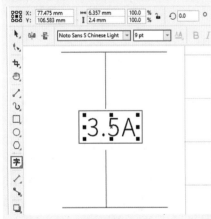

图8-174

07 继续使用文本工具在网格下方输入文字，如图8-175所示。

图8-175

08 此时标准制图制作完成，效果如图8-176所示。

图8-176

实例153 制作标志效果展示页面

操作步骤

01 单击选中页面4，选择矩形工具，按住鼠标左键拖动绘制一个矩形，去除轮廓色并为其填充深褐色，如图8-177所示。

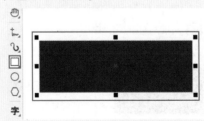

图8-177

02 选中页面1中的第二种标志，使用快捷键Ctrl+C进行复制，使用快捷键Ctrl+V进行粘贴，将其移动至矩形上，并适当调整其大小，如图8-178所示。

图8-178

03 选中矩形与标志，按住Shift键将其向下拖动，至合适位置后单击鼠标右键，即可将其快速复制出一份，如图8-179所示。

图8-179

04 选中矩形，将其更改为金色，如图8-180所示。

图8-180

05 选中标志将其更改为深褐色，此时标志效果展示制作完成，效果如图8-181所示。

图8-181

实例154 制作标准色

操作步骤

01 单击选中页面5，选择矩形工具，按住鼠标左键拖动绘制一个矩形，去除轮廓色并为其填充枯叶黄色，如图8-182所示。

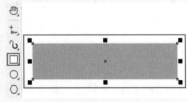

图8-182

02 选择文本工具，在矩形的右侧单击插入光标，输入相应的文字。接着选中文字，在属性栏中设置合适的字体与字号，如图8-183所示。

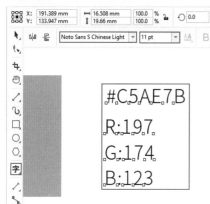

图8-183

03 选中矩形与文字，按住Shift键将其向下拖动，至合适位置后单击鼠标右键将其复制一份，然后使用快捷键Ctrl+D将其再次复制一份，如图8-184所示。

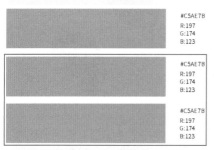

图8-184

04 选中第二行矩形，更改其填充色，并选中右侧的文字更改其文字内容，如图8-185所示。

图8-185

05 继续使用同样的方法更改第三行的矩形与文字，如图8-186所示。

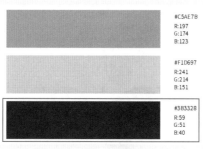

图8-186

06 此时标准色效果展示制作完成，效果如图8-187所示。

图8-187

实例155　制作标准字

🎙️**操作步骤**

01 制作标准字页面中的内容。选中页面6，选择文本工具，在画面中间单击插入光标，输入相应的文字。接着选中文字，在属性栏中设置合适的字体与字号，如图8-188所示。

图8-188

02 使用同样的方法在该文字的右侧输入该文字的字体名称，如图8-189所示。

CAMILLE　　　　　　Exotc350 DmBd BT

图8-189

03 选中两组文字，按住Shift键将其向下拖动，至合适位置后单击鼠标右键，将其复制一份，然后继续该操作，如图8-190所示。

图8-190

04 使用文本工具更改第二行与第三行的文字内容，如图8-191所示。

图8-191

05 此时标准字效果展示制作完成，效果如图8-192所示。

图8-192

实例156　制作标准图形页面

🎙️**操作步骤**

01 选中页面3中的网格，使用快捷键Ctrl+C进行复制。接着选中页面7，使用快捷键Ctrl+V进行粘贴，然后调整到合适的位置，如图8-193所示。

图8-193

02 选中第一种标志中的叶子图形，使用快捷键Ctrl+C进行复制，使用快捷键Ctrl+V进行粘贴，并将其移动至页面7的网格中，如图8-194所示。

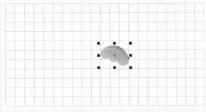

图8-194

03 选中该图形，将其更改为灰色，在属性栏设置"旋转角度"为77°，如图8-195所示。

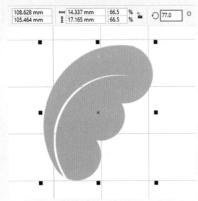

图8-195

04 选中该图形，将其复制一份，单击属性栏中的"水平镜像"按钮，接着将其移动到左侧，并将其颜色更改为深蓝色，如图8-196所示。

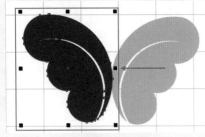

图8-196

05 加选两个图形按住Shift键的同时按住鼠标左键向上拖动，然后单击鼠标右键完成移动并复制的操作，如图8-197所示。

06 选中上方两个图形，单击属性栏中的"水平镜像"按钮与"垂直镜像"按钮，如图8-198所示。

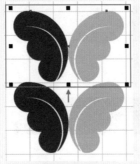

图8-197

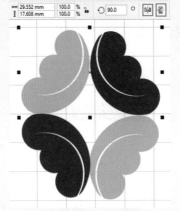

图8-198

07 选择椭圆形工具，按住Ctrl键的同时按住鼠标左键拖动，在四个图形的中间绘制一个正圆，去除其轮廓色，并为其填充黑色，如图8-199所示。

图8-199

08 此时标准图形制作完成，效果如图8-200所示。

图8-200

实例157 制作辅助图形页面

操作步骤

01 选中标准图形，使用快捷键Ctrl+C进行复制，使用快捷键Ctrl+V进行粘贴，并将其移动至页面8中，缩放其大小，如图8-201所示。

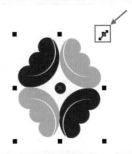

图8-201

02 选中灰色的叶子图形与正圆形，将其更改为金色，如图8-202所示。

图8-202

03 选中该标准图形，按住鼠标左键将其向右拖动，到合适位置后单击鼠标右键完成移动并复制的操作，如图8-203所示。

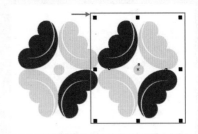

图8-203

04 多次使用快捷键Ctrl+D，以相同的移动距离将该图形进行移动复制，如图8-204所示。

图8-204

05 将正圆形选中后向右下方拖动，拖动到合适位置后单击鼠标右键完成移动并复制的操作，如图8-205所示。

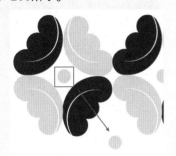

图8-205

06 将正圆形横向进行复制，使其平均分布在图形中，如图8-206所示。

图8-206

07 框选现有的图形，按住Shift键的同时按住鼠标左键向下拖动，至合适位置后单击鼠标右键将其复制一份，如图8-207所示。

图8-207

08 多次使用"再制"快捷键Ctrl+D以相同的移动距离将该图形进行移动复制，得到一个由标准图形构成的图案，框选图形使用快捷键Ctrl+G进行组合。此时可以选中图案将其复制一份放置在空白位置以备使用，如图8-208所示。

图8-208

09 选择矩形工具，按住Ctrl键并按住鼠标左键在图案上拖动绘制一个正方形，为其填充枯叶黄色并去除轮廓色，如图8-209所示。

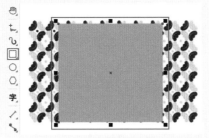

图8-209

10 选中图案，执行"对象>PowerClip>置于图文框内部"命令，接着在矩形上单击，如图8-210所示。画面效果如图8-211所示。

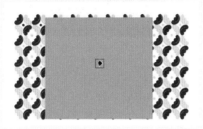

图8-210

图8-211

11 使用同样的方法制作另外两种颜色的辅助图形，如图8-212所示。

图8-212

12 此时辅助图形制作完成，效果如图8-213所示。

图8-213

实例158 制作名片、信封、信纸、吊牌、产品包装与纸袋

🎤 操作步骤

01 制作企业名片。单击选中页面9，选择页面1中的第二种标志，使用快捷键Ctrl+C进行复制，使用快捷键Ctrl+V进行粘贴，并将其移动至页面9中的名片背面上，如图8-214所示。

图8-214

02 按住Shift键的同时按住鼠标左键拖动控制点，将其等比例缩小，并放置在至名片背面的中间位置，如图8-215所示。

图8-215

03 选择阴影工具，按住鼠标左键在标志上拖动为其添加阴影，并在属性栏中设置"阴影颜色"为深蓝色、"合并模式"为"乘"、"阴影不透明度"为20、"阴影羽化"为15，如图8-216所示。

图8-216

第8章 标志与VI设计

173

04 将标志复制一份移动到灰色矩形上方，并更改其颜色和大小，如图8-217所示。

图8-217

05 选择文本工具，在标志右侧单击插入光标，输入相应的文字。接着选中文字，在属性栏中设置合适的字体、字号，如图8-218所示。

图8-218

06 此时名片制作完成，效果如图8-219所示。

图8-219

07 使用同样的方法将标志放置在信封、信纸、吊牌、产品包装与纸袋中的合适位置，如图8-220所示。

图8-220

实例159　制作VI画册的封面与封底

📖 操作步骤

01 制作封面。单击选中页面15，双击矩形工具，创建一个与画板等大的矩形，去除轮廓色并为其填充深蓝色，如图8-221所示。

图8-221

02 选中页面1中的第一种标志中的标志图形，使用快捷键Ctrl+C进行复制，使用快捷键Ctrl+V进行粘贴，并将其移动至页面15中，如图8-222所示。

图8-222

03 接着将其颜色更改为深蓝色，按住鼠标左键拖动控制点将其等比例放大，并调整位置，如图8-223所示。

图8-223

04 选择图形，然后选择透明度工具，在属性栏中单击"均匀透明度"按钮，设置"合并模式"为"柔光"、"透明度"为50，如图8-224所示。

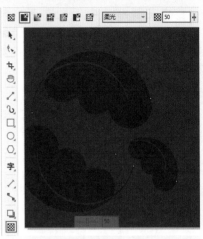

图8-224

05 选择文本工具，在画板的右侧单击插入光标，输入相应的文字。接着选中文字，在属性栏中设置合适的字体与字号，如图8-225所示。

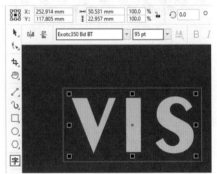

图8-225

06 使用同样的方法在该文字的下方输入新文字，如图8-226所示。

图8-226

07 使用矩形工具在文字之间绘制细长的矩形，为其填充金色并去除轮廓色，如图8-227所示。

图8-227

08 选中页面1中的第二种标志，使用快捷键Ctrl+C进行复制，使用快捷键Ctrl+V进行粘贴，并将其移动至页面15中。将其缩小至合适大小，放置在右下角，如图8-228所示。

图8-228

09 制作封底。单击选中页面16，双击矩形工具，创建一个与画板等大的矩形，去除轮廓色，为其填充深蓝色，如图8-229所示。

图8-229

10 选中页面1中的第二种标志，使用快捷键Ctrl+C进行复制，使用快捷键Ctrl+V进行粘贴，并将其移动至页面16中间位置，此时封底制作完成，如图8-230所示。

图8-230

11 本案例制作完成，最终效果如图8-231所示。

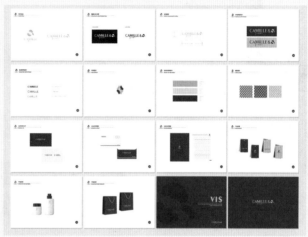

图8-231

第9章

卡片设计

9.1 制作产品信息卡片

文件路径	第9章\制作产品信息卡片
难易指数	★★★★★
技术掌握	● 矩形工具 ● 透明度工具 ● 文本工具

扫码深度学习

操作思路

本案例首先使用矩形工具和透明度工具制作产品信息卡片的背景部分；然后使用文本工具以及矩形工具制作卡片的文字部分。

案例效果

案例效果如图9-1所示。

图9-1

实例160 制作产品信息卡片背景

操作步骤

01 新建一个A4尺寸的横版文档。使用矩形工具绘制矩形，设置"填充色"为绿色，并去除轮廓色，如图9-2所示。

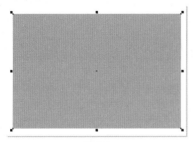
图9-2

02 继续使用矩形工具在该矩形上绘制一个稍小的矩形，设置"填充色"为深绿色，并去除轮廓色，如图9-3所示。

图9-3

03 选中深绿色矩形，按住鼠标左键向左上方拖动，至合适位置后按鼠标右键进行复制，然后在右侧的调色板中使用鼠标左键单击白色色块，更改矩形的填充色，效果如图9-4所示。

图9-4

04 执行菜单"文件>导入"命令，导入汽车素材"1.jpg"，如图9-5所示。

图9-5

05 继续使用矩形工具在汽车素材上方绘制一个矩形，如图9-6所示。

图9-6

06 选中汽车素材，执行菜单"对象>PowerClip>置于图文框内部"命令，当光标变成黑色粗箭头时，单击刚刚绘制的矩形，即可实现位图的精确剪裁，并去除轮廓色，如图9-7所示。

图9-7

07 继续使用矩形工具在汽车素材上绘制一个矩形。选中该矩形，在右侧的调色板中使用鼠标左键单击黑色色块，为矩形填充颜色，并去除轮廓色，如图9-8所示。

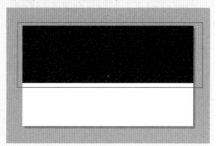
图9-8

08 选择透明度工具，在属性栏中单击"均匀透明度"按钮，设置"透明度"为30，单击"全部"按钮，如图9-9所示。

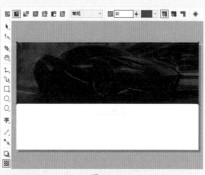
图9-9

09 此时产品信息卡片背景制作完成，效果如图9-10所示。

图9-10

实例161 制作产品信息卡片文字部分

🎤 操作步骤

01 选择文本工具，在画面上单击鼠标左键，建立文字输入的起始点，输入相应的文字。选中文字，在属性栏中设置合适的字体、字号，并设置合适的文字颜色，如图9-11所示。

图9-11

02 继续使用文本工具在该文字下方输入其他淡粉色文字，效果如图9-12所示。

图9-12

03 选择矩形工具，在文字下方绘制一个矩形。选中该矩形，在属性栏中单击"圆角"按钮，设置"转角半径"为10.0mm。设置"填充色"为浅绿色，去除轮廓色，如图9-13所示。

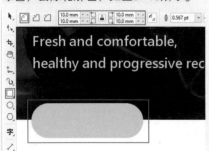

图9-13

04 继续使用文本工具在该圆角矩形上输入相应的文字，并设置文字颜色为粉色，效果如图9-14所示。

图9-14

05 继续使用文本工具在该圆角矩形下方输入洋红色文字，效果如图9-15所示。

图9-15

06 此时产品信息卡片制作完成，最终效果如图9-16所示。

图9-16

9.2 简约色块名片设计

文件路径	第9章\简约色块名片设计
难易指数	⭐⭐⭐⭐⭐
技术掌握	● 透明度工具 ● 交互式填充工具 ● 阴影工具

💡 操作思路

本案例首先通过使用矩形工具、钢笔工具、文本工具和透明度工具制作名片的正面平面图；然后使用文本工具、钢笔工具、交互式填充工具和阴影工具制作名片展示效果。

👆 案例效果

案例效果如图9-17所示。

图9-17

实例162 制作名片正面

🎤 操作步骤

01 新建一个A4尺寸的横版文档，导入背景素材"1.jpg"，如图9-18所示。

图9-18

02 选择矩形工具，在背景素材上绘制一个稍小的矩形，填充合适的颜色，并去除轮廓色，效果如图9-19所示。

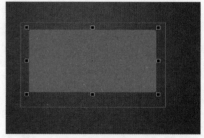

图9-19

03 选择钢笔工具，在该矩形左侧绘制一个三角形，然后使用交互式填充工具，编辑一个黑色到白色的渐变颜色，如图9-20所示。

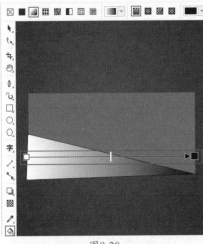

图9-20

04 选择透明度工具,在属性栏中单击"均匀透明度"按钮,设置"合并模式"为"乘"、"透明度"为0,单击"全部"按钮,如图9-21所示。

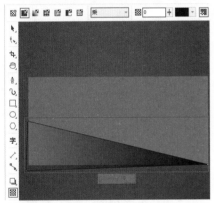

图9-21

05 在右侧的调色板中使用鼠标右键单击☑按钮,去除轮廓色,效果如图9-22所示。

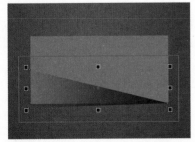

图9-22

06 在该三角形上单击鼠标右键,在弹出的快捷菜单中执行"顺序 > 置于此对象后"命令,当光标变为黑色粗箭头形状时,单击画面中的矩形,此时画面效果如图9-23所示。

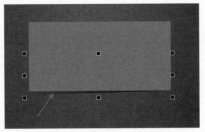

图9-23

07 选择文本工具,在矩形上单击鼠标左键,建立文字输入的起始点,输入相应的文字。选中文字,在属性栏中设置合适的字体、字号,然后为文字设置合适的颜色,如图9-24所示。

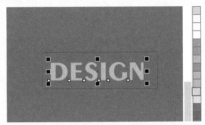

图9-24

08 继续使用文本工具在该文字下方输入其他文字,效果如图9-25所示。

图9-25

09 选择钢笔工具,在文字右上方绘制一个不规则图形,设置"填充色"为黄色,并去除轮廓色,效果如图9-26所示。

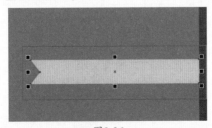

图9-26

10 选中该图形,按住Shift键的同时按住鼠标左键向下拖动,至合适位置后单击鼠标右键进行复制,如图9-27所示。

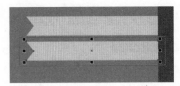

图9-27

11 使用快捷键Ctrl+R再次复制两个图形,效果如图9-28所示。

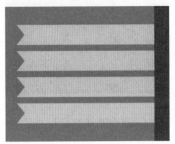

图9-28

12 选择复制的第二个图形,将其更改为橙色,如图9-29所示。

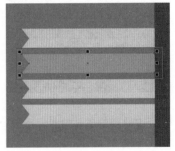

图9-29

13 使用同样的方法,继续为其他图形更改颜色,效果如图9-30所示。

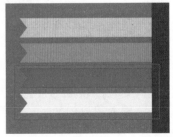

图9-30

14 此时名片正面平面图制作完成,效果如图9-31所示。

图9-31

实例163　制作名片背面

🎙**操作步骤**

01 选择名片部分，将其复制一份并移动到左上方，如图9-32所示。

图9-32

02 按住Shift键加选复制的名片上方文字，按Delete键将其删除，如图9-33所示。

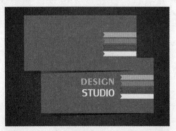

图9-33

03 选中复制的名片背景，将其更改为浅灰色，效果如图9-34所示。

图9-34

04 选择文本工具，在浅灰色名片上方输入相应的文字，效果如图9-35所示。

图9-35

05 在使用文本工具的状态下，在文字右侧单击插入光标，然后按住鼠标左键向前拖动，选中第二个单词，并将其更改为青色，如图9-36所示。

图9-36

06 继续使用文本工具在该文字下方输入其他文字，效果如图9-37所示。

图9-37

07 按住Shift键加选该名片右侧的四个图形，通过拖动其左上方的控制点，将其放大，效果如图9-38所示。

图9-38

08 选择钢笔工具，在该图形左侧绘制一个不规则图形，设置"填充色"为橙色，并去除轮廓色，效果如图9-39所示。

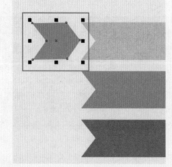

图9-39

09 选中该图形，按住Shift键的同时按住鼠标左键向下移动，移动到

合适位置后按鼠标右键进行复制，如图9-40所示。

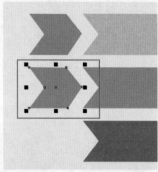

图9-40

10 使用快捷键Ctrl+R复制多个图形，效果如图9-41所示。

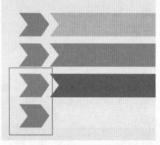

图9-41

11 选中刚刚复制的第二个图形，在右侧的调色板中使用鼠标左键单击红色色块，为图形更改填充色，如图9-42所示。

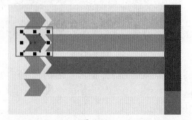

图9-42

12 使用同样的方法，为下方的图形更改填充色，效果如图9-43所示。

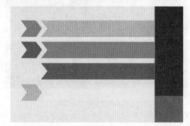

图9-43

13 执行菜单"文件>打开"命令，打开素材"2.cdr"。在打开的素材中选中手机素材，使用快捷键Ctrl+C

将其复制，返回到刚刚操作过的文档中，使用快捷键Ctrl+V将其进行粘贴，并将其移动到绘制的第一个图形的上方，如图9-44所示。

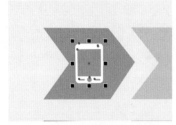

图9-44

14 使用同样的方法，在打开的素材中复制其他图标到操作的文档中，并将其移动到合适位置，效果如图9-45所示。

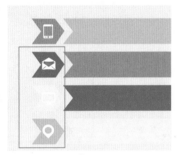

图9-45

15 选择文本工具，在刚刚绘制的图形右侧单击鼠标左键，建立文字输入的起始点，输入相应的文字。选中文字，在属性栏中设置合适的字体、字号，效果如图9-46所示。

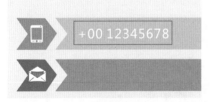

图9-46

16 继续使用文本工具在该文字下方输入其他白色文字，效果如图9-47所示。

图9-47

17 按住Shift键加选浅灰色名片上方的所有图形及文字，再次单击该名片，此时该名片的控制点变为双箭头控制点，通过拖动左下角的双箭头控制点将其向下拖动进行旋转，效果如图9-48所示。

图9-48

18 选择钢笔工具，在浅灰色名片上绘制一个三角形，并使用交互式填充工具编辑一个白色到黑色的渐变色，如图9-49所示。

图9-49

19 选择透明度工具，在属性栏中单击"均匀透明度"按钮，设置"透明度"为19，单击"全部"按钮，如图9-50所示。

图9-50

20 选择阴影工具，按住鼠标左键在三角形上方左侧边缘由上至下拖动制作阴影。在属性栏中设置"阴影颜色"为黑色、"合并模式"为"乘"、"阴影不透明度"为50、"阴影羽化"为15，单击"羽化方向"按钮，在下拉列表中选择"高斯式模糊"选项，并设置"阴影角度"为308、"阴影延展"为16、"阴影淡出"为0，如图9-51所示。

图9-51

21 接着在右侧的调色板中使用鼠标右键单击☒按钮，去除轮廓色，如图9-52所示。

图9-52

22 使用鼠标右键单击该三角形，执行菜单"顺序 > 置于此对象后"命令，当光标变为黑色粗箭头时单击浅灰色名片，此时三角形将自动移动到浅灰色名片之后，效果如图9-53所示。

图9-53

23 此时简约色块名片制作完成，最终效果如图9-54所示。

图9-54

9.3 婚礼邀请卡设计

文件路径	第9章\婚礼邀请卡设计
难易指数	⭐⭐⭐⭐⭐
技术掌握	● 矩形工具 ● 椭圆形工具 ● 文本工具 ● 透明度工具 ● 星形工具 ● 选择工具

🔍 扫码深度学习

💡 操作思路

　　本案例首先使用矩形工具、椭圆形工具、文本工具、透明度工具以及星形工具制作婚礼邀请卡的正面；然后使用选择工具将该卡正面效果图全选，并将其复制旋转，从而制作出婚礼邀请卡的展示效果。

🖱 案例效果

　　案例效果如图9-55所示。

图9-55

实例164　制作婚礼邀请卡正面

🎤 操作步骤

01 新建一个A4尺寸的横版文档，导入背景素材"1.jpg"，如图9-56所示。

图9-56

02 选择矩形工具，在画面中绘制一个矩形，去除轮廓色并为其填充白色，如图9-57所示。

03 再次使用矩形工具在白色矩形上绘制一个稍小的矩形，如图9-58所示。

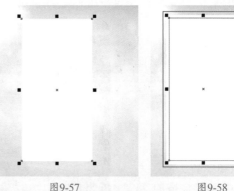

图9-57　　　　　　　　图9-58

04 导入素材"2.jpg"，然后在工作区中按住鼠标左键拖动，调整导入对象的大小，释放鼠标完成导入操作，如图9-59所示。

图9-59

05 选中素材，执行菜单"对象>PowerClip>置于图文框内部"命令，当光标变成黑色粗箭头时，单击刚绘制的矩形，即可实现位图的精确剪裁，如图9-60所示。接着在右侧的调色板中使用鼠标右键单击☑按钮，去除轮廓色，效果如图9-61所示。

06 选择椭圆形工具，在素材右上方位置按住Ctrl键的同时按住鼠标左键拖动绘制一个正圆形，设置"填充色"为粉色，去除轮廓色，效果如图9-62所示。

图9-60

图9-61

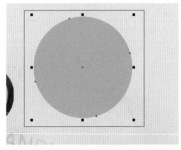

图9-62

07 选择文本工具，在正圆形上单击鼠标左键，建立文字输入的起始点，输入相应的文字。选中文字，在属性栏中设置合适的字体、字号，并在调色板中设置"填充色"为白色，如图9-63所示。

08 在使用文本工具的状态下，在第一个单词后方单击插入光标，然后按住鼠标左键向前拖动，使第一个单词被选中，并在属性栏中更改字号，效果如图9-64所示。

图9-63

图9-64

09 继续使用同样的方法，在该正圆形右下方绘制其他小正圆形并在上面输入相应的文字，效果如图9-65所示。

图9-65

10 选中下方黄绿色正圆形，选择透明度工具，在属性栏中单击"均匀透明度"按钮，设置"透明度"为40，单击"全部"按钮，如图9-66所示。

11 选择星形工具，在属性栏中设置"点数或边数"为5、"锐度"为53，然后在刚刚绘制的正圆形下方按住鼠标左键拖动绘制一个五角星形。去除轮廓色，并设置"填充色"为洋红色，效果如图9-67所示。

图9-66

图9-67

12 在选中五角星的状态下，再次单击该五角星，此时图形的控制点变为双箭头控制点，通过拖动右下角的双箭头控制点将其向上拖动进行旋转至合适角度，效果如图9-68所示。

图9-68

13 选择矩形工具，在五角星右上方绘制一个矩形。选中该矩形，在右侧的调色板中使用鼠标右键单击☑按钮，去除轮廓色。使用鼠标左键单击绿色色块，为矩形填充颜色，如图9-69所示。

14 使用同样的方法，继续在画面中合适位置绘制多个不同颜色的五角星和矩形，部分图形可以设置为半透明效果，如图9-70所示。

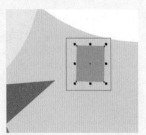

图9-69

图9-70

15 制作大量的类似图形作为装饰，效果如图9-71所示。

图9-71

实例165 制作婚礼邀请卡展示效果

🎙️操作步骤

01 制作正面阴影效果。选择选择工具，按住鼠标左键拖动将邀请卡正面的所有图形及文字框选，使用快捷键Ctrl+G进行组合。选择矩形工具，在画面上方按住鼠标左键拖动绘制一个与图片等大的矩形，并为其填充蓝色，如图9-72所示。

图9-72

02 选择透明度工具，在属性栏中单击"均匀透明度"按钮，设置"合并模式"为"乘"，"透明度"为25，单击"填充"按钮，如图9-73所示。

图9-73

03 使用鼠标右键单击该矩形，在弹出的快捷菜单中执行"顺序 > 置于此对象前"命令，当光标变为黑色粗箭头时，使用鼠标左键单击一下背景，此时矩形会自动移到后面，效果如图9-74所示。

图9-74

04 选择选择工具，按住鼠标左键拖动将正面图形及矩形阴影框选，使用快捷键Ctrl+G进行组合。接着按住Shift键的同时按住鼠标左键向左移动，移动到合适位置后按鼠标右键进行复制，如图9-75所示。

图9-75

05 使用快捷键Ctrl+R再次复制一个正面效果图，如图9-76所示。

图9-76

06 双击第2个正面效果图，此时图形的控制点变为双箭头控制点，通过拖动右上角的双箭头控制点将其向下拖动进行旋转，效果如图9-77所示。

图9-77

07 使用同样的方法，将第3个正面效果图进行旋转，如图9-78所示。

图9-78

08 选择选择工具，按住鼠标左键拖动将3个正面效果图框选，使用快捷键Ctrl+G组合对象。将其移动到画面中间位置，最终效果如图9-79所示。

图9-79

第10章

海报设计

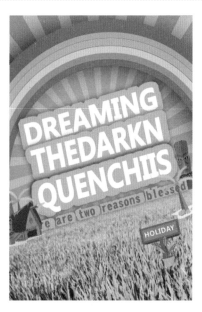

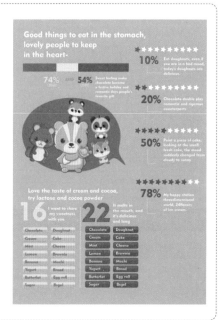

10.1 化妆品促销海报

文件路径	第10章\化妆品促销海报
难易指数	★★★★★
技术掌握	● 矩形工具 ● 椭圆形工具 ● 交互式填充工具 ● 透明度工具 ● 星形工具 ● 文本工具

扫码深度学习

操作思路

本案例首先使用矩形工具、椭圆形工具、交互式填充工具和透明度工具制作海报背景，使用星形工具以及文本工具制作标志部分；然后使用这些工具制作海报主图与文字部分。

案例效果

案例效果如图10-1所示。

图10-1

实例166 制作海报背景与标志

操作步骤

01 新建一个空白的竖版文档。使用矩形工具绘制一个与画板等大的矩形，然后去除轮廓色，并设置填充色为粉色，效果如图10-2所示。

图10-2

02 选择椭圆形工具，在画面左下角位置按住Ctrl键的同时按住鼠标左键拖动绘制一个正圆形，接着使用交互式填充工具编辑一个粉色系的渐变颜色，如图10-3所示。

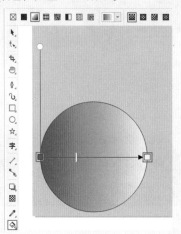

图10-3

03 接着选择透明度工具，在属性栏中单击"均匀透明度"按钮，设置"透明度"为28，并去除轮廓色，效果如图10-4所示。

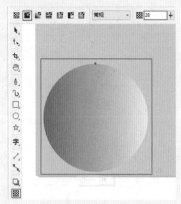

图10-4

04 选中该正圆形，按住鼠标左键向左上方移动，移动到合适位置后按鼠标右键进行复制。通过拖动控

制点将其进行适当的缩小，如图10-5所示。

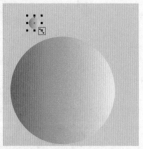

图10-5

05 继续复制并调整正圆形的大小和位置，如图10-6所示。

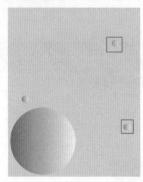

图10-6

06 制作标志。选择星形工具，在属性栏中单击"复杂星形"按钮，设置"点数或边数"为9、"锐度"为2，然后在画面左上角按住鼠标左键拖动绘制一个复杂星形。编辑一个粉色系的渐变颜色，并去除轮廓色，如图10-7所示。

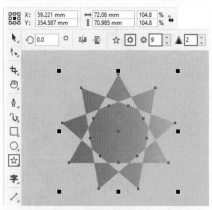

图10-7

07 选择文本工具，在标志上单击鼠标左键，建立文字输入的起始点，输入相应的文字。选中文字，在属性栏中设置合适的字体、字号，如图10-8所示。

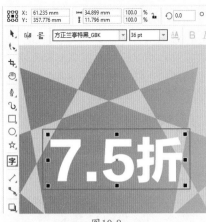

图10-8

08 继续使用文本工具在该文字下方输入其他文字，效果如图10-9所示。

图10-9

实例167　制作海报主图与文字

🎤操作步骤

01 选择椭圆形工具，在画面上方中间位置按住Ctrl键绘制多个圆形。按住Shift键加选3个正圆形，在属性栏中单击"焊接"按钮，如图10-10所示。

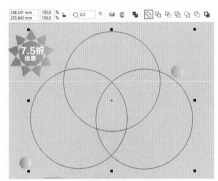

图10-10

02 此时图形效果如图10-11所示。

03 选中该图形，使用快捷键Ctrl+C将其复制，接着使用快捷键Ctrl+V进行粘贴，将新复制出来的图形移动到画板之外，留以备用，如

图10-12所示。

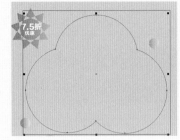

图10-11

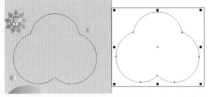

图10-12

04 选择画板上的图形，选择交互式填充工具，在属性栏中单击"渐变填充"按钮，设置"渐变类型"为"线性渐变填充"，然后编辑一个粉色系的渐变颜色，如图10-13所示。在右侧的调色板中使用鼠标右键单击☐按钮，去除轮廓色。

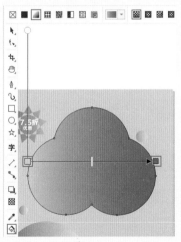

图10-13

05 执行菜单"文件>导入"命令，导入素材"1.png"，如图10-14所示。

图10-14

06 选择该素材，执行菜单"对象>PowerClip>置于图文框内部"命令，当光标变成黑色粗箭头时，单击之前复制到画板之外的图形，即可实现位图的精确剪裁，如图10-15所示。

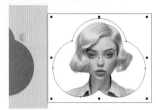

图10-15

07 选择该图形，在右侧的调色板中使用鼠标右键单击☐按钮，去除轮廓色，效果如图10-16所示。

图10-16

08 将该图形移动到画面的合适位置，效果如图10-17所示。

图10-17

09 选择椭圆形工具，在素材右下方按住鼠标左键拖动绘制一个白色椭圆形，如图10-18所示。

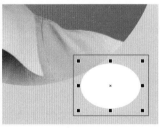

图10-18

10 选择透明度工具，在属性栏中单击"均匀透明度"按钮，设置"透明度"为20，如图10-19所示。

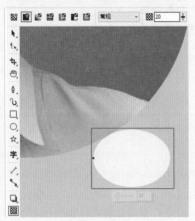

图10-19

11 选择文本工具，输入相应的文字，并设置文本颜色为紫红色，如图10-20所示。

图10-20

12 使用文本工具在文字后面单击插入光标，然后按住鼠标左键向前拖动，使数字被选中，接着在属性栏中更改字体大小，如图10-21所示。

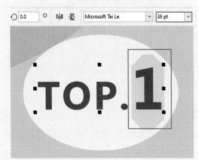

图10-21

13 继续使用文本工具在画面下方输入不同字号的紫红色文字，效果如图10-22所示。

14 选择矩形工具，在文字下方绘制一个矩形。选中该矩形，在属性栏中单击"圆角"按钮，设置"转角半径"为10.0mm。去除轮廓色并设置"填充

色"为粉色，效果如图10-23所示。

图10-22

图10-23

15 选择文本工具，在圆角矩形上单击鼠标左键，建立文字输入的起始点，输入相应的文字。选中文字，在属性栏中设置合适的字体、字号，最终效果如图10-24所示。

图10-24

10.2 立体质感文字海报

文件路径	第10章\立体质感文字海报
难易指数	★★★★★
技术掌握	● 钢笔工具 ● 交互式填充工具 ● 文本工具 ● 立体化工具

🔍 扫码深度学习

操作思路

本案例首先使用椭圆形工具、钢笔工具和交互式填充工具制作海报的主图部分；然后使用文本工具和立体化工具制作海报的文字部分。

案例效果

案例效果如图10-25所示。

图10-25

实例168 制作海报的主图部分

操作步骤

01 新建一个A4尺寸的横版文档。执行菜单"文件>导入"命令，导入背景素材"1.jpg"，如图10-26所示。

图10-26

02 选择椭圆形工具，在画面上按住Ctrl键的同时按住鼠标左键拖动绘制一个正圆形。去除轮廓色，并设置填充色为深紫红色，效果如图10-27所示。

图10-27

03 选择钢笔工具，在正圆形上绘制一个不规则图形，设置"填充色"为

稍浅一些的颜色，如图10-28所示。

图10-28

04 按住Shift键加选正圆形和不规则图形，使用快捷键Ctrl+G进行组合，接着按住鼠标左键向左上方移动，移动到合适位置后按鼠标右键进行复制，如图10-29所示。

图10-29

05 在属性栏中单击"水平镜像"按钮，如图10-30所示。

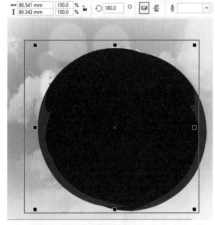

图10-30

06 再次单击该图形，此时控制点变为双箭头控制点，通过拖动右下角的双箭头控制点将其进行逆时针旋转，效果如图10-31所示。

图10-31

07 选择椭圆形工具，在该图形上方位置按住Ctrl键并按住鼠标左键拖动绘制一个正圆形，如图10-32所示。

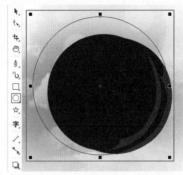

图10-32

08 选择钢笔工具，在正圆形右下方绘制一个不规则图形，如图10-33所示。

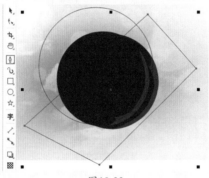

图10-33

09 按住Shift键加选不规则图形和正圆形，在属性栏中单击"修剪"按钮，如图10-34所示。

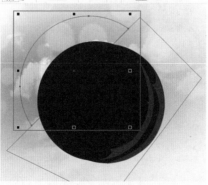

图10-34

10 使用鼠标左键单击下方的不规则图形，按Delete键将其删除，得到一个半圆形，如图10-35所示。

11 选中该半圆形，选择交互式填充工具，在属性栏中单击"渐变填充"

按钮，设置"渐变类型"为"线性渐变填充"，然后编辑一个黄色系的渐变颜色，如图10-36所示。

图10-35

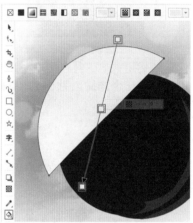

图10-36

12 在右侧的调色板中使用鼠标右键单击☑按钮，去除轮廓色，效果如图10-37所示。

图10-37

13 选择钢笔工具，在半圆形上绘制一个不规则图形，然后编辑一个粉色系的渐变颜色，效果如图10-38所示。

图10-38

14 选择该图形，使用快捷键Ctrl+C将其复制，接着使用快捷键Ctrl+V进行粘贴，选择上方的不规则图形，使用鼠标左键拖动图形的控制点将其进行适当的缩小，并更改图形填充色为橘粉色，效果如图10-39所示。

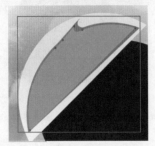
图10-39

15 继续使用钢笔工具在不规则图形上绘制一个洋红色图形，效果如图10-40所示。

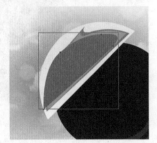
图10-40

16 再次使用钢笔工具在不规则图形上绘制一个不规则图形，编辑一个紫色系的渐变颜色，效果如图10-41所示。

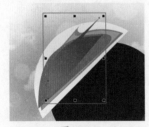
图10-41

17 继续使用钢笔工具在右侧绘制多层次的饼形，如图10-42所示。

图10-42

实例169　制作海报的文字部分

🎙 操作步骤

01 选择文本工具，在画面中输入文字，效果如图10-43所示。

图10-43

02 再次单击该文字，此时控制点变为双箭头控制点，通过拖动右下角的双箭头控制点将其逆时针旋转，效果如图10-44所示。

图10-44

03 选中该文字，按住Shift键的同时按住鼠标左键向右移动，到合适位置后按鼠标右键进行复制，将复制的文字颜色设置为黄色，如图10-45所示。

图10-45

04 选择深褐色文字，选择立体化工具，在文字中间位置按住鼠标左键向右下角拖动，然后在属性栏中设置"深度"为20，如图10-46所示。

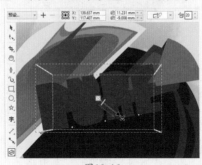
图10-46

05 接着选择黄色文字将其移动到深褐色文字上方，使其呈现出立体效果，如图10-47所示。

图10-47

06 使用同样的方法，继续在该文字，下方输制作其他立体文字，如图10-48所示。

图10-48

07 再次使用文本工具在下方输入文字，效果如图10-49所示。

图10-49

08 再次单击该文字，此时控制点变为双箭头控制点，通过拖动右下角的双箭头控制点将其进行逆时针旋转。选中文字的后半段，然后更改字体颜色为深洋红色，如图10-50所示。

图10-50

09 使用同样的方法，在该文字下方输入其他文字，效果如图10-51所示。

图10-51

10 导入素材“2.png”，最终效果如图10–52所示。

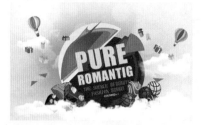

PURE
ROMANTIC
图10-52

10.3 儿童食品信息海报

文件路径	第 10 章 \ 儿童食品信息海报
难易指数	★★★★★
技术掌握	● 常见形状工具 ● 钢笔工具 ● 星形工具
扫码深度学习	

操作思路

本案例主要使用矩形工具、文本工具、常见形状工具、钢笔工具和星形工具制作儿童食品信息海报。画面中的内容虽然比较多，但却包含很多同类或相似的对象，可以只制作其中一个，然后通过复制并对具体内容进行更改的方式快速制作出其他内容。

案例效果

案例效果如图10-53所示。

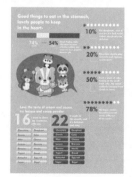

Good things to eat in the stomach,
lovely people to keep
in the heart-
10%
54%
20%
50%
78%
16
22
图10-53

实例170 制作海报左上方部分

操作步骤

01 新建一个A4尺寸的竖版文档，使用矩形工具绘制矩形，设置“填充色”为青色并去除轮廓色，效果如图10–54所示。

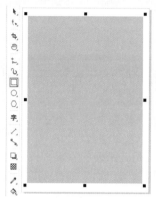

图10-54

02 选择文本工具，在画面左上角单击鼠标左键，建立文字输入的起始点，输入相应的文字。选中文字，在属性栏中设置合适的字体、字号，并设置文字颜色为白色，如图10–55所示。

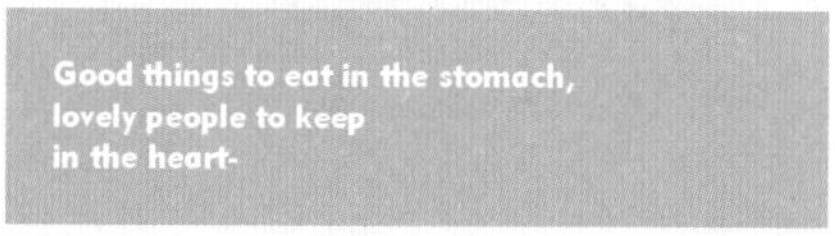

Good things to eat in the stomach,
lovely people to keep
in the heart-
图10-55

03 选择矩形工具，在文字下方按住鼠标左键拖动绘制一个矩形，为其填充合适的颜色，去除轮廓色，效果如图10–56所示。

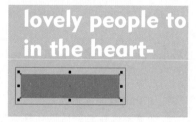

lovely people to
in the heart-
图10-56

04 使用同样的方法，在该矩形右侧绘制其他颜色的矩形，效果如图10–57所示。

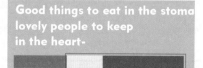

Good things to eat in the stoma
lovely people to keep
in the heart-
图10-57

05 选择钢笔工具，在黄色矩形左下方绘制一条竖线。选择该竖线，在属性栏中设置“轮廓宽度”为0.3mm，设置“轮廓色”为浅青色，效果如图10–58所示。

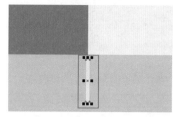

图10-58

06 选中该竖线，按住Shift键的同时按住鼠标左键向右拖动，移动到合适位置后按鼠标右键进行复制，如图10–59所示。

图10-59

07 选择文本工具，在第一个竖线下方输入合适的文字，接着在右侧的调色板中使用鼠标左键单击黄色色块，为文字设置填充色，如图10–60所示。

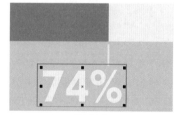

74%
图10-60

08 使用文本工具在该文字的下方和右侧输入其他文字，效果如图10–61所示。

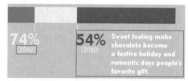

74%
(2060)
54%
(2080)
Sweet feeling make
chocolate become
a festive holiday and
romantic days people's
favorite gift.
图10-61

09 选择常见形状工具，在属性栏中单击“常用形状”按钮，在弹出的下拉面板中选择“右指向”的箭头，然后在刚刚输入的文字中间按住鼠标左键拖动绘制箭头，拖动红色控制点，调整箭头形状，如图10-62所示。

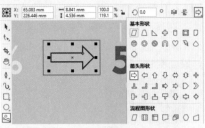

图10-62

10 在右侧的调色板中使用鼠标右键单击⊘按钮，去除轮廓色。然后设置"填充色"为橙色，如图10-63所示。

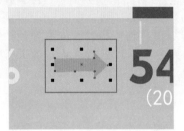

图10-63

11 选择钢笔工具，在文字下方绘制一个不规则图形，如图10-64所示。

图10-64

12 打开素材"1.cdr"，选择一个动物素材，使用快捷键Ctrl+C将其复制，返回到刚刚操作的文档中使用快捷键Ctrl+V将其进行粘贴，并将其移动到绘制的图形下方，如图10-65所示。

图10-65

13 在打开的素材中将其他动物素材复制并粘贴到操作的文档中，然后将其放置在合适位置，效果如

图10-66所示。

图10-66

实例171 制作海报右上方部分

🎙️ 操作步骤

01 选择星形工具，在属性栏中设置"点数或边数"为5、"锐度"为35，然后在画面的右上方按住鼠标左键拖动绘制一个洋红色星形，并适当旋转，如图10-67所示。

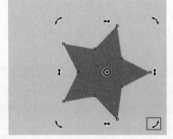

图10-67

02 选中该星形，按住Shift键的同时按住鼠标左键向右移动，移动到合适位置后按鼠标右键进行复制。使用快捷键Ctrl+R复制多个星形，效果如图10-68所示。

图10-68

03 按住Shift键加选除第一个以外的其他星形，在右侧的调色板中使用鼠标左键单击白色色块，为星形更改填充色，如图10-69所示。

图10-69

04 选择文本工具，在星形下方输入文字，如图10-70所示。

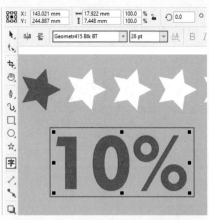

图10-70

05 继续使用文本工具在刚刚输入的洋红色文字右侧输入其他白色文字，效果如图10-71所示。

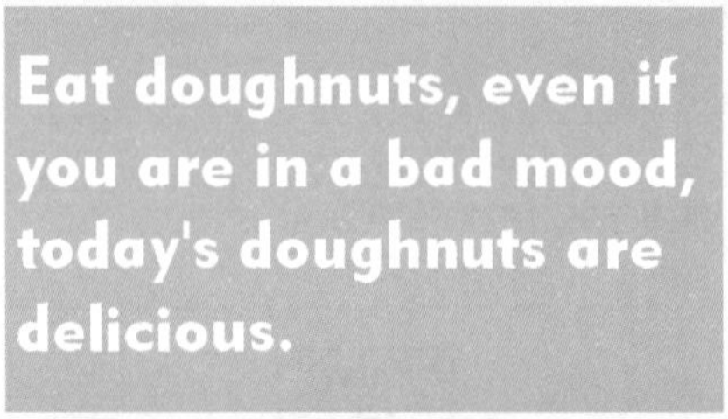

Eat doughnuts, even if you are in a bad mood, today's doughnuts are delicious.

图10-71

06 选择钢笔工具，在刚刚输入的洋红色文字下方绘制一条竖线。选择该竖线，在属性栏中设置"轮廓宽度"为0.3mm，接着设置竖线填充色为浅青色，效果如图10-72所示。

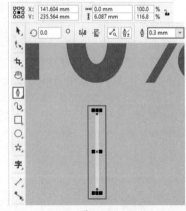

图10-72

07 继续使用钢笔工具在该竖线下方绘制一条浅青色横线，效果如图10-73所示。

08 继续使用同样的方法，在其下方制作其他文字信息，效果如图10-74所示。

图10-73

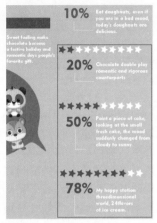

图10-74

实例172 制作海报下半部分

🎙️操作步骤

01 使用文本工具在动物素材正下方输入相应的文字，效果如图10-75所示。

图10-75

02 选择矩形工具，在该文字左下方绘制一个矩形。选中该矩形，在属性栏中单击"圆角"按钮，设置"转角半径"为1.5mm，"轮廓宽度"为0.2mm。在右侧的调色板中使用鼠标右键单击黄色色块，设置圆角矩形的轮廓色，最后设置"填充色"为深黄色，如图10-76所示。

03 继续使用矩形工具，在刚刚绘制的圆角矩形上方再次绘制一个小矩形。选中该小矩形，在属性栏

中单击"圆角"按钮，单击"同时编辑所有角"按钮，设置"左上角转角半径"为1.0mm、"右上角转角半径"为1.0mm。去除轮廓色、设置"填充色"为浅黄色，效果如图10-77所示。

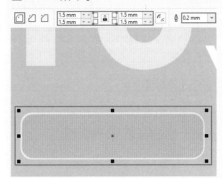

图10-76

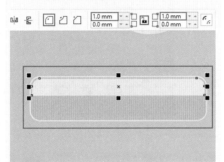

图10-77

04 按住Shift键加选刚刚绘制的两个圆角矩形，使用快捷键Ctrl+G进行组合，接着按住Shift键的同时按住鼠标左键向下移动，移动到合适位置后按鼠标右键进行垂直移动复制，如图10-78所示。

05 使用快捷键Ctrl+R复制多个圆角矩形，效果如图10-79所示。

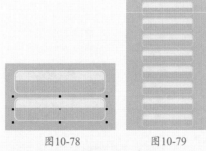

图10-78　　　　图10-79

06 按住Shift键加选刚刚制作的所有圆角矩形，接着按住Shift键的同时按住鼠标左键向右移动，移动到合适位置后按鼠标右键进行移动复制，效果如图10-80所示。

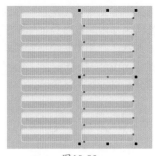

图10-80

07 选择文本工具，在第一个圆角矩形上单击鼠标左键，建立文字输入的起始点，输入相应的文字，接着选中文字，在属性栏中设置合适的字体、字号，并设置合适的文字颜色，如图10-81所示。

图10-81

08 继续使用文本工具在其他圆角矩形上方输入相应的深青色文字，效果如图10-82所示。

Chocolate	Doughnut
Cream	Cake
Mint	Cheese
Lemon	Brownie
Banana	Mochi
Yogurt	Bread
Butterfat	Egg roll
Sugar	Bsgel

图10-82

09 使用同样的方法，在黄色的圆角矩形右侧绘制洋红色的圆角矩形，并在其上面输入相应的白色文字，效果如图10-83所示。

Chocolate	Doughnut		Chocolate	Doughnut
Cream	Cake		Cream	Cake
Mint	Cheese		Mint	Cheese
Lemon	Brownie		Lemon	Brownie
Banana	Mochi		Banana	Mochi
Yogurt	Bread		Yogurt	Bread
Butterfat	Egg roll		Butterfat	Egg roll
Sugar	Bsgel		Sugar	Bsgel

图10-83

10 选择钢笔工具，在刚刚制作的四组圆角矩形中间位置绘制一条竖线。选中该竖线，在属性栏中设置"轮廓宽度"为0.5mm，接着设置"轮廓色"为浅青色，如图10-84所示。

图10-84

11 此时儿童食品信息海报制作完成，效果如图10-85所示。

图10-85

10.4 卡通风格文字招贴

文件路径	第10章\卡通风格文字招贴
难易指数	★★★★☆
技术掌握	● 矩形工具 ● 交互式填充工具 ● 钢笔工具 ● 椭圆形工具 ● 阴影工具 ● 文本工具 ● 轮廓图工具

扫码深度学习

操作思路

本案例主要使用矩形工具、交互式填充工具、钢笔工具、椭圆形工具和阴影工具制作海报背景效果；然后使用文本工具和轮廓图工具制作海报的文字效果；最后打开素材文档，将素材复制并粘贴到操作文档中的合适位置，制作出卡通风格的前景部分。

案例效果

案例最终效果如图10-86所示。

图10-86

实例173 制作放射状背景

操作步骤

01 新建一个A4尺寸的竖版文档，绘制与画板等大的矩形。选中该矩形，选择交互式填充工具，在属性栏中单击"渐变填充"按钮，设置"渐变类型"为"椭圆形渐变填充"，然后编辑一个橙色系的渐变颜色，并去除轮廓色，如图10-87所示。

图10-87

02 选择钢笔工具，在画面左下角绘制一个三角形，设置"填充色"为浅橙色，如图10-88所示。

图10-88

03 在选中该三角形的状态下，再次单击该图形，此时图形的控制点变为双箭头控制点，使用鼠标左键按住中心点，将中心点移动到右上角的控制点下方合适位置，然后通过拖动左下角的双箭头控制点将三角形向左上方拖动进行旋转，旋转至合适角度后单击鼠标右键，将其进行复制，如图10-89所示。

图10-89

04 多次使用快捷键Ctrl+R复制多个三角形，效果如图10-90所示。

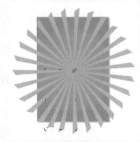

图10-90

实例174 制作彩虹图形

操作步骤

01 选择椭圆形工具，在画面中间偏右位置按住Ctrl键的同时按住鼠标

194

左键拖动绘制一个正圆形。选中该正圆形，在属性栏中设置"轮廓宽度"为7.0mm，设置"轮廓色"为粉色，效果如图10-91所示。

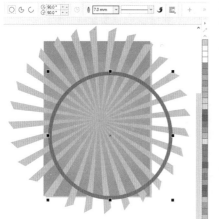

图10-91

02 选择该正圆形，使用快捷键Ctrl+C进行复制，使用快捷键Ctrl+V进行粘贴。选中复制的正圆形，按住Shift键的同时按住鼠标左键拖动控制点将其等比例放大，将正圆形的轮廓色更改为稍浅的粉色，如图10-92所示。

图10-92

03 使用同样的方法，继续复制其他正圆形并更改轮廓色，效果如图10-93所示。

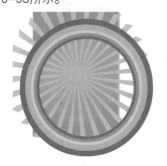

图10-93

04 按住Shift键加选所有正圆形，使用快捷键Ctrl+G进行组合。

选择阴影工具，使用鼠标左键在正圆形上按住鼠标左键由右侧至左侧拖动添加阴影，然后在属性栏中设置"阴影颜色"为黑色、"合并模式"为"乘"、"阴影不透明度"为73，"阴影羽化"为15，单击"羽化方向"按钮，在下拉列表中选择"高斯式模糊"选项，设置"阴影角度"为180、"阴影延展"为106、"阴影淡出"为0，如图10-94所示。

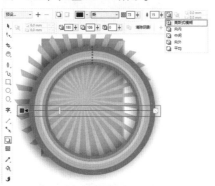

图10-94

实例175　制作海报文字

🎙️操作步骤

01 选择文本工具，在画面上单击鼠标左键，建立文字输入的起始点，输入相应的文字。选中文字，在属性栏中设置合适的字体、字号，单击"粗体"按钮，最后设置文本颜色为白色，如图10-95所示。

图10-95

02 双击该文字，此时文字的控制点变为双箭头控制点，通过拖动右下角的双箭头控制点将其向上方拖动进行旋转，效果如图10-96所示。

03 选中文字，选择轮廓图工具，在文字边缘按住鼠标左键由内向外拖动，释放鼠标即可创建由文字中心

向边缘放射的轮廓效果，如图10-97所示。

图10-96

图10-97

04 在属性栏中设置"轮廓偏移方向"为"外部轮廓"、"轮廓图步长"为1、"轮廓图偏移"为6.0mm、"轮廓图角"为"圆角"、"轮廓色"为黄色、"填充色"为黄色，如图10-98所示。

图10-98

05 使用鼠标右键单击该文字，在弹出的快捷菜单中执行"组合"命令。选择阴影工具，使用鼠标左键在文字中间位置向右拖动添加阴影，然后在属性栏设置"阴影颜色"为黑色、"合并模式"为"乘"、"阴影不透明度"为16、"阴影羽化"为15，单击"羽化方向"按钮，在下拉列表中选择"向外"选项；单击"羽化边缘"按钮，在下拉列表中选择"线性"选项，如图10-99所示。

06 继续使用同样的方法，在该文字下方制作其他文字，效果如图10-100所示。

图10-99

图10-100

实例176　制作前景装饰元素

操作步骤

01 导入草地素材"1.png"，使用鼠标右键单击该素材，在弹出的快捷菜单中执行"顺序＞置于此对象后"命令，此时光标变成黑色粗箭头形状，使用鼠标左键单击画面最下方文字，将草地素材移动到该文字下方，效果如图10-101所示。

图10-101

02 打开素材"2.cdr"，在打开的素材中选中房子素材，使用快捷键Ctrl+C将其复制，返回到刚刚操作的文档中使用快捷键Ctrl+V进行粘贴，并将其移动到草地素材左上方，如图10-102所示。

03 继续在打开的素材中将人形柱子素材复制并粘贴到操作的文档中，然后放置在草地素材右上方。

使用鼠标右键单击该素材，在弹出的快捷菜单中执行"顺序＞置于此对象后"命令，当光标变成黑色粗箭头时，使用鼠标左键单击画面最下方文字，效果如图10-103所示。

图10-102　　　　　　图10-103

04 继续在打开的素材中将其他素材复制并粘贴到操作的文档中，然后将其放置在画面中合适的位置，效果如图10-104所示。

05 使用快捷键Ctrl+A选中画面中所有图形，使用快捷键Ctrl+G进行组合。然后将图形移出画板，使用矩形工具绘制一个与画板等大的矩形，如图10-105所示。

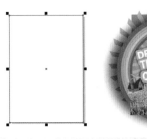

图10-104　　　　　　　　　　图10-105

06 选中图形，执行菜单"对象>PowerClip>置于图文框内部"命令，当光标变成黑色粗箭头时，单击刚刚绘制的矩形，如图10-106所示。

07 创建PowerClip对象后，在页面左上角显示出的"浮动工具栏"中单击"编辑"按钮，重新定位内容，如图10-107所示。

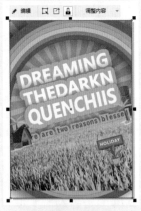

图10-106　　　　　　　图10-107

08 进入到编辑状态后按住鼠标左键拖动素材调整其位置，调整完成后单击"完成"按钮。此时画面效果如图10-108所示。

09 选中刚刚绘制的矩形，在右侧的调色板中使用鼠标右键单击☑按钮，去除轮廓色。此时卡通风格文字招贴制作完成，效果如图10-109所示。

图10-108

图10-109

10.5 制作多彩拼接海报

文件路径	第10章\制作多彩拼接海报
难易指数	★★★★★
技术掌握	● 矩形工具 ● 钢笔工具 ● 多边形工具 ● 文本工具 ● 区域文字

🔍扫码深度学习

操作思路

本案例主要使用矩形工具、钢笔工具、多边形工具和文本工具制作海报背景和主体图案；然后使用文本工具和多边形工具为海报制作区域文字及图案效果。

案例效果

案例效果如图10-110所示。

图10-110

实例177 制作海报背景和主体图案

操作步骤

01 新建一个A4尺寸的竖版文档。使用矩形工具绘制与画板等大的矩形，设置"填充色"为浅橘色并去除轮廓色，效果如图10-111所示。

图10-111

02 选择钢笔工具，在画面右下角绘制一个直角三角形。选中该三角形，在右侧的调色板中使用鼠标右键单击☑按钮，去除轮廓色。使用鼠标左键单击黄色色块，为三角形填充颜色，效果如图10-112所示。

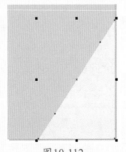

图10-112

03 使用钢笔工具在三角形上再次绘制一个小三角形。选中该小三角形，去除轮廓色，设置"填充色"为深紫色，效果如图10-113所示。

图10-113

04 使用同样的方法，在画面左上方绘制其他不同的小三角形，效果如图10-114所示。

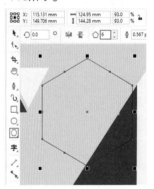

图10-114

05 选择多边形工具，在属性栏中设置"点数或边数"为6，然后在画面中间位置按住Ctrl键的同时按住鼠标左键拖动绘制一个正六边形，如图10-115所示。

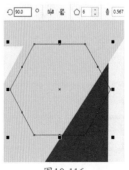

图10-115

06 选中该正六边形，在属性栏中设置"旋转角度"为90.0°，如图10-116所示。

图10-116

07 执行菜单"文件>导入"命令，导入素材"1.jpg"，如图10-117所示。

图10-117

08 选择素材，执行菜单"对象>PowerClip>置于图文框内部"命令，当光标变成黑色粗箭头时，单击刚刚绘制的正六边形，即可实现位图的精确剪裁，然后去除轮廓色，效果如图10-118所示。

图10-118

09 使用同样的方法，继续绘制其他图形，并导入不同的素材将其置于图文框内部，效果如图10-119所示。

图10-119

实例178 制作文字与辅助图形
操作步骤

01 选择文本工具，在画面中的左下方单击鼠标左键，建立文字输入

的起始点，输入相应的文字，选中文字，在属性栏中设置合适的字体、字号，单击"粗体"按钮，如图10-120所示。

图10-120

02 继续使用文本工具在画面右下方输入其他相应的文字，效果如图10-121所示。

图10-121

03 继续使用文本工具在画面右上方输入其他文字，如图10-122所示。

图10-122

04 在使用文本工具的状态下，在文字右侧单击插入光标，然后按住鼠标左键向前拖动，使最后一个单词被选中，为文字更改颜色，效果如图10-123所示。

图10-123

05 选择多边形工具，在属性栏中设置"点数或边数"为3，然后在刚刚输入的文字上方按住Ctrl键的同时按住鼠标左键拖动绘制一个正三角形，如图10-124所示。

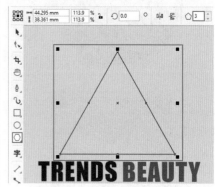

图10-124

06 选择该正三角形，然后选择文本工具，将光标移动至三角形内部，当光标变成 I_{ab} 形状时，单击鼠标左键，建立文字输入的起始点，输入相应的文字。选中文字，在属性栏中设置合适的字体、字号，如图10-125所示。

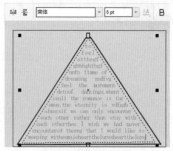

图10-125

07 选中该正三角形，在右侧的调色板中使用鼠标右键单击☑按钮，去除轮廓色，效果如图10-126所示。

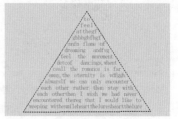

图10-126

08 选择多边形工具，在属性栏中设置"点数或边数"为3，在刚刚输入的文字下方按住Ctrl键的同时按住鼠标左键拖动绘制一个正三角形，然后单击属性栏中的"垂直镜

像"按钮将其翻转。接着去除轮廓色并设置"填充色"为深红色，效果如图10-127所示。

图10-127

09 选中该倒三角形，按住Shift键的同时按住鼠标左键向右移动到合适位置后，按鼠标右键进行复制，如图10-128所示。

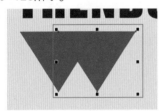

图10-128

10 选中复制的倒三角形，在属性栏中单击"垂直镜像"按钮，此时两个三角形呈现出菱形效果，如图10-129所示。

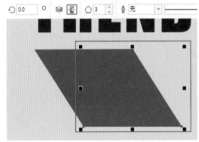

图10-129

11 按住Shift键加选这两个三角形，按住Shift键的同时按住鼠标左键向右移动到合适位置后，按鼠标右键进行复制，如图10-130所示。使用快捷键Ctrl+R复制多个三角形，效果如图10-131所示。

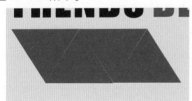

图10-130

图10-131

12 按住Shift键加选中间三组菱形，将其移动到下方合适位置，如图10-132所示。选中上下两组图形最后的三角形，按Delete键将其删除，效果如图10-133所示。

图10-132

图10-133

13 继续使用同样的方法，将画板之外剩余的三角形移动到合适位置，并删除多余部分，从而拼成一个倒三角形，效果如图10-134所示。按住Shift键加选其中的5个三角形，设置"填充色"为深紫色，如图10-135所示。

图10-134

图10-135

14 使用同样的方法，继续将其他三角形的填充色更改为黄色，效果如图10-136所示。此时多彩拼接海报制作完成，效果如图10-137所示。

图10-136

图10-137

10.6 幸运转盘活动招贴

文件路径	第10章\幸运转盘活动招贴
难易指数	★★★★★
技术掌握	● 矩形工具 ● 椭圆形工具 ● 橡皮擦工具 ● 钢笔工具 ● 文本工具 ● 多边形工具

扫码深度学习

操作思路

本案例主要使用矩形工具、椭圆形工具、橡皮擦工具、钢笔工具、文本工具和多边形工具制作海报主体转盘部分。主体制作完成后可以在周边添加其他的装饰元素以及文字部分。

案例效果

案例效果如图10-138所示。

图10-138

实例179 制作转盘主体

操作步骤

01 新建一个A4尺寸的竖版文档。使用矩形工具绘制比画板稍小的矩形，设置"填充色"为浅蓝色并去除轮廓色，效果如图10-139所示。

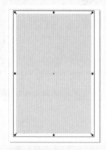

图10-139

02 选择椭圆形工具，在画面中心位置按住Ctrl键的同时按住鼠标左键拖动绘制正圆形。选中该正圆形，在右侧的调色板中使用鼠标右键单击☑按钮去除轮廓色，最后设置填充色为黄色，效果如图10-140所示。

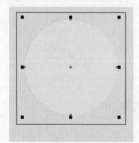

图10-140

03 继续使用椭圆形工具在黄色正圆形上绘制一个稍小的灰色正圆形，效果如图10-141所示。

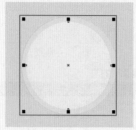

图10-141

04 选择橡皮擦工具，在属性栏中设置笔尖"形状"为"圆形笔尖"，"橡皮擦厚度"为1.0mm，然后在灰色正圆形边缘按住鼠标左键由左向右拖动，制作正圆形缺口，如图10-142所示。

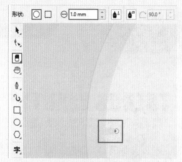

图10-142

05 继续在灰色正圆形边缘制作其他缺口，效果如图10-143所示。

图10-143

06 执行菜单"查看>标尺"命令，显示标尺。然后将光标定位在标尺上，按住鼠标左键向画面中拖动，释放鼠标之后就会出现辅助线。通过拖动辅助线使正圆形产生等比例分割的效果，如图10-144所示。

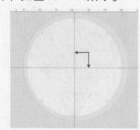

图10-144

07 选择钢笔工具，在画面中沿辅助线绘制一个饼形，为饼形填充白色，如图10-145所示。

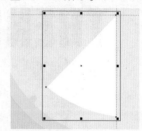

图10-145

08 在选中该饼形的状态下，再次单击该图形，此时图形的控制点变为双箭头控制点，使用鼠标左键按住中心点，将饼形的中心点移动到辅助线中心点位置，然后通过拖动饼形左下角的双箭头控制点将饼形向左上方拖动进行旋转，旋转至合适位置后单击鼠标右键，将其进行复制，如图10-146所示。

图10-146

09 使用快捷键Ctrl+R复制多个饼形，然后使用鼠标左键单击两条辅助线，按Delete键将其删除，效果如图10-147所示。

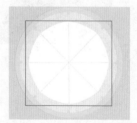

图10-147

实例180 制作转盘文字与图形

操作步骤

01 选择文本工具，在画面中单击鼠标左键，建立文字输入的起始点，输入相应的文字。选中文字，在属性栏中设置合适的字体、字号，如图10-148所示。

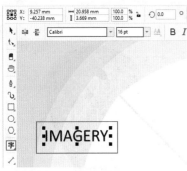

图10-148

02 选中文字，在属性栏中设置"旋转角度"为70.0°，如图10-149所示。

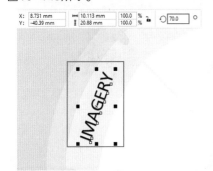

图10-149

03 继续使用同样的方法，在画面其他位置输入不同的文字，效果如图10-150所示。

图10-150

04 导入素材"1.png"，如图10-151所示。

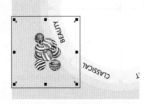

图10-151

05 选中素材，执行菜单"对象>PowerClip>置于图文框内部"命令，当光标变成黑色粗箭头时，单击画面中的一个饼形，即可实现位图的精确剪裁，如图10-152所示。

图10-152

06 创建PowerClip对象后，在工作区左上角显示出的"浮动工具栏"中单击"编辑"按钮，重新定位内容，如图10-153所示。

图10-153

07 进入到编辑状态后，按住鼠标左键拖动素材调整其位置，调整完成后单击左上角的"完成"按钮，如图10-154所示。此时效果如图10-155所示。

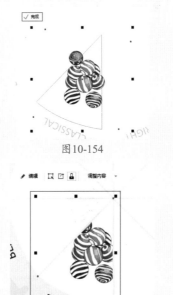

图10-154

图10-155

08 使用同样的方法，继续导入其他食物素材并置于其他饼形内部，效果如图10-156所示。

图10-156

09 选择椭圆形工具，在画面中心按住Ctrl键并按住鼠标左键拖动绘制一个正圆形。选中该正圆形，设置"填充色"为黄色并去除轮廓色，效果如图10-157所示。

图10-157

10 继续使用椭圆形工具在黄色正圆形上绘制一个稍小的正圆形，在属性栏中设置"轮廓宽度"为1.5mm，设置"轮廓色"为白色，并去除填充色，如图10-158所示。

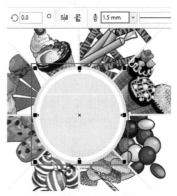

图10-158

11 选择文本工具，在刚刚绘制的正圆形上单击鼠标左键，建立文字输入的起始点，输入相应的文字。选中文字，在属性栏中设置合适的字体、字号，单击"粗体"按钮，如图10-159所示。

图10-159

12 继续使用文本工具在该文字上方输入其他文字,效果如图10-160所示。

图10-160

13 制作箭头。选择钢笔工具,在刚刚输入的文字下方绘制一个弧形箭身,在属性栏中设置"轮廓宽度"为1.0mm,如图10-161所示。

图10-161

14 继续使用钢笔工具在弧线右侧绘制箭头形状,效果如图10-162所示。

图10-162

15 使用同样的方法,在转盘左下方绘制一个深灰色箭头,如图10-163所示。

图10-163

16 选中该箭头,按住鼠标左键向右上方移动到合适位置后,按鼠标右键进行复制,如图10-164所示。

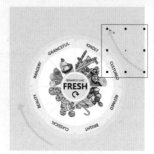

图10-164

17 选中复制的箭头,在属性栏中设置"旋转角度"为180°,效果如图10-165所示。

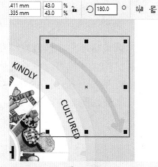

图10-165

18 继续使用钢笔工具在转盘上绘制一个指针形状。选中该形状,在右侧的调色板中使用鼠标左键单击黑色色块,为形状填充颜色,如图10-166所示。

图10-166

19 选择文本工具,在刚刚绘制的指针形状上输入文字,如图10-167所示。

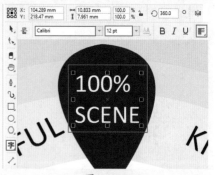

图10-167

20 此时海报主体转盘部分制作完成,效果如图10-168所示。

图10-168

实例181 制作海报其他部分

操作步骤

01 继续使用文本工具在转盘上方输入相应文字,效果如图10-169所示。

图10-169

02 选择椭圆形工具,在转盘左上方位置按住Ctrl键的同时按住鼠标左键拖动绘制一个正圆形。选中该正圆形,设置"填充色"为玫红色并去除轮廓色,如图10-170所示。

图10-170

03 选择矩形工具，在正圆形底部绘制一个黑色矩形，在属性栏中单击"圆角"按钮，设置"转角半径"为4.0mm，如图10-171所示。

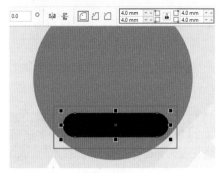

图10-171

04 选择文本工具，在玫红色正圆形上输入文字，如图10-172所示。

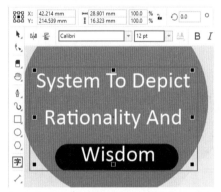

图10-172

05 选择矩形工具，在画面底部按住鼠标左键拖动绘制一个白色矩形，在属性栏中单击"圆角"按钮，设置"转角半径"为4.0mm，效果如图10-173所示。

图10-173

06 使用同样的方法，继续在白色圆角矩形右上方绘制一个"转角半径"为1.0mm、"轮廓宽度"为0.5mm的淡蓝色圆角矩形框，如图10-174所示。

07 继续使用矩形工具在白色圆角矩形左上方绘制一个灰色边框的矩形。选中该矩形，在属性栏中设置"轮廓宽度"为1.8mm，如图10-175所示。

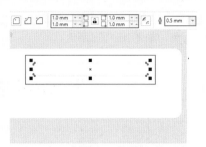

图10-174

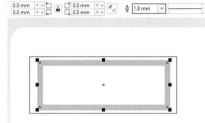

图10-175

08 选中该矩形，按住Shift键的同时按住鼠标左键向下移动，移动到合适位置后按鼠标右键进行复制，如图10-176所示。

图10-176

09 继续使用矩形工具在刚刚复制的灰色矩形上再次绘制一个矩形，如图10-177所示。

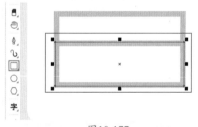

图10-177

10 选择该矩形，选择交互式填充工具，在属性栏中单击"渐变填充"按钮，设置"渐变类型"为"线性渐变填充"，然后编辑一个黑色到白色的渐变颜色，如图10-178所示。

11 选择透明度工具，在属性栏中单击"渐变透明度"按钮，设置"合并模式"为"乘"、"渐变模式"为"线性渐变透明度"、"旋转"

为90.0°，单击"全部"按钮，如图10-179所示。

图10-178

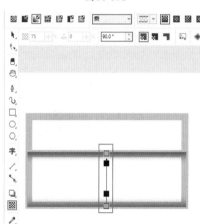

图10-179

12 选择文本工具，在刚刚绘制的矩形上输入文字，设置文字颜色为褐色，如图10-180所示。

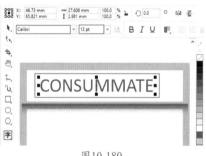

图10-180

13 继续使用文本工具在该文字下方输入其他文字，效果如图10-181所示。

图10-181

14 选择钢笔工具，在文字右上方绘制一个梯形。去除轮廓色并设置"填充色”为褐色，如图10-182所示。

MATE
NES

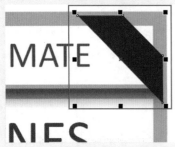

图10-182

15 执行菜单“文件>导入”命令，导入素材“9.png”，如图10-183所示。

CONSUMMATE
SCENES

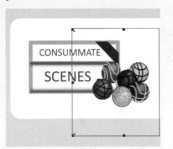

图10-183

16 选择文本工具，在淡蓝色圆角矩形上继续输入深灰色的文字，如图10-184所示。

Fresh and comfortable

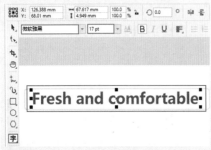

图10-184

17 继续使用文本工具在该文字下方输入其他深灰色文字，效果如图10-185所示。

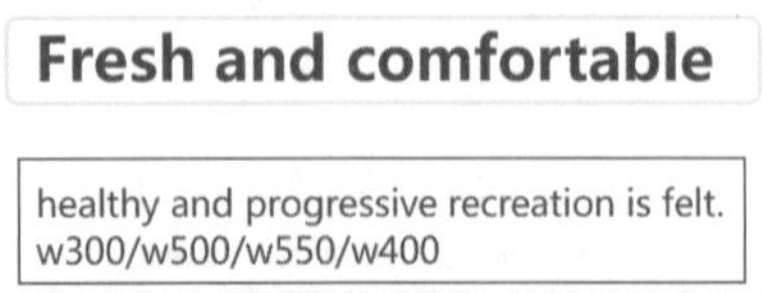

Fresh and comfortable
healthy and progressive recreation is felt.
w300/w500/w550/w400

图10-185

18 选择多边形工具，在属性栏中设置“点数或边数”为3，然后在画面左上方位置按住Ctrl键的同时按住鼠标左键拖动绘制一个正三角形。选中该正三角形，在属性栏中设置“轮廓宽度”为1.0mm，设置“轮廓色”为浅蓝色，如图10-186所示。

Wisdom

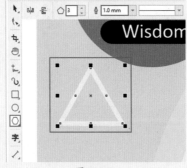

图10-186

19 选中该正三角形，按住Shift键的同时按住鼠标左键向右移动，移动到合适位置后按鼠标右键进行复制，如图10-187所示。

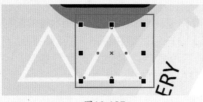

图10-187

20 选择复制的正三角形，在属性栏中单击“垂直镜像”按钮，然后将其移动到正三角形上方，制作一个星形，如图10-188所示。

Wisdom
IMAGERY

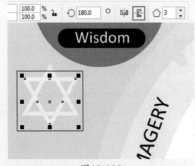

图10-188

21 复制多个星形并放置在画面中合适的位置，效果如图10-189所示。

FRESH

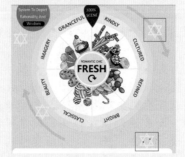

图10-189

22 选择椭圆形工具，在白色圆角矩形上方按住Ctrl键的同时按住鼠标左键拖动绘制一个淡蓝色正圆形，效果如图10-190所示。

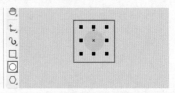

图10-190

23 使用同样的方法，继续在该正圆形附近制作其他大小不同的淡蓝色正圆形，效果如图10-191所示。

图10-191

24 按住Shift键加选刚刚绘制的所有淡蓝色正圆形，使用快捷键Ctrl+G进行组合，得到正圆形组。接着按住鼠标左键将其向下移动，移动到合适位置后按鼠标右键进行复制，如图10-192所示。

CONSUMMATE
SCENES
Fresh and comfortable

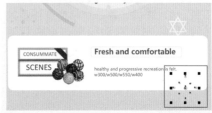

图10-192

25 使用同样的方法，继续在画面中复制多个正圆形组。最终效果如图10-193所示。

CALM AND UNHURRIED
BRIGHT COLORED
THE SOURCE OF BEAUTY
FRESH

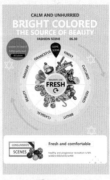

图10-193

第11章

书籍画册

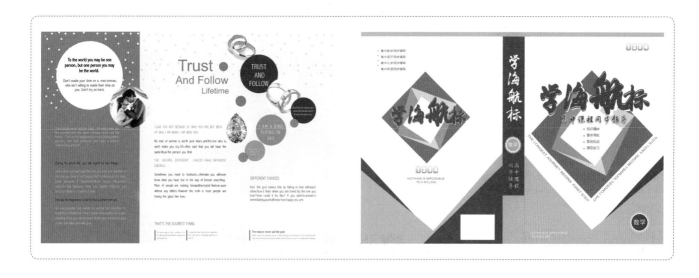

11.1 旅行杂志内页版式设计

文件路径	第11章\旅行杂志内页版式设计
难易指数	★★★★★
技术掌握	● 矩形工具 ● 文本工具 ● 钢笔工具 ● 椭圆形工具 ● 透明度工具 ● 阴影工具

扫码深度学习

操作思路

本案例使用矩形工具、文本工具、椭圆形工具以及透明度工具制作旅行杂志内页左侧部分；然后使用阴影工具、钢笔工具、透明度工具以及文本工具制作旅行杂志内页右侧部分效果。

案例效果

案例效果如图11-1所示。

图11-1

实例182 制作杂志左页

操作步骤

01 创建一个A4大小的空白文档。选择矩形工具，在工作区中绘制一个矩形，设置"填充色"为浅灰色，如图11-2所示。

02 继续使用同样的方法，在该矩形上绘制一个稍小的白色矩形，如图11-3所示。

图11-2

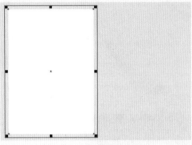

图11-3

03 选择文本工具，在画面上单击鼠标左键，建立文字输入的起始点，输入相应的文字，接着选中文字，在属性栏中设置合适的字体、字号，如图11-4所示。

图11-4

04 选择钢笔工具，在文字下方绘制一条直线，选中该直线，在属性栏中设置"轮廓宽度"为0.7mm，如图11-5所示。

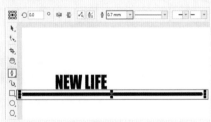

图11-5

05 执行菜单"文件>导入"命令，导入素材"1.jpg"，如图11-6所示。

图11-6

06 选择椭圆形工具，在风景素材右上方位置按住Ctrl键的同时按住鼠标左键拖动绘制一个正圆形，如图11-7所示。

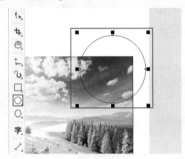

图11-7

07 选中该正圆形，在右侧的调色板中使用鼠标右键单击⊠按钮，去除轮廓色。设置"填充色"为水青色，如图11-8所示。

图11-8

08 选中该正圆形，选择透明度工具，在属性栏中设置"透明度类型"为"均匀透明度"，设置"透明度"为36，单击"全部"按钮，如图11-9所示。

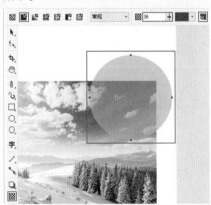

图11-9

09 选择文本工具，在正圆形上单击鼠标左键，建立文字输入的起始点，输入相应的文字。选中文字，在属性栏中设置合适的字体、字号，单击"粗体"按钮，设置文本对齐方式为"中"，如图11-10所示。

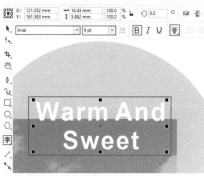

图11-10

10 在使用文本工具的状态下，在正圆形下方按住鼠标左键从左上角向右下角拖动创建一个文本框，如图11-11所示。

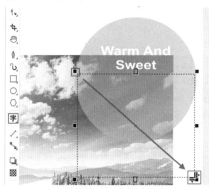

图11-11

11 在文本框中输入文字。选中文字，在属性栏中设置合适的字体、字号，如图11-12所示。

图11-12

12 继续使用文本工具在画面左侧上方输入相应的文字，如图11-13所示。

图11-13

13 使用同样的方法，在其下方输入青色的文字，效果如图11-14所示。

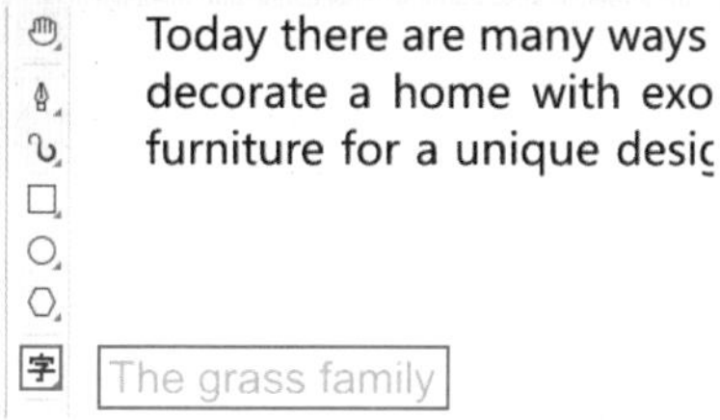

图11-14

14 在使用文本工具的状态下，在青色文字下方按住鼠标左键从左上角向右下角拖动创建文本框，然后在文本框中输入相应的文字，如图11-15所示。

图11-15

15 使用同样的方法，继续在该文字右侧输入其他文字，效果如图11-16所示。

图11-16

16 执行菜单"文件>导入"命令，导入物品素材"2.jpg"。在画面左下角按住鼠标左键拖动，调整导入对

象的大小，释放鼠标完成导入操作，如图11-17所示。

图11-17

17 继续导入另外一个物品素材并放置在画面右下方，如图11-18所示。

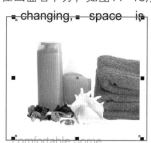

图11-18

18 使用文本工具在画面左下方单击鼠标左键，建立文字输入的起始点，输入相应的文字。选中文字，在属性栏中设置合适的字体、字号，如图11-19所示。

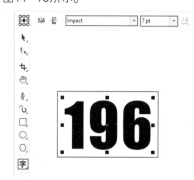

图11-19

19 继续在其右侧输入其他文字，如图11-20所示。

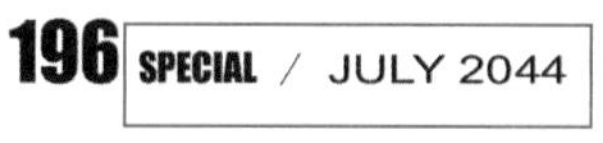

图11-20

20 此时杂志内页左侧部分制作完成。效果如图11-21所示。

图11-21

实例183　制作杂志右页

操作步骤

01 执行菜单"文件>导入"命令，导入风景素材"4.jpg"，在画面右侧按住鼠标左键拖动，调整导入对象的大小，释放鼠标完成导入操作，如图11-22所示。

图11-22

02 选中风景素材，选择阴影工具，按住鼠标左键在风景素材上方由中间位置向右拖动制作阴影，在属性栏中设置"阴影颜色"为黑色、"合并模式"为"乘"、"阴影不透明度"为57、"阴影羽化"为15，如图11-23所示。

图11-23

03 选择文本工具，在风景素材上单击鼠标左键，建立文字输入的起始点，输入相应的文字。选中文字，在属性栏中设置合适的字体、字号，单击"粗体"按钮，如图11-24所示。

图11-24

04 选择钢笔工具，在风景素材下方绘制一个不规则图形，设置"填充色"为青色，如图11-25所示。

图11-25

05 选中该图形，选择透明度工具，在属性栏中设置"透明度类型"为"均匀透明度"、"透明度"为36，单击"全部"按钮，如图11-26所示。

图11-26

06 继续使用钢笔工具在刚刚绘制的图形上继续绘制一个稍小的淡青色不规则图形，效果如图11-27所示。

图11-27

07 选中该图形，选择透明度工具，在属性栏中设置"透明度类型"为"均匀透明度"、"透明度"为50，单击"全部"按钮，如图11-28所示。

图11-28

08 选择文本工具，在不规则图形上单击鼠标左键，建立文字输入的起始点，输入相应的文字。选中文字，在属性栏中设置合适的字体、字号，如图11-29所示。

图11-29

09 此时旅行杂志内页版式制作完成。最终效果如图11-30所示。

图11-30

11.2 企业宣传画册设计

文件路径	第11章\企业宣传画册设计
难易指数	★★★★★
技术掌握	● 矩形工具 ● 钢笔工具 ● 透明度工具 ● 文本工具 ● "三维旋转"效果 ● 阴影工具

扫码深度学习

💡操作思路

本案例使用矩形工具、钢笔工具、透明度工具以及文本工具制作画册正面效果；然后使用"三维旋转"效果和阴影工具以及透明度工具制作画册立体效果。

🖱案例效果

案例效果如图11-31所示。

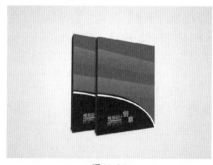

图11-31

实例184 制作画册封面

🎙操作步骤

01 创建一个A4大小的文档。选择矩形工具，在画面的合适位置绘制一个矩形。设置"填充色"为蓝色，去除轮廓色，如图11-32所示。

02 选择钢笔工具，在矩形下方绘制一个黑色不规则图形，去除轮廓色，如图11-33所示。

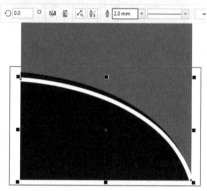

图11-32　　　　图11-33

03 继续使用钢笔工具在刚刚绘制的图形上绘制一条曲线。选中该曲线，在属性栏中设置"轮廓宽度"为2.0mm，在右侧的调色板中使用鼠标右键单击白色色块，更改曲线轮廓色，如图11-34所示。

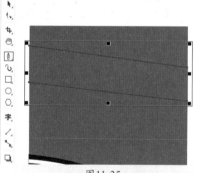

图11-34

04 继续使用钢笔工具在画面中绘制一个四边形，如图11-35所示。

图11-35

05 选中该四边形，选择交互式填充工具，在属性栏中单击"渐变填充"按钮，设置"渐变类型"为"线性渐变填充"，然后编辑一个蓝色系的渐变颜色，如图11-36所示。

06 选中该四边形，选择透明度工具，在属性栏中设置"透明度类型"为"渐变透明度"、"渐变模式"为"线性渐变透明度"、"旋转"为97.0°，单击"全部"按钮，如

图11-37所示。

图11-36

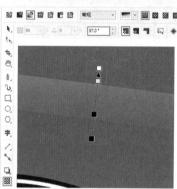

图11-37

07 选中该四边形，在右侧的调色板中使用鼠标右键单击☑按钮，去除轮廓色，效果如图11-38所示。

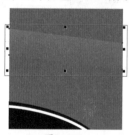

图11-38

08 选中该四边形，使用快捷键Ctrl+C将其复制，接着使用快捷键Ctrl+V进行粘贴。按住鼠标左键向下移动，如图11-39所示。

图11-39

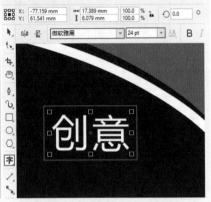

09 选择文本工具，在画面下方单击鼠标左键，建立文字输入的起始点，输入相应的文字。选中文字，在属性栏中设置合适的字体、字号，如图11-40所示。

图11-40

10 选中文字，选择形状工具，使用鼠标左键在文字左下方的白色控制点上单击向下拖动至合适位置，效果如图11-41所示。

图11-41

11 继续使用文本工具在刚刚输入的文字左侧单击鼠标左键，建立文字输入的起始点，输入相应的文字。选中文字，在属性栏中设置合适的字体、字号，如图11-42所示。

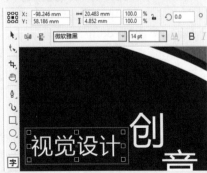

图11-42

12 选择钢笔工具，在刚刚输入的文字下方绘制一条直线，在属性栏中设置"轮廓宽度"为0.75mm，并在右侧的调色板中使用鼠标右键单击白色色块，设置直线的轮廓色，效果如图11-43所示。

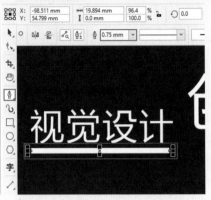

图11-43

13 继续使用文本工具在刚刚制作的直线下方输入其他文字，效果如图11-44所示。

图11-44

14 此时企业宣传画册的正面制作完成，效果如图11-45所示。

图11-45

实例185 制作画册立体效果

操作步骤

01 使用快捷键Ctrl+A选中画面中所有图形，使用快捷键Ctrl+G进行组合。然后按住Shift键的同时按住鼠标左键向右移动，到合适位置后按鼠标右键进行复制，如图11-46所示。

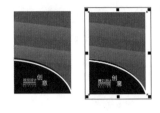

图11-46

02 选中复制的正面效果图，执行菜单"位图>转换为位图"命令，在弹出的"转换为位图"对话框中设置"分辨率"为72dpi，设置完成后单击OK按钮，如图11-47所示。

图11-47

03 执行菜单"效果>三维效果>三维旋转"命令，在弹出的"三维旋转"对话框中设置"垂直"为1、"水平"为18，设置完成后单击OK按钮，如图11-48所示。此时正面效果如图11-49所示。

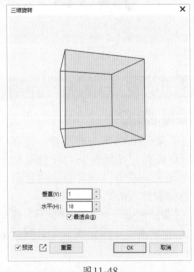

图11-48

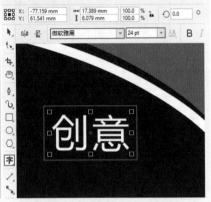

图11-49

04 制作画册侧面。选择钢笔工具，在该图形左侧边缘绘制一个深蓝色四边形，如图11-50所示。按住Shift键加选侧面和正面效果，使用快捷键Ctrl+G进行组合。

图11-50

05 制作底面阴影效果。继续使用钢笔工具在画册下方绘制一个四边形。选中该四边形，去除轮廓色并设置"填充色"为黑色，如图11-51所示。

图11-51

06 选中四边形，选择阴影工具，按住鼠标左键在四边形中间位置向右拖动添加投影。在属性栏中设置"阴影颜色"为黑色、"阴影不透明度"为50、"阴影羽化"为20，单击"羽化方向"按钮，在弹出的下拉列表中选择"向外"选项；单击"羽化边缘"按钮，在弹出的下拉列表中选择"线性"选项。执行菜单"对象>顺序>向后一层"命令，然后将其移动至画册后面，如图11-52所示。

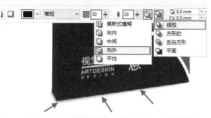

图11-52

07 按住Shift键加选该四边形和画册立体图形，使用快捷键Ctrl+G进行组合。然后按住Shift键的同时按住鼠标左键向右移动，移动到合适位置后按鼠标右键进行复制，如图11-53所示。

图11-53

08 制作两个画册之间的阴影效果。选择钢笔工具，沿着右侧画册的轮廓绘制一个不规则图形。选中该图形，在右侧的调色板中使用鼠标左键单击黑色色块，为图形填充颜色，如图11-54所示。

图11-54

09 选中该图形，选择透明度工具，在属性栏中设置"透明度类型"为"均匀透明度"、"合并模式"为"乘"，"透明度"为80，单击"全部"按钮，如图11-55所示。

10 使用鼠标右键单击该图形，在弹出的快捷菜单中执行"顺序>置于此对象前"命令，当光标变为黑色粗箭头时单击第一个画册，此时图形会移动到两个画册中间，效果如

图11-56所示。

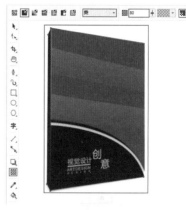

图11-55

11 制作背景。选择矩形工具，在画面中绘制一个矩形。选中该矩形，选择交互式填充工具，在属性栏中单击"渐变填充"按钮，设置"渐变类型"为"椭圆形渐变填充"，然后编辑一个灰色系的渐变颜色，如图11-57所示。

图11-56

图11-57

12 按住Shift键加选刚刚制作的两个立体画册和阴影效果，使用快捷键Ctrl+G进行组合，使用鼠标右键单击刚刚制作的背景图形，在弹出的快捷菜单中执行"顺序>置于此对象后"命令，当光标变为黑色粗箭头时单击画册，然

后将画册移动到背景图形上。最终效果如图11-58所示。

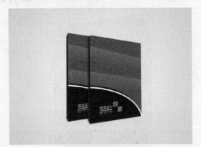

图11-58

11.3 婚礼三折页画册内页设计

文件路径	第11章 \ 婚礼三折页画册内页设计
难易指数	★★★★★
技术掌握	● 矩形工具 ● 椭圆形工具 ● 文本工具 ● 钢笔工具 ● 段落文字

扫码深度学习

操作思路

本案例使用矩形工具、椭圆形工具制作三折页上的基本图形，并使用文本工具在页面中创建大量的"点文字"和"段落文字"。

案例效果

案例效果如图11-59所示。

图11-59

实例186 制作画册背景效果

操作步骤

01 执行菜单"文件>新建"命令，创建一个A4大小的横向文档。选择矩形工具，绘制一个与画板等大的灰色矩形，如图11-60所示。

图11-60

02 继续使用同样的方法，在该矩形上绘制一个稍小的玫瑰粉色矩形，如图11-61所示。

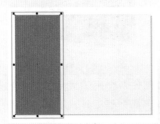

图11-61

03 选择椭圆形工具，在画面上方位置按住Ctrl键的同时按住鼠标左键拖动绘制一个白色正圆形，效果如图11-62所示。

图11-62

04 选中该正圆形，按住鼠标左键向右移动，移动到合适位置后按鼠标右键进行复制，如图11-63所示。

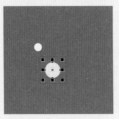

图11-63

05 使用同样的方法，继续制作其他的正圆形，效果如图11-64所示。

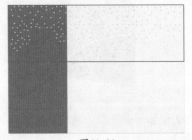

图11-64

实例187 制作第一页内容

操作步骤

01 制作第一页效果。选择椭圆形工具，在画面上方位置按住Ctrl键的同时按住鼠标左键拖动绘制一个白色正圆形，如图11-65所示。

图11-65

02 选择文本工具，在白色正圆形上按住鼠标左键从左上角向右下角拖动创建一个文本框，如图11-66所示。

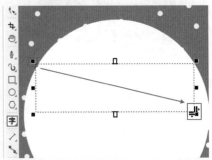

图11-66

03 在文本框中输入文字。选中文字，在属性栏中设置合适的字体、字号，如图11-67所示。

04 继续使用同样的方法，在刚刚输入的文字下方制作其他段落文字，效果如图11-68所示。

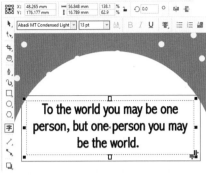

图11-67

图11-68

05 执行菜单"文件>导入"命令，导入人物素材"1.jpg"，在工作区中按住鼠标左键拖动，调整导入对象的大小，释放鼠标完成导入操作，如图11-69所示。

图11-69

06 选择椭圆形工具，在画面上方位置按住Ctrl键的同时按住鼠标左键拖动绘制一个正圆形，如图11-70所示。

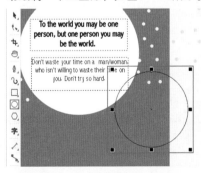

图11-70

07 选中人物素材，执行菜单"对象>PowerClip>置于图文框内部"命令，当光标变成黑色粗箭头时，单击刚刚绘制的正圆，即可实现位图的精确剪裁。选中刚刚绘制的正圆框，去除轮廓色，效果如图11-71所示。

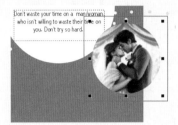

图11-71

08 选择文本工具，在人物素材左下方按住鼠标左键从左上角向右下角拖动创建一个文本框，在文本框中输入文字。选中文字，在属性栏中设置合适的字体、字号，如图11-72所示。

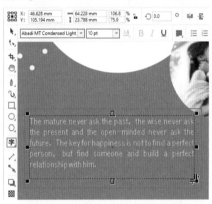

图11-72

09 继续使用文本工具在刚刚输入的文字下方输入其他段落文字，效果如图11-73所示。

图11-73

10 在使用文本工具的状态下，在第一段文字后方单击插入光标，然后按住鼠标左键向前拖动，使第一段

文字被选中，在调色板中更改字体颜色，如图11-74所示。

图11-74

11 使用同样的方法，为其他文字更改字体颜色，效果如图11-75所示。

图11-75

实例188 制作第二页内容

操作步骤

01 执行菜单"文件>导入"命令，导入素材"2.jpg"，如图11-76所示。

图11-76

02 选择椭圆形工具，在画面上方位置按住Ctrl键的同时按住鼠标左键拖动绘制一个正圆形，如图11-77所示。

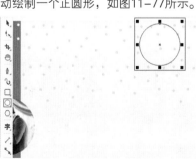

图11-77

03 选中素材，执行菜单"对象> PowerClip>置于图文框内部" 命令，当光标变成黑色粗箭头时，单击刚刚绘制的正圆形，即可实现位图的精确剪裁。去除轮廓色，效果如图11-78所示。

图11-78

04 选择文本工具，在画面上方单击鼠标左键，建立文字输入的起始点，输入相应的文字。选中文字，在属性栏中设置合适的字体、字号，单击"粗体"按钮，接着在右侧的调色板中使用鼠标左键单击粉色色块，为文字更改颜色，如图11-79所示。

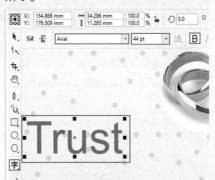

图11-79

05 选择椭圆形工具，在刚刚输入的文字右侧位置按住Ctrl键的同时按住鼠标左键拖动绘制一个正圆形，设置"填充色"为粉色并去除轮廓色，效果如图11-80所示。

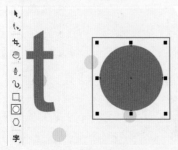

图11-80

06 选择文本工具，在刚刚制作的正圆形下方输入相应的文字，并设置文本颜色为粉色，如图11-81所示。

图11-81

07 继续使用文本工具在刚刚输入的文字下方按住鼠标左键并从左上角向右下角拖动创建出文本框。在文本框中输入文字。选中文字，在属性栏中设置合适的字体、字号，效果如图11-82所示。

图11-82

08 选择文本工具，在第一段文字后方单击插入光标，接着按住鼠标左键向前拖动，使第一段文字被选中，然后在调色板中更改字体颜色，如图11-83所示。

图11-83

09 使用同样的方法，为其他文字更改字体颜色，效果如图11-84所示。

10 继续使用文本工具在段落文字下方输入文字，效果如图11-85所示。

图11-84

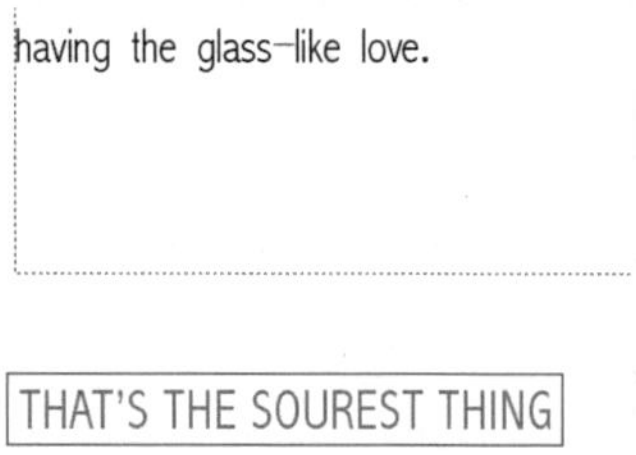

having the glass-like love.

THAT'S THE SOUREST THING

图11-85

11 选择钢笔工具，在刚刚输入的文字下方绘制一条直线，在属性栏中设置"轮廓宽度"为1.0mm，设置"轮廓色"为粉色，效果如图11-86所示。

图11-86

12 继续使用文本工具在刚刚制作的直线右侧按住鼠标左键从左上角向右下角拖动创建一个文本框。在文本框中输入合适的文字，选中文字，在属性栏中设置合适的字体、字号，如图11-87所示。

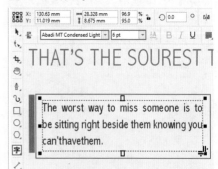

图11-87

214

13 使用同样的方法添加另外一组段落文字及线条，效果如图11-88所示。

THAT'S THE SOUREST THING

图11-88

实例189 制作第三页内容

🎙️ 操作步骤

01 制作第三页效果。选择椭圆形工具，在画面上方位置按住Ctrl键的同时按住鼠标左键拖动绘制一个正圆形，如图11-89所示。

图11-89

02 选中该正圆形，设置"填充色"为蓝黑色并去除轮廓色，效果如图11-90所示。

图11-90

03 选择文本工具，在刚刚制作的正圆形上单击鼠标左键，建立文字输入的起始点，输入相应的文字。选中文字，在属性栏中设置合适的字体、字号，如图11-91所示。

04 选择椭圆形工具，在刚刚绘制的蓝黑色正圆形左下方按住Ctrl键的同时按住鼠标左键拖动绘制一个粉色正圆形，如图11-92所示。

05 执行菜单"文件>导入"命令，导入素材"3.jpg"，如图11-93所示。

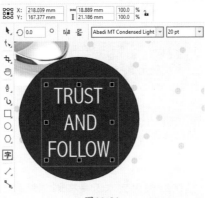

图11-91

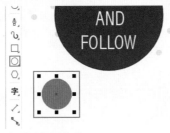

图11-92

图11-93

06 选择椭圆形工具，在蓝黑色正圆形右下方按住Ctrl键的同时按住鼠标左键拖动绘制一个正圆形，如图11-94所示。

07 选中素材，执行菜单"对象>PowerClip>置于图文框内部"命令，当光标变成黑色粗箭头时，单击刚刚绘制的正圆形，即可实现位图的精确剪裁。选中刚刚绘制的正圆框，在右侧的调色板中使用鼠标右

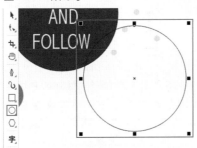

图11-94

键单击⊠按钮，去除轮廓色，效果如图11-95所示。

图11-95

08 继续使用椭圆形工具在刚刚导入的素材下方绘制一个蓝黑色正圆形，效果如图11-96所示。

图11-96

09 使用文本工具，在刚刚制作的正圆形上按住鼠标左键从左上角向右下角拖动创建一个文本框。在文本框中输入相应的文字。选中文字，在属性栏中设置合适的字体、字体大小，如图11-97所示。

图11-97

10 使用同样的方法，在刚刚输入的段落文字下方绘制其他颜色的正圆形，并在正圆形上输入相应的段落文字，效果如图11-98所示。

图11-98

11 执行菜单"文件>导入"命令，导入素材"4.jpg"，如图11-99所示。

图11-99

12 选择椭圆形工具，在刚刚制作的鲑红色正圆形左侧按住Ctrl键的同时按住鼠标左键拖动绘制一个正圆形，如图11-100所示。

图11-100

13 选中素材，执行菜单"对象>PowerClip>置于图文框内部"命令，当光标变成黑色粗箭头时，单击刚刚绘制的正圆形，即可实现位图的精确剪裁。选中刚刚绘制的正圆框，在右侧的调色板中使用鼠标右键单击☒按钮，去除轮廓色，效果如图11-101所示。

图11-101

14 选择文本工具，在画面右下方输入相应的粉色文字，如图11-102所示。

图11-102

15 继续使用文本工具在刚刚输入的文字下方创建文本框，在文本框中输入相应的文字。选中文字，在属性栏中设置合适的字体、字号，如图11-103所示。

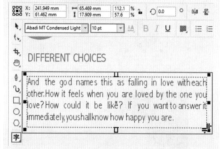

图11-103

16 选中之前制作的粉色直线，按住鼠标左键向右移动，移动到刚刚制作的段落文字下方，按鼠标右键进行复制，如图11-104所示。

图11-104

17 使用文本工具在刚刚复制的直线右侧单击鼠标左键，建立文字输入的起始点，输入相应的文字。选中文字，在属性栏中设置合适的字体、字号，如图11-105所示。

18 继续使用文本工具在刚刚输入的文字下方按住鼠标左键从左上角向右下角拖动创建文本框。在文本框中输入文字。选中文字，在属性栏中设置合适的字体、字号，如图11-106所示。

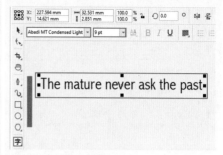

图11-105

图11-106

19 此时婚礼三折页画册设计制作完成。最终效果如图11-107所示。

图11-107

11.4 教材封面平面设计

文件路径	第11章\教材封面平面设计
难易指数	★★★★★
技术掌握	● 矩形工具 ● 钢笔工具 ● 文本工具 ● 交互式填充工具 ● 阴影工具 ● 椭圆形工具 ● 路径文字 ● 星形工具

扫码深度学习

操作思路

本案例主要使用矩形工具、钢笔工具、椭圆形工具制作书籍封面的基本结构,并使用文本工具在封面上添加书名以及其他文字信息。

案例效果

案例效果如图11-108所示。

图11-108

实例190 制作封面中的几何图形

操作步骤

01 创建一个A4大小的空白文档。绘制一个白色矩形,如图11-109所示。

图11-109

02 继续使用矩形工具在白色矩形上方边缘绘制一个矩形。选中该矩形,在右侧的调色板中使用鼠标右键单击⊠按钮去除轮廓色,设置"填充色"为橙色,如图11-110所示。

图11-110

03 制作正面主图部分。继续使用矩形工具在白色矩形右侧中间位置按住Ctrl键的同时按住鼠标左键拖动绘制正方形,如图11-111所示。

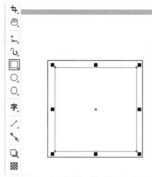

图11-111

04 选中该正方形,在右侧的调色板中使用鼠标右键单击⊠按钮,去除轮廓色,设置"填充色"为橘红色,效果如图11-112所示。

图11-112

05 双击该正方形使其控制点变为双箭头形状,拖动双箭头的控制点将正方形向左旋转,如图11-113所示。

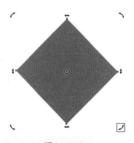

图11-113

06 使用同样的方法,继续在其上面添加一个稍小的白色图形,效果如图11-114所示。

图11-114

07 选择钢笔工具,在白色正方形左侧绘制一个不规则图形,如图11-115所示。

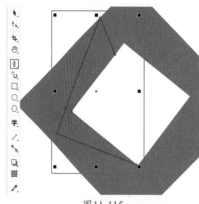

图11-115

08 选中该图形,去除轮廓色,设置"填充色"为橙色,如图11-116所示。

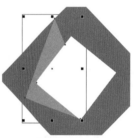

图11-116

09 继续在刚刚绘制的白色图形右侧制作其他颜色的不规则图形,效果如图11-117所示。

图11-117

10 选择钢笔工具,在封面右下方绘制一个三角形,如图11-118所示。

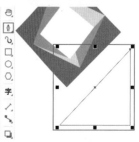

图11-118

11 选中该三角形，去除轮廓色，设置"填充色"为蓝紫色，如图11-119所示。

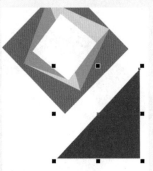

图11-119

12 继续使用钢笔工具在紫色三角形上制作一个稍小的三角形，设置"填充色"为阳橙色，效果如图11-120所示。

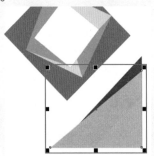

图11-120

13 使用同样的方法，在这两个三角形左侧绘制其他两个三角形，效果如图11-121所示。

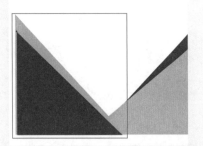

图11-121

实例191 制作封面标题部分

🎤 操作步骤

01 添加主标题文字。选择文本工具，在画面上方单击鼠标左键，建立文字输入的起始点，输入相应的文字。选中文字，在属性栏中设置合适的字体、字号，如图11-122所示。

图11-122

02 在使用文本工具的状态下，在第三个文字后面单击插入光标，然后按住鼠标左键向前拖动，使第三个文字被选中，然后在属性栏中更改字号，如图11-123所示。

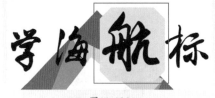

图11-123

03 选中文字，按快捷键Ctrl+K将文字拆分。选中第一个文字，选择交互式填充工具，在属性栏中单击"渐变填充"按钮，设置"渐变类型"为"线性渐变填充"，然后编辑一个紫色到蓝色的渐变颜色，如图11-124所示。

图11-124

04 使用同样的方法，为其他文字填充渐变颜色，效果如图11-125所示。

图11-125

05 按住Shift键加选4个文字，按住鼠标左键向下移动，移动到合适位置后按鼠标右键进行复制。选中新复制出来的文字，在右侧的调色板中使用鼠标右键单击黑色色块设置轮廓色，然后在属性栏中设置"轮廓宽度"为2mm。使用鼠标左键单击☑按钮，去除填充色，效果如图11-126所示。

图11-126

06 选中新复制出来的文字，执行菜单"对象 > 将轮廓转换为对象"命令，然后选择交互式填充工具，在属性栏中单击"渐变填充"按钮，设置"渐变类型"为"线性渐变填充"，然后编辑一个紫色到蓝色的渐变颜色，效果如图11-127所示。

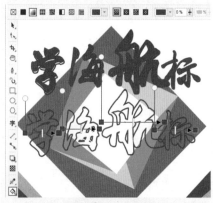

图11-127

07 将复制出来的文字放置在原来的文字下方，并将其稍微放大一些，效果如图11-128所示。

图11-128

08 使用选择工具将刚刚制作的两个文字效果框选，使用快捷键Ctrl+G组合，然后按住鼠标左键向下移动，移动到合适位置后按鼠标右键进行复制，如图11-129所示。

图11-129

09 选中新复制出来的文字，设置填充色为白色，效果如图11-130所示。

图11-130

10 使用鼠标右键单击新复制出来的文字，在弹出的快捷菜单中执行"顺序 > 置于此对象后"命令，当鼠标变为黑色粗箭头时单击上方的紫蓝色文字，然后将其移动到紫蓝色文字后面，效果如图11-131所示。

图11-131

实例192 制作封面中其他图形及文字

🎤 操作步骤

01 选择文本工具，在主标题文字下方单击鼠标左键，建立文字输入的起始点，在属性栏中设置合适的字体、字号，然后输入相应的文字，如图11-132所示。

图11-132

02 选中该文字，在右侧的调色板中使用鼠标左键单击紫色色块，为文字填充颜色，如图11-133所示。

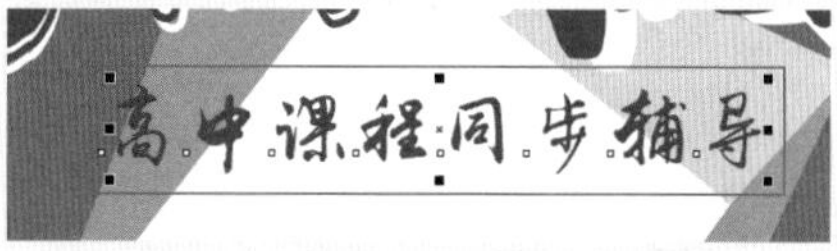

图11-133

03 选中该文字，双击位于界面底部状态栏中的"轮廓笔"按钮，在弹出的"轮廓笔"对话框中设置"轮廓宽度"为0.35mm、"轮廓色"为白色，设置完成后单击OK按钮，如图11-134所示。此时文字效果如图11-135所示。

图11-134

图11-135

04 选中该文字，选择阴影工具，使用鼠标左键在文字上方由上至下拖动添加阴影，然后在属性栏中设置阴影颜色为黑色、"合并模式"为"乘"、"阴影不透明度"为50、"阴影羽化"为15，单击"羽化方向"按钮，在下拉列表中选择"高斯式模糊"选项，如图11-136所示。

图11-136

05 选择椭圆形工具，在刚刚输入的文字下方按住Ctrl键的同时按住鼠标左键拖动绘制一个正圆形。选中该正圆形，在右侧的调色板中使用鼠标右键单击☐按钮，去除轮廓色。使用鼠标左键单击紫色色块，为正圆形填充颜色，如图11-137所示。

图11-137

06 选中该正圆形，按住Shift键的同时按住鼠标左键向下移动，移动到合适位置后按鼠标右键进行复制。使用快捷键Ctrl+R复制多个正圆形，效果如图11-138所示。

图11-138

07 选择文本工具，在刚刚制作的正圆形右侧单击鼠标左键，建立文字输入的起始点，输入相应的文字。选中文字，在属性栏中设置合适的字体、字号，在调色板中更改文字颜色为橙色，效果如图11-139所示。

图11-139

08 选择钢笔工具，沿着之前制作的图形左侧边缘绘制一条斜线，如图11-140所示。

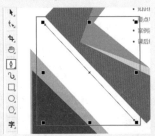
图11-140

09 选择文本工具，将光标移动到斜线上方，当光标变成⌐形状时，单击鼠标左键建立文字输入的起始点，输入相应的文字。选中文字，在属性栏中设置合适的字体、字号，在右侧的调色板中使用鼠标右键单击⊘按钮，去除轮廓色。使用鼠标左键单击橙色色块，设置文字颜色，效果如图11-141所示。

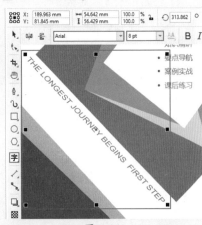
图11-141

10 选中文字，按住鼠标向右移动，至合适位置单击鼠标右键进行复制。然后单击属性栏中的"垂直镜像"按钮，得到右侧的路径文字，效果如图11-142所示。

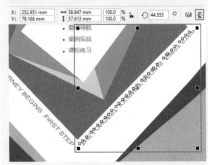
图11-142

11 继续使用文本工具在画面左侧三角形上方输入相应的文字，在调色板中更改文字颜色为白色，效果如图11-143所示。

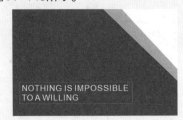
图11-143

12 制作右下方标志部分。选择星形工具，在属性栏中设置"点数或边数"为32、"锐度"为15，然后在画面右侧三角形上面位置按住鼠标左键拖动绘制一个多角星形，如图11-144所示。

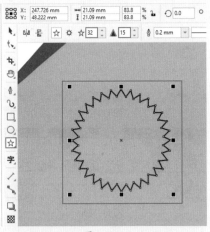
图11-144

13 选中该星形，在右侧的调色板中使用鼠标右键单击⊘按钮，去除轮廓色。使用鼠标左键单击灰色色块，为星形填充颜色，如图11-145所示。

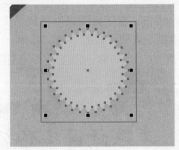
图11-145

14 选择椭圆形工具，在星形上按住Ctrl键的同时按住鼠标左键拖动绘制一个正圆形。选中该正圆形，在属性栏中设置"轮廓宽度"为0.7mm，如图11-146所示。

图11-146所示。

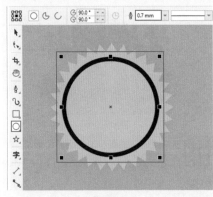
图11-146

15 在右侧的调色板中使用鼠标右键单击白色色块，设置轮廓色。使用鼠标右键单击紫色色块，为正圆形填充颜色，效果如图11-147所示。

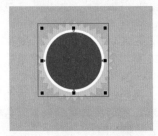
图11-147

16 继续使用文本工具在正圆形上面位置单击鼠标左键，建立文字输入的起始点，输入相应的文字。选中文字，在属性栏中设置合适的字体、字号，在调色板中更改文字颜色为白色，效果如图11-148所示。

图11-148

17 制作右上方图形。选择矩形工具，在画面右上方绘制一个矩形。选中该矩形，在属性栏中单击"圆角"按钮，设置"转角半径"为1.5mm，单击"相对角缩放"按钮，如图11-149所示。

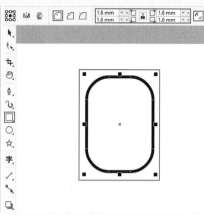

图11-149

18 选中该圆角矩形，选择交互式填充工具，在属性栏中单击"渐变填充"按钮，设置"渐变类型"为"线性渐变填充"，然后编辑一个橙色系的渐变颜色，如图11-150所示。

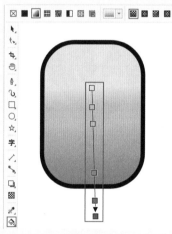

图11-150

19 在右侧的调色板中使用鼠标右键单击☑按钮，去除轮廓色，效果如图11-151所示。

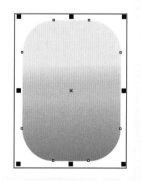

图11-151

20 选中该圆角矩形，按住Shift键的同时按住鼠标左键向右移动，移动到合适位置后按鼠标右键进行复制，如图11-152所示。

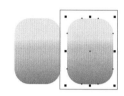

图11-152

21 使用快捷键Ctrl+R复制多个圆角矩形，效果如图11-153所示。

图11-153

22 选择文本工具，在圆角矩形上输入相应的文字，如图11-154所示。

图11-154

23 此时教材封面正面制作完成，效果如图11-155所示。

图11-155

实例193 制作教材书脊

🎙️操作步骤

01 制作书脊的背景。选择矩形工具，在教材正面左侧位置绘制一个矩形，如图11-156所示。

图11-156

02 选中该矩形，去除轮廓色，设置"填充色"为紫色，如图11-157所示。

图11-157

03 继续使用矩形工具在紫色矩形下方边缘绘制一个小矩形。选中该矩形，去除轮廓色，设置"填充色"为阳橙色，如图11-158所示。

图11-158

04 选择文本工具，在紫色矩形上单击鼠标左键，建立文字输入的起始点，输入相应的文字。选中文字，在属性栏中设置合适的字体、字号，单击"将文本更改为垂直方向"按钮，效果如图11-159所示。

图11-159

05 使用选择工具，框选之前制作的右下方标志，将标志组成部分全部选中，按住鼠标左键向左上方移动，移动到刚刚输入的文字下方位置后按鼠标右键进行复制，如图11-160所示。

图11-160

06 通过拖动其控制点将其适当的缩小，得到新标志，如图11-161所示。

图11-161

07 选中新标志中的正圆形，在右侧的调色板中使用鼠标左键单击橙黄色色块，为正圆形更改填充色，如图11-162所示。

图11-162

08 选择文字工具，在书脊下方输入两行文字，在属性栏中设置好合适的字体、字号，然后单击属性兰中的"将文字更改为垂直方向"按钮，如图11-163所示。

图11-163

实例194　制作教材封底

操作步骤

01 使用选择工具将之前制作的教材正面框选，接着按住Shift键的同时按住鼠标左键向左移动到合适位置后按鼠标右键进行复制，得到新的正面效果图，如图11-164所示。

图11-164

02 将新的正面效果中位于中间位置的文字删除，只保留主标题文字、右上角的标志部分以及左下角的文字，如图11-165所示。

图11-165

03 框选左侧的主图部分，按住鼠标左键拖动控制点将其进行适当的缩小，如图11-166所示。

图11-166

04 使用同样的方法，选择主图上方的主标题，拖动控制点将其适当缩小，并移动到刚刚缩小的主图中间，效果如图11-167所示。

图11-167

05 将右上方的标志部分以及左下角的文字移动到主图下方位置，并将文字的颜色更改为橙色，如图11-168所示。

图11-168

06 选中橙色文字，在属性栏中单击"文本对齐"按钮，在弹出的下拉列表中选择"中"选项，效果如图11-169所示。

图11-169

07 选择椭圆形工具，在画面左上方按住Ctrl键的同时按住鼠标左键拖动绘制一个正圆形。选中该正圆形，在右侧的调色板中使用鼠标右键单击☑按钮，去除轮廓色。使用鼠标左键单击橙色色块，为正圆形填充颜色，效果如图11-170所示。

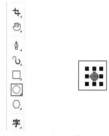

图11-170

08 选中该正圆形，按住Shift键的同时按住鼠标左键向下移动，到合适位置后按鼠标右键进行复制。使用快捷键Ctrl+R复制多个正圆形，效果如图11-171所示。

图11-171

09 选择文本工具，在正圆右侧单击鼠标左键，建立文字输入的起始点，输入相应的文字。选中文字，在属性栏中设置合适的字体、字号，在调色板中更改文字颜色为橙色，效果如图11-172所示。

图11-172

10 更改封底底部的三角形颜色，效果如图11-173所示。

图11-173

11 使用矩形工具在封底右下角绘制一个白色矩形作为条形码的位置，此时教材封面平面设计制作完成，最终效果如图11-174所示。

图11-174

第12章

包装设计

12.1 干果包装盒设计

文件路径	第12章\干果包装盒设计
难易指数	★★★★★
技术掌握	● 矩形工具 ● 钢笔工具 ● 交互式填充工具 ● 文本工具 ● 螺纹工具 ● 表格工具 ● 阴影工具

扫码深度学习

操作思路

本案例首先使用矩形工具、钢笔工具以及交互式填充工具,制作包装盒各个面的基本形态并绘制图形图案;然后使用螺纹工具和文本工具制作产品包装上的多组文字及图案;最后利用"透视"效果和其他工具制作包装盒的立体效果。

案例效果

案例效果如图12-1所示。

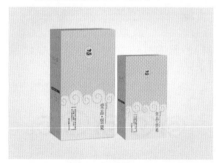

图12-1

实例195 制作包装正面

操作步骤

01 创建一个A4大小的横向空白文档。选择矩形工具,在画面左侧绘制一个矩形。设置"填充色"为芥黄色,去除轮廓色,如图12-2所示。

图12-2

02 选择钢笔工具,在矩形左侧绘制一个四边形,如图12-3所示。

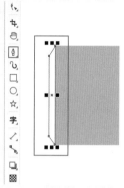

图12-3

03 选中该图形,在右侧的调色板中使用鼠标右键单击☑按钮,去除轮廓色。接着使用交互式填充工具为该图形填充芥黄色,效果如图12-4所示。

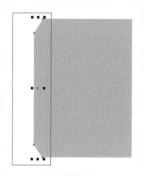

图12-4

04 使用矩形工具在画面上方绘制一个芥黄色矩形,如图12-5所示。

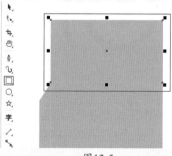

图12-5

05 继续使用矩形工具在该矩形上方绘制一个稍小的芥黄色矩形。选中该矩形,在属性栏中单击"圆角"按钮,单击"同时编辑所有角"按钮使其处于解锁状态,设置"左上角转角半径"为5.0mm、"右上角转角半径"为5.0mm,单击"相对角缩放"按钮,如图12-6所示。

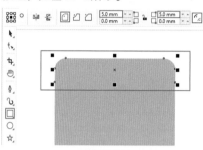

图12-6

06 选中前面绘制的稍大矩形,使用快捷键Ctrl+C进行复制,使用快捷键Ctrl+V进行粘贴。选择复制得到的矩形,选择交互式填充工具,在属性栏中单击"双色图样填充"按钮,单击"第一种填充色或图样"按钮,在下拉面板中选择合适的图样,设置"前景颜色"和"背景颜色"为深浅不同的两种颜色,在画面中由外向内拖动控制点将其缩小,如图12-7所示。

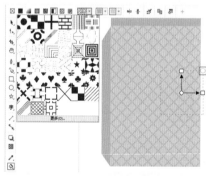

图12-7

07 选择椭圆形工具,在画面右上方按住Ctrl键的同时按住鼠标左键拖动绘制一个浅色的正圆形,设置轮廓色为黑色,如图12-8所示。

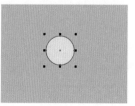

图12-8

08 继续使用椭圆形工具在其内部绘制一个稍小的正圆形，如图12-9所示。

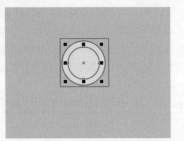

图12-9

09 执行菜单"文件>打开"命令，打开标志素材"1.cdr"。在打开的素材中选中"标志"素材，使用快捷键Ctrl+C将其复制，返回到刚刚操作的文档中，使用快捷键Ctrl+V进行粘贴，并将其移动到正圆的中间，如图12-10所示。

图12-10

10 选中刚刚绘制的两个正圆形和标志素材，使用快捷键Ctrl+G进行组合。然后使用快捷键Ctrl+C将其复制，接着使用快捷键Ctrl+V进行粘贴，将复制出来的图形移动到正面合适位置，如图12-11所示。

图12-11

11 使用矩形工具在前面大矩形下方绘制一个米黄色矩形，如图12-12所示。

图12-12

12 选择螺纹工具，在属性栏中设置"螺纹回圈"为2，单击"对称式螺纹"按钮，在刚刚绘制的矩形左上方按住鼠标左键拖动绘制螺纹。选中螺纹，在属性栏中设置"轮廓宽度"为1.0mm，如图12-13所示。

图12-13

13 选中该螺纹，在属性栏中单击"垂直镜像"按钮，在选择该形状的状态下，再次单击该形状，使其控制点变为弧形双箭头形状，拖动控制点将其旋转至相应位置，如图12-14所示。然后使用快捷键Ctrl+Shift+Q将轮廓转换为对象。

图12-14

14 选中该螺纹，按住Shift键的同时按住鼠标左键向右移动到合适位置后，按鼠标右键进行复制，如图12-15所示。

图12-15

15 使用快捷键Ctrl+R在画面右侧复制多个螺纹，效果如图12-16所示。

图12-16

16 选中第一个螺纹，按住鼠标左键拖动控制点将其缩小，如图12-17所示。

图12-17

17 使用同样的方法，将其他螺纹缩小，如图12-18所示。

图12-18

18 使用鼠标左键拖动每一个螺纹，将其摆放整齐，效果如图12-19所示。

图12-19

19 将螺纹尾部收起。选中所有螺纹，使用快捷键Ctrl+L进行合并，选择形状工具，单击第一个螺纹尾部的节点，如图12-20所示。

图12-20

20 按住鼠标左键拖动将其与第二个螺纹边缘重合，效果如图12-21所示。

图12-21

21 使用同样的方法，将其他螺纹尾部收起，然后在螺纹首部拖动节点，将其变得平滑，效果如图12-22所示。

图12-22

22 按住Shift键加选米色矩形和螺纹，在属性栏中单击"移除前面对象"按钮，效果如图12-23所示。

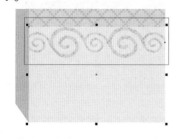

图12-23

23 使用快捷键Ctrl+K进行拆分，选择螺纹上方的图形，按Delete键将其删除，效果如图12-24所示。

图12-24

24 使用文本工具在画面下方单击鼠标左键，建立文字输入的起始点，输入相应的文字。选中文字，在属性栏中设置合适的字体、字号，单击"将文本更改为垂直方向"按钮，接着在右侧的调色板中使用鼠标左键单击巧克力色色块，为文字设置颜色，如图12-25所示。

图12-25

25 继续在该文字右侧输入其他文字，效果如图12-26所示。

图12-26

26 使用同样的方法，在画面左侧输入其他文字，效果如图12-27所示。

图12-27

实例196 制作包装侧面

🎤 操作步骤

01 选择矩形工具，在包装正面右侧绘制一个米黄色矩形，如图12-28所示。

图12-28

02 选择钢笔工具，在刚刚绘制的矩形上绘制一个米黄色四边形，如图12-29所示。

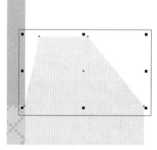

图12-29

03 使用同样的方法，在矩形下方绘制一个米黄色四边形，如图12-30所示。

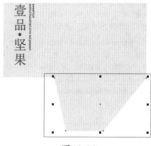

图12-30

04 使用文本工具在画面下方单击鼠标左键，建立文字输入的起始点，输入相应的文字。选中文字，在属性栏中设置合适的字体、字号，单击"将文本更改为水平方向"按钮，设置文字颜色为巧克力色，如图12-31所示。

图12-31

05 继续在该文字下方输入其他文字，效果如图12-32所示。

图12-32

06 选择文本工具，在刚刚输入的文字下方按住鼠标左键从左上角向右下角拖动创建出文本框，在文本框中输入文字。选中文字，在属性栏中设置合适的字体、字号，设置文字颜色为褐色，如图12-33所示。

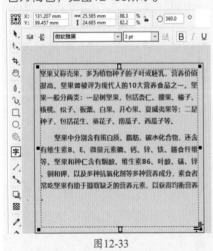

图12-33

07 选择矩形工具，在段落文字下方绘制一个米黄色矩形，如图12-34所示。

图12-34

实例197 制作包装其他面

🎤 操作步骤

01 选中除最左侧图形外的其他部分，按住Shift键的同时按住鼠标左键向右移动，到合适位置后按鼠标右键进行复制，如图12-35所示。

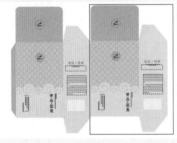

图12-35

02 按住Shift键加选复制的正面包装上方折叠图形和标志，在属性栏中单击"垂直镜像"按钮，如图12-36所示。

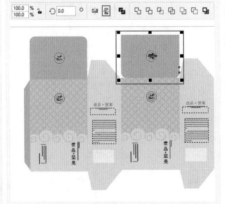

图12-36

03 然后将其移动到画面下方合适位置，如图12-37所示。

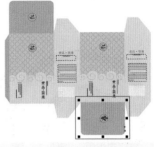

图12-37

04 选择复制的包装侧面中的段落文字，按Delete键将其删除，如图12-38所示。

图12-38

05 制作产品营养成分表。选择矩形工具，在复制的侧面上绘制一个浅色的矩形，如图12-39所示。

图12-39

06 继续在该矩形上绘制一个咖啡色矩形，效果如图12-40所示。

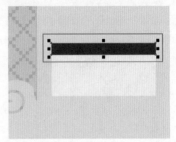

图12-40

07 选择表格工具，在属性栏中设置"行数"为4、"列数"为2，在相应位置上按住鼠标左键拖动绘制表格，接着在属性栏中设置"轮廓宽度"为"细线"、"轮廓色"为黑色，如图12-41所示。

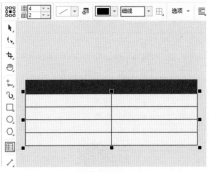

图12-41

08 选择文本工具，在表格中分别输入文字，如图12-42所示。

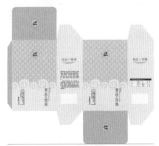

营养成分含量参考值（每100g）			
钙	38（mg）	锌	0.4（mg）
铁	2（mg）	铜	0.3（mg）
钾	310（mg）	维生素B6	0.07（mg）
镁	45（mg）	维生素E	1.5（mg）

图12-42

09 此时干果包装盒平面设计制作完成，效果如图12-43所示。

图12-43

实例198 制作包装立体展示效果

操作步骤

01 选择矩形工具，在画板外绘制一个矩形，如图12-44所示。

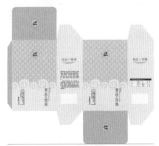

图12-44

02 选择交互式填充工具，在属性栏中单击"渐变填充"按钮，设置"渐变类型"为"椭圆形渐变填充"，然后编辑一个灰色系的渐变颜色，在右侧的调色板中使用鼠标右键单击☒按钮，去除轮廓色，如图12-45所示。

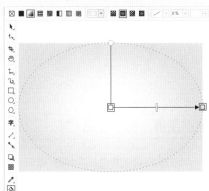

图12-45

03 将包装盒的正面和侧面复制一份，放置在刚刚绘制的矩形上，如图12-46所示。

图12-46

04 按住Shift键加选所有正面图形，使用快捷键Ctrl+G进行组合，接着执行菜单"对象＞透视点＞添加透视"命令，将光标移到图形的4个角的控制点上，按住鼠标左键拖动，调整其透视角度，如图12-47所示。

图12-47

05 使用同样的方法制作包装的侧面。使用钢笔工具在包装顶部绘制一个四边形，并设置"填充色"为黄绿色，效果如图12-48所示。

图12-48

06 降低包装侧面的亮度。选择钢笔工具，在包装的侧面绘制一个与其大小相同的深色四边形，如图12-49所示。

图12-49

07 选择透明度工具，在属性栏中设置"透明度类型"为"均匀透明度"、"合并模式"为"如果更暗"，设置"透明度"为20，单击"全部"按钮，如图12-50所示。

图12-50

08 制作底面阴影效果。选择钢笔工具，在包装盒下方绘制一个黑色四边形，如图12-51所示。

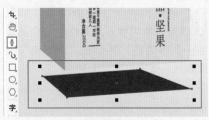

图12-51

09 选择投影工具，使用鼠标左键在四边形底部由下至上拖动添加投影，然后在属性栏中设置"阴影颜色"为黑色、"合并模式"为"乘"、"阴影不透明度"为50、"阴影羽化"为15、"阴影角度"为96、"阴影延展"为94、"阴影淡出"为0，如图12-52所示。

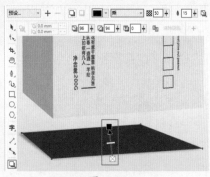

图12-52

10 选择该四边形，执行菜单"对象>顺序>向后一层"命令，然后将其移动至包装盒下方，效果如图12-53所示。

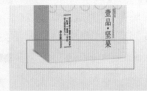

图12-53

11 选择选择工具，使用鼠标左键拖动将整个包装盒进行框选，使用快捷键Ctrl+C将其复制，接着使用快捷键Ctrl+V进行粘贴，将新复制出来的包装盒移动到画面右侧，如图12-54所示。

图12-54

12 使用鼠标左键拖动控制点将其缩小，此时干果包装盒设计制作完成，最终效果如图12-55所示。

图12-55

要点速查：表格工具

选择工具箱中田(表格工具)，即可看到"表格"属性栏。在属性栏中可以设置表格的行数和列数、填充色、轮廓色等属性，如图12-56所示。在属性栏中设置行数和列数后，在画面中按住鼠标左键拖动，释放鼠标左键后即可得到表格对象，接着可以设置轮廓色、轮廓宽度等属性，如图12-57所示。

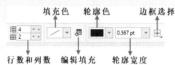

图12-56

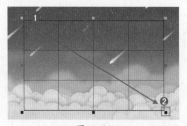

图12-57

➤ 行数和列数：可以设置表格的田(行数)与田(列数)。
➤ 填充色：为表格添加填充色。单击右侧的倒三角按钮，可在弹出的下拉面板中选择预设的颜色。
➤ 编辑填充：用于自定义填充颜色。
➤ 轮廓色：用于设置表格的边框颜色。
➤ 轮廓宽度：用于设置边框的粗细。
➤ 边框选择：在下拉菜单有9种选项，可选择需要编辑的边框。

12.2 果汁饮品包装设计

文件路径	第12章 \ 果汁饮品包装设计
难易指数	★★★★★
技术掌握	● 矩形工具 ● 椭圆形工具 ● 交互式填充工具 ● 文本工具 ● 透视效果 ● 透明度工具

🔍扫码深度学习

💡操作思路

本案例首先使用矩形工具制作包装刀版图；然后使用椭圆形工具和文本工具以及交互式填充工具制作包装正面部分和包装侧面部分；最后利用"透视"效果和其他工具制作包装盒的立体效果。

📖案例效果

案例效果如图12-58所示。

图12-58

实例199 制作包装刀版图

🖐操作步骤

01 执行菜单"文件>新建"命令，创建一个A4大小的空白文档。选择矩形工具，绘制一个橙色矩形，去除轮廓色，如图12-59所示。

02 继续使用矩形工具在矩形上方绘制一个稍小的、颜色相同的矩形，效果如图12-60所示。

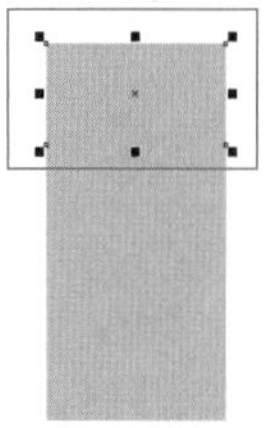

图12-59　　　　　图12-60

03 继续使用矩形工具在上方绘制一个稍小的橙黄色矩形。选中该矩形，在属性栏中单击"圆角"按钮，单击"同时编辑所有角"按钮，并设置"左上角半径"为8.0mm、"右上角半径"为8.0mm，单击"相对角缩放"按钮，如图12-61所示。

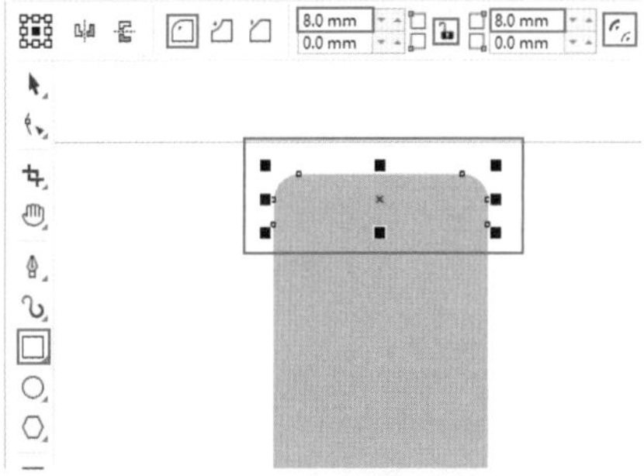

图12-61

04 继续使用矩形工具在画面右侧绘制4个大小不同的橙黄色矩形，效果如图12-62所示。

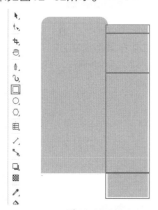

图12-62

05 选中下方矩形，使用快捷键Ctrl+Q将其转换为曲线。然后选择形状工具，在矩形上拖动控制点将其变形，效果如图12-63所示。

06 使用快捷键Ctrl+A选中画面中的所有图形，按住Shift键的同时按住鼠标左键向右移动，至合适位置时按鼠标右键进行复制，如图12-64所示。

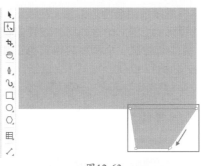

图12-63

图12-64

07 使用矩形工具在刀版图左上方按住Ctrl键的同时按住鼠标左键拖动绘制一个正方形，选中该正方形，在右侧的调色板中使用鼠标右键单击☐按钮，去除轮廓色。使用鼠标左键单击橙黄色色块，为正方形填充颜色，效果如图12-65所示。

图12-65

08 使用同样的方法，在正方形下方绘制其他矩形，并在调色板中去除轮廓色，设置"填充色"为橙黄色，效果如图12-66所示。

图12-66

09 选中刚刚在下方绘制的矩形，使用快捷键Ctrl+Q将其转换为曲线。然后选择形状工具，在矩形上拖动控制点，将其变形，效果如图12-67所示。

图12-67

10 包装刀版图效果如图12-68所示。

图12-68

实例200　制作包装正面中的卡通图案

🎤 操作步骤

01 选择矩形工具，在正面刀版图上绘制米黄色矩形，如图12-69所示。

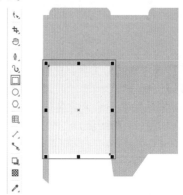

图12-69

02 选中该矩形，然后执行菜单"对象 > 转换为曲线"命令。选择形状工具，在矩形上的控制点之间双击添加节点，在属性栏中单击"转换为曲线"按钮,然后使用鼠标左键按住该控制点向上拖动,效果如图12-70所示。

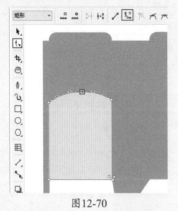

图12-70

03 继续使用矩形工具在该图形下方绘制一个米黄色矩形,效果如图12-71所示。

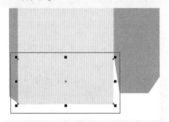

图12-71

04 使用同样的方法,将该矩形变形,效果如图12-72所示。

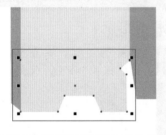

图12-72

05 选择椭圆形工具,在画面右上方位置按住Ctrl键的同时按住鼠标左键拖动绘制一个米黄色的同时正圆形,如图12-73所示。

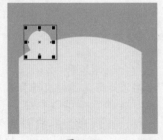

图12-73

06 继续使用椭圆形工具,在该正圆形上按住Ctrl键的同时按住鼠标左键拖动绘制一个稍小的橙黄色正圆形,如图12-74所示。

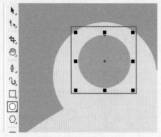

图12-74

07 选中该正圆形,然后执行菜单"对象 > 转换为曲线"命令。选择形状工具,通过调整正圆的控制点将正圆变形,效果如图12-75所示。按住Shift键加选两个正圆形,使用快捷键Ctrl+G进行组合。

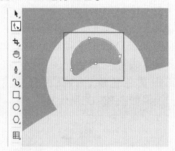

图12-75

08 选中组合对象,按住Shift键的同时按住鼠标左键向右移动,到合适位置后按鼠标右键进行复制,在属性栏中单击"水平镜像"按钮,效果如图12-76所示。

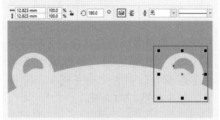

图12-76

09 继续使用椭圆形工具,在画面左侧位置按住Ctrl键的同时按住鼠标左键拖动绘制一个稍小的褐色正圆形,如图12-77所示。

10 使用同样的方法,在该正圆形上绘制一个稍小的白色正圆形,如图12-78所示。按住Shift键加选两个正圆形,使用快捷键Ctrl+G进行组合。

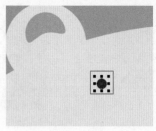

图12-77

图12-78

11 选中组合对象,按住Shift键的同时按住鼠标左键向右移动,移动到合适位置后按鼠标右键进行复制,如图12-79所示。

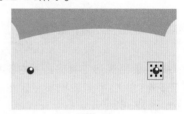

图12-79

12 继续使用椭圆形工具,在画面中按住鼠标左键拖动绘制一个橙黄色椭圆形。如图12-80所示。

图12-80

13 使用同样的方法,在该椭圆形上绘制一个稍小的米黄色椭圆形,如图12-81所示。

图12-81

实例201 制作包装正面中的图形及文字

01 继续使用椭圆形工具在画面中按住鼠标左键拖动绘制一个椭圆形。选中该椭圆形，在属性栏中设置"轮廓宽度"为1.0mm，在右侧的调色板中使用鼠标右键单击白色色块，设置椭圆的轮廓色，然后设置"填充色"为淡橘色。如图12-82所示。

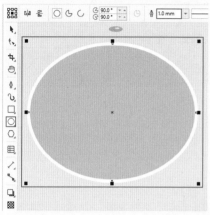

图12-82

02 执行菜单"文件>打开"命令，打开素材"1.cdr"。在打开的素材中选中水果素材，使用快捷键Ctrl+C将其复制，返回到刚刚操作的文档中，使用快捷键Ctrl+V进行粘贴，并将其移动到合适的位置，如图12-83所示。

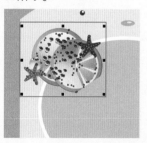

图12-83

03 选择文本工具，在水果素材右下方输入文字。设置"填充色"为黄绿色、"轮廓色"为白色、"轮廓宽度"为0.2mm，如图12-84所示。

图12-84

04 选中文字，使用快捷键Ctrl+K将文字拆分。双击第一个字母，此时控制点变为弧形双箭头形状，按住右上角的双箭头向下移动，即可将字母进行旋转，如图12-85所示。

图12-85

05 继续双击其他字母进行适当的旋转变换，效果如图12-86所示。

图12-86

06 使用文本工具在该文字下方输入其他文字，如图12-87所示。

图12-87

07 使用同样的方法，在文字的下方输入其他文字，效果如图12-88所示。

图12-88

08 选择钢笔工具，在文字下方绘制一条直线。选中该直线，在属性栏中设置"轮廓宽度"为0.1mm，在右侧的调色板中使用鼠标右键单击白色色块，为直线设置轮廓色，如图12-89所示。

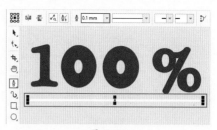

图12-89

09 使用文本工具在直线下方单击鼠标左键，建立文字输入的起始点，输入相应的文字。选中文字，在属性栏中设置合适的字体、字号，在右侧的调色板中使用鼠标右键单击深橙色色块，为文字设置颜色，效果如图12-90所示。

图12-90

10 选择矩形工具，在刚刚输入的文字下方绘制一个橙黄色矩形。选中该矩形，在属性栏中单击"圆角"按钮，设置"转角半径"为1.5mm，单击"相对角缩放"按钮，效果如图12-91所示。

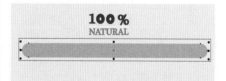

图12-91

11 选中该圆角矩形，按住Shift键的同时按住鼠标左键向下移动到合适位置后，按鼠标右键进行复制，如图12-92所示。

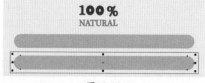

图12-92

12 使用文本工具在第一个圆角矩形上输入相应的文字，如图12-93所示。

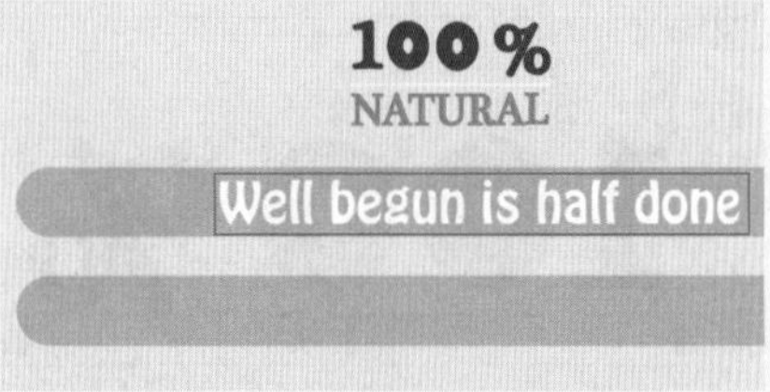

100%
NATURAL
Well begun is half done

图12-93

13 使用同样的方法，在第二个圆角矩形上方以及右下方输入相应的文字，效果如图12-94所示。

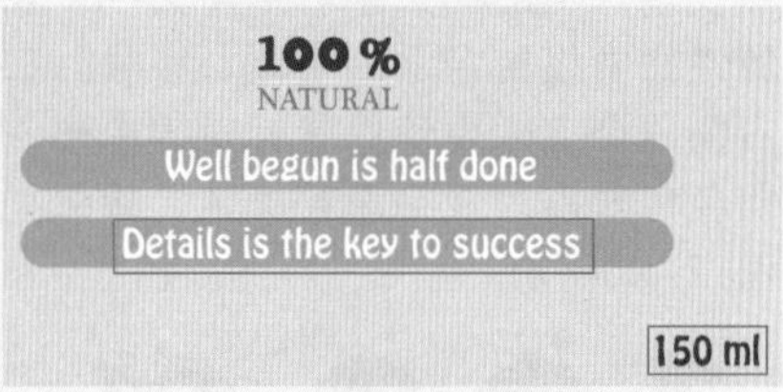

100%
NATURAL
Well begun is half done
Details is the key to success
150 ml

图12-94

实例202 制作包装侧面部分

操作步骤

01 制作侧面图形。按住Shift键加选椭圆形及其上方的所有文字和水果素材，使用快捷键Ctrl+G进行组合。选中该图形，按住鼠标左键向右移动，移动到合适位置后按鼠标右键进行复制，使用鼠标左键拖动其控制点将其缩小，效果如图12-95所示。

Happy
orange
fresh juice

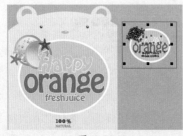

图12-95

02 选择文本工具，在侧面图形下方按住鼠标左键从左上角向右下角拖动创建文本框。在文本框中输入相应的文字。选中文字，在属性栏中设置合适的字体、字号，如图12-96所示。

03 选择椭圆形工具，在段落文字左侧绘制白色正圆形。选中正圆形，按住Shift键的同时按住鼠标左键向下移动到合适位置后，单击鼠标右键进行复制。继续使用快捷键Ctrl+R复制多个相同的正圆形，然后选中所有正圆，按快捷键Ctrl+G进行组合，效果如图12-97所示。

When I Was Walking Beside You.
I Just Hoped That.
The Moment Would The Forever.
Just Walking And Talking.
Was Enough To Me.

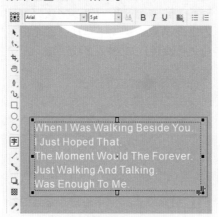

图12-96

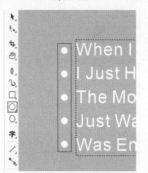

图12-97

04 选择矩形工具，在段落文字下方绘制一个矩形。选中该矩形，在属性栏中单击“圆角”按钮，设置“转角半径”为1.5mm，单击“相对角缩放”按钮，在右侧的调色板中使用鼠标右键单击☒按钮，去除轮廓色。使用鼠标左键单击白色色块，为圆角矩形填充颜色，如图12-98所示。

Was Enough To Me.

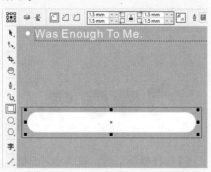

图12-98

05 选中该圆角矩形，按住Shift键的同时按住鼠标左键向下移动到合适位置后，按鼠标右键进行水平复制，如图12-99所示。

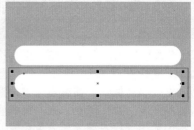

图12-99

06 使用文本工具在圆角矩形上输入相应的文字，效果如图12-100所示。

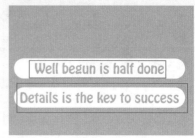

Well begun is half done
Details is the key to success

图12-100

07 选中所有正面与侧面的图形和文字，将其复制，并移动到右侧的刀版图上，如图12-101所示。

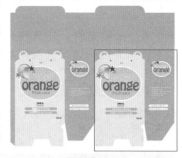

图12-101

08 选择右下方的圆角矩形及文字，按Delete键将其删除，如图12-102所示。

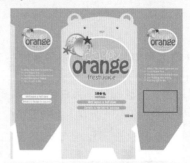

图12-102

09 选择矩形工具，在刚刚删除的圆角矩形处按住鼠标左键拖动绘制一个白色矩形，如图12-103所示。

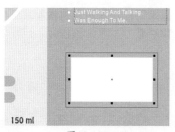

图12-103

10 为了使包装效果更丰富，为其制作底纹效果。选择矩形工具，在包装上绘制一个矩形，如图12-104所示。

图12-104

11 选中该矩形，选择交互式填充工具，在属性栏中单击"双色图样填充"按钮，单击"第一种填充色或图样"按钮，在下拉列表中选择合适的图样，设置"前景色"为米色、"背景色"为橙黄色，在画面中由外向内拖动控制点将其缩小，然后去除轮廓色，效果如图12-105所示。

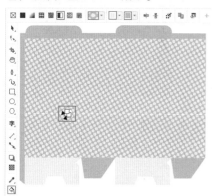

图12-105

12 选中该矩形，选择透明度工具，在属性栏中设置"透明度类型"为"均匀透明度"，设置"透明度"为62，单击"全部"按钮，如图12-106所示。

13 使用鼠标右键单击该图形，在弹出的快捷菜单中执行"顺序 > 置

于此对象前"命令，当光标变成黑色粗箭头时，使用鼠标左键单击最底层的包装底色图形，此时画面效果如图12-107所示。

图12-106

图12-107

实例203 制作包装立体效果

操作步骤

01 使用快捷键Ctrl+A选中画面中所有图形，按住Shift键的同时按住鼠标左键向右移动，到合适位置后按鼠标右键进行复制，使用快捷键Ctrl+R再复制一份，如图12-108所示。

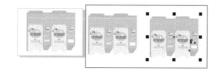

图12-108

02 选中第一个复制的平面图，选择裁剪工具，在平面图上按住鼠标左键拖动裁剪出一个正面效果图，如图12-109所示。

03 单击左上角的"裁剪"按钮，即可完成裁剪，效果如图12-110所示。

图12-109

图12-110

04 使用同样的方法，在第二个复制的平面图中裁剪出侧面，效果如图12-111所示。

图12-111

05 选中裁剪后的侧面，将侧面图移动到正面图左侧位置，执行菜单"对象 > 透视点 > 添加透视"命令，将光标移到图形的4个角的控制点上，按住鼠标左键拖动，调整其透视角度，如图12-112所示。

图12-112

06 加深侧面效果。选中侧面的双色图样图形，选择交互式填充工具，在属性栏中设置"前景色"为土黄色、"背景色"为深橙色。此时画面效果如图12-113所示。

图12-113

07 根据此时的包装形态制作包装盒顶部的结构。选择矩形工具，在包装顶部绘制一个矩形，如图12-114所示。

图12-114

08 选中该矩形，选择交互式填充工具，在属性栏中单击"双色图样填充"按钮，单击"第一种填充色或图样"按钮，在下拉列表中选择合适的图样，设置"前景色"为浅米色、"背景色"为淡黄色，在画面中由外向内拖动控制点将其缩小，如图12-115所示。

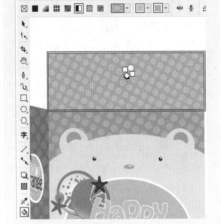

图12-115

09 选中该矩形，在右侧的调色板中使用鼠标右键单击☒按钮，去除轮廓色，如图12-116所示。

图12-116

10 选中该矩形，执行菜单"对象>透视点>添加透视"命令，将光标移到矩形的4个角的控制点上，按住鼠标左键拖动，调整其透视角度，如图12-117所示。

图12-117

11 使用同样的方法，制作包装顶部的其他面，效果如图12-118所示。

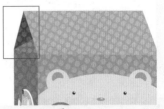

图12-118

12 继续使用矩形工具在包装上方绘制一个矩形。选中该矩形，在属性栏中单击"圆角"按钮，单击"同时编辑所有角"按钮，并设置"左上角半径"为2.5mm、"右上角半径"为2.5mm，单击"相对角缩放"按钮。去除轮廓色，设置合适的填充色，效果如图12-119所示。

图12-119

13 将该圆角矩形复制，并将复制的圆角矩形的填充色设置为橙黄色，将其向右稍微移动，使后方的圆角矩形显露出边缘，效果如图12-120所示。

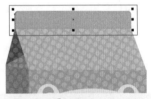

图12-120

14 制作底面阴影。选择矩形工具，在包装下方绘制一个深灰色矩形，如图12-121所示。

图12-121

15 选中该矩形，选择透明度工具，在属性栏中设置"透明度类型"

为"均匀透明度"、"透明度"为50，单击"全部"按钮，如图12-122所示。

图12-122

16 选中该矩形，执行"对象>透视点>添加透视"命令，将光标移到矩形的4个角的控制点上，按住鼠标左键拖动，调整其透视角度，如图12-123所示。

图12-123

17 将其移动到正面包装后面，制作阴影效果，如图12-124所示。

图12-124

18 导入背景素材"2.jpg"。选中刚刚制作的立体包装盒，使用快捷键Ctrl+G进行组合，将其移动到刚刚导入的背景素材上方，使用鼠标右键单击背景图片，执行菜单"顺序>到页面背面"命令，最终效果如图12-125所示。

图12-125

文件路径	第12章\水果软糖包装
难易指数	★★★★★
技术掌握	● 矩形工具 ● 钢笔工具 ● 2点线工具 ● 透明度工具 ● 图文框精确剪裁

扫码深度学习

操作思路

本案例首先制作包装的正面部分，先绘制矩形作为背景，然后使用钢笔工具绘制绿色图形作为标题文字的底色，并在其上方添加文字，继续为包装正面部分添加水果素材、图形和文字；接着制作包装的背面；最后导入展示图的背景，制作包装的立体展示效果。

案例效果

案例效果如图12-126所示。

图12-126

实例204 制作平面图的中间部分

操作步骤

01 执行菜单"文件>新建"命令，创建一个"宽度"为200.0mm、"高度"为240.0mm的空白文档。为了便于操作，可以创建两条辅助线，将版面分为左、中、右三个部分，如图12-127所示。首先制作平面图中间部分的内容。

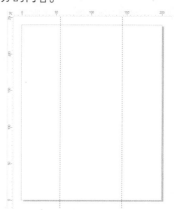

图12-127

02 选择矩形工具，在画面中间按住鼠标左键拖动绘制一个矩形。选中矩形，设置"填充色"为黄色，并去除轮廓色，效果如图12-128所示。

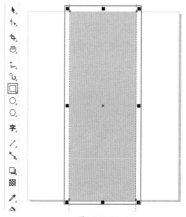

图12-128

03 绘制不规则图形。选择钢笔工具，在画面上方中间位置绘制一个不规则的图形，设置"填充色"为绿色并去除其轮廓色，如图12-129所示。

04 执行"文件>导入"命令，导入柠檬素材"2.png"。选中该素材，单击属性栏中的"水平镜像"按钮将其进行翻转，并适当旋转，如

图12-130所示。

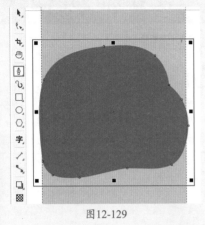

图12-129

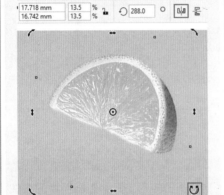

图12-130

05 选中柠檬素材，按住鼠标左键向右拖动，至合适位置时单击鼠标右键将其快速复制一份，向右旋转至合适的角度，效果如图12-131所示。

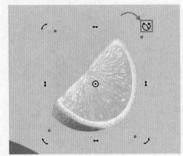

图12-131

06 多次复制青柠檬，更改其大小并旋转至合适的角度，然后放置到画面合适位置，效果如图12-132所示。

07 执行"文件>导入"命令，导入素材"1.png"，将其放置在不规则图形下方，如图12-133所示。

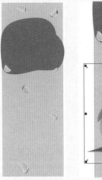 

图12-132　　　　图12-133

08 选择钢笔工具，在画面中绿色不规则图形左上方绘制图形，设置"填充色"为白色并去除轮廓色，如图12-134所示。

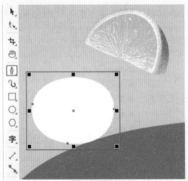

图12-134

09 继续使用钢笔工具在画面其他位置绘制白色图形，如图12-135所示。

图12-135

10 选择文本工具，在画面中绿色图形上方单击，建立文字输入的起始点，输入相应的文字。选中文字，在属性栏中设置合适的字体、字号，并将其颜色设置为白色，如图12-136所示。

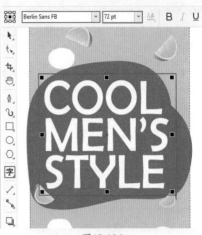

图12-136

11 在文字上方双击，当文字四周的控制点变为带有弧形的双箭头控制点时，按住鼠标左键拖动将文字旋转，效果如图12-137所示。

图12-137

12 继续使用文本工具在画面其他白色图形上输入文字，此时包装袋平面图的中间部分制作完成，效果如图12-138所示。

图12-138

实例205　制作平面图左侧部分

操作步骤

01 选择矩形工具，在画面左侧按住鼠标左键拖动绘制一个矩形，设

艺境　中文版CorelDRAW图形创意设计与制作全视频　实践228例　溢彩版

置矩形的填充色为黄色并去除轮廓色，效果如图12-139所示。

图12-139

02 使用同样的方法，在黄色矩形上方绘制一个白色的、稍小的矩形，如图12-140所示。

图12-140

03 继续使用矩形工具在白色矩形上绘制一个矩形，在属性栏中设置"轮廓宽度"为0.1mm、"轮廓色"为深黄色，并去除填充色，如图12-141所示。

图12-141

04 选择2点线工具，在黄色矩形边框的右侧位置按住Shift键的同时按住鼠标左键拖动绘制多条直线，在属性栏中设置直线的"轮廓宽度"为0.2mm、"轮廓色"为深黄色，如图12-142所示。

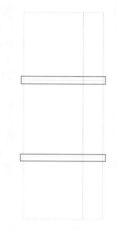

图12-142

05 在矩形中添加文字。选择文本工具，在画面中单击插入光标，建立文字输入的起始点，输入相应的文字。选中文字，在属性栏中设置合适的字体、字号，单击"将文本更改为垂直方向"按钮，接着将字体颜色设置为灰绿色，如图12-143所示。

图12-143

06 使用同样的方法在矩形内其他位置输入文字，如图12-144所示。

07 制作下方的表格。选择矩形工具，在表格的下方绘制一个矩形，在属性栏中设置"轮廓宽度"为0.1mm、"轮廓色"为黄色，如图12-145所示。

PROJECTS	PER 100G	NRV %
Energy	2096KJ	25%
Protein	6.1g	7%
Carbohydrates	25g	20%
Fat	61g	15%
Sodium	400mg	30%

图12-144

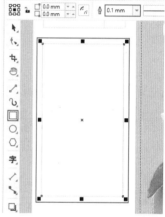

图12-145

08 选择2点线工具，在黄色矩形边框的上方位置按住shift键的同时按住鼠标左键拖动绘制一条直线，在属性栏中设置直线的"轮廓宽度"为0.2mm、"轮廓色"为黄色，如图12-146所示。

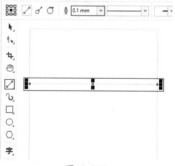

图12-146

09 使用文本工具在矩形中输入相应的文字，如图12-147所示。

10 执行菜单"文件>导入"命令，导入素材"3.png"，将其放置在白色矩形的下方，如图12-148所示。

图12-147

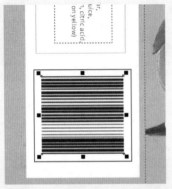

图12-148

11 选中左侧所有图形，使用快捷键Ctrl+PgDn将其向后移动，放在中间黄色矩形的下方。此时平面图的左侧部分制作完成，效果如图12-149所示。

图12-149

实例206 制作平面图右侧部分

🎤 操作步骤

01 选择矩形工具，在画面右侧按住鼠标左键拖动，绘制一个黄色的

矩形，并去除其轮廓色，如图12-150所示。

图12-150

02 使用同样的方法，在黄色矩形上绘制一个白色矩形，如图12-151所示。

图12-151

03 制作表格。继续使用矩形工具，在白色矩形上方位置绘制一个矩形边框，在属性栏中设置"轮廓宽度"为0.1mm、"轮廓色"为深黄色，如图12-152所示。

图12-152

04 选择2点线工具，在黄色矩形中绘制一条直线，在属性栏中设置"轮廓宽度"为0.1mm、"轮廓色"为灰色，如图12-153所示。

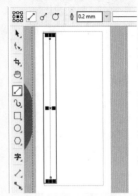

图12-153

05 选中该直线，按住Shift键将其向右拖动，至合适位置时单击鼠标右键将其快速复制出一份，如图12-154所示。

图12-154

06 在表格中添加文字。选择文本工具，在画面中按住鼠标左键拖动绘制一个文本框，在文本框中输入相应的文字。选中文字，在属性栏中设置合适的字体、字号，如图12-155所示。

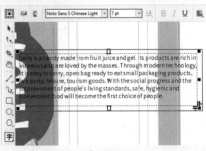

图12-155

07 选中文本框，在属性栏中设置"旋转角度"为270.0°，效果如图12-156所示。

08 使用选择工具加选黄色矩形边框、灰色直线以及文字，按住Shift键的同时按住鼠标左键将其向下拖动，至合适位置时单击鼠标右键将其复制一份，如图12-157所示。

图12-156　　　　图12-157

09 选中右侧所有图形，多次使用快捷键Ctrl+PgDn将其向后移动，放在中间黄色矩形的下方。此时平面图制作完成，效果如图12-158所示。

图12-158

实例207　制作展示效果图

🎤操作步骤

01 执行菜单"文件>导入"命令，导入素材"4.jpg"，如图12-159所示。

图12-159

02 选中平面图的所有内容，使用快捷键Ctrl+G进行组合，然后按住鼠标左键拖动，至空白位置时单击鼠标右键将其快速复制一份，如图12-160所示。

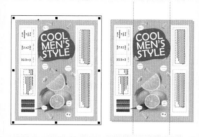

图12-160

03 此时需要保留平面包装的中间部分。选择矩形工具，按住鼠标左键拖动，在包装平面图中间部分绘制一个矩形，如图12-161所示。

图12-161

04 选中包装平面图图形组，执行"对象>PowerClip>置于图文框内部"命令，在刚刚绘制的矩形上方单击，将其置于图形内，然后去除矩形的轮廓色，效果如图12-162所示。

图12-162

05 执行"位图>转换为位图"命令，在弹出的"转换为位图"对话框中设置"分辨率"为300dpi、"颜色模式"为"CMYK（32位）"，设置完成后单击OK按钮、如图12-163所示。

图12-163

06 选中该位图，将其移动至素材左侧的包装上，按住鼠标左键拖动控制点将其适当缩小，如图12-164所示。

图12-164

07 再次单击该素材，按住鼠标左键拖动双箭头控制点，将其旋转至合适角度，如图12-165所示。

图12-165

08 选中位图，选择透明度工具，在属性栏中设置"合并模式"为"减少"，如图12-166所示。

09 选择钢笔工具，根据包装的形状在位图上方绘制一个相同的图形，如图12-167所示。

图12-166

图12-167

10 选中下方的位图，执行"对象>PowerClip>置于图文框内部"命令，在绘制的图形上单击，效果如图12-168所示。

图12-168

11 选中该图形，在右侧的调色板中使用鼠标右键单击☑按钮，去除轮廓色，效果如图12-169所示。

12 选中制作好的包装展示图，按住鼠标左键向右拖动，至右侧的空白包装上方时单击鼠标右键进行复制。本案例制作完成，最终效果如图12-170所示。

图12-169

图12-170

Personal style
15,586

Fresh feeling
17,200

Fre

Own time
1,520

Comfort
23,0

Beautiful
19,300

Beauty
weet

aring in accordance with nature

We all have moments of desperation.
But if we can face them head on,
that's when we find out just how
strong we really are.

第13章

网页设计

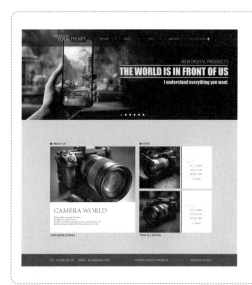

13.1 节日促销网页广告

文件路径	第13章\节日促销网页广告
难易指数	★★★★★
技术掌握	● 矩形工具 ● 文本工具 ● 段落文字 ● 钢笔工具 ● 椭圆形工具

🔍 扫码深度学习

💡 操作思路

本案例首先使用矩形工具制作网页广告背景；接着使用文本工具、段落文字以及钢笔工具制作促销广告标语部分；然后使用椭圆形工具以及文本工具制作促销产品展示图和文字部分。

🖱 案例效果

案例效果如图13-1所示。

图13-1

实例208 制作促销广告标语部分

🎤 操作步骤

01 执行菜单"文件>新建"命令，创建一个空白文档。绘制一个与画板等大的矩形，设置"填充色"为红色，效果如图13-2所示。

02 选择文本工具，在画面左侧单击鼠标左键，建立文字输入的起始点，输入相应的文字。选中文字，在属性栏中设置合适的字体、字号，设置文字颜色为白色，如图13-3所示。

继续在文字上方输入黄色文字，效果如图13-4所示。

图13-2

图13-3

图13-4

03 继续使用文本工具在主标题下方单击，建立文字输入的起始点，输入相应的文字。选中文字，在属性栏中设置合适的字体、字号，如图13-5所示。

图13-5

04 选择钢笔工具，在画面左上角绘制一个三角形，去除轮廓色，设置"填充色"为深红色，效果如图13-6所示。

05 继续使用钢笔工具，在三角形上绘制一个四边形。在右侧的

调色板中使用鼠标右键单击☑按钮，去除轮廓色。使用鼠标左键单击青蓝色色块，为四边形填充颜色，效果如图13-7所示。

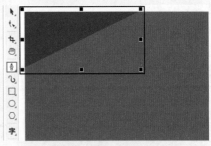

图13-6

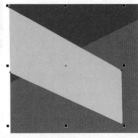

图13-7

06 选中该图形，单击鼠标右键，在弹出的快捷菜单中执行"顺序>置于此对象后"命令，当光标变成黑色粗箭头时，单击上方的深红色三角形，此时四边形会移动到三角形后面，如图13-8所示。

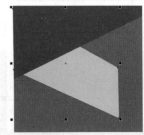

图13-8

07 继续使用钢笔工具在该图形下方绘制一个深蓝色的四边形，如图13-9所示。

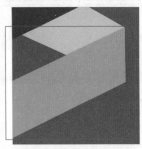

图13-9

08 使用鼠标右键单击该四边形，在弹出的快捷菜单中执行“顺序>置于此对象后”命令，接着将该四边形移动到上方的四边形底部，效果如图13-10所示。

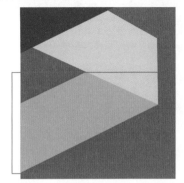

图13-10

09 使用同样的方法，在四边形下方继续绘制一个蓝色不规则图形并移动到蓝色图形下面，效果如图13-11所示。

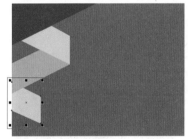

图13-11

10 选择文本工具，在图形右侧单击鼠标左键，建立文字输入的起始点，输入相应的文字。选中文字，在属性栏中设置合适的字体、字号，如图13-12所示。

Kinkee
200 pt

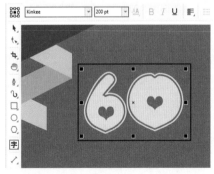

图13-12

11 继续在文字右侧输入其他文字，在属性栏中设置合适的字体、字号，单击“下划线”按钮，最后设置文字颜色为黄色，如图13-13所示。

Calibri
116 pt
hours

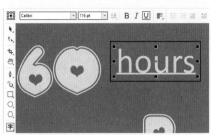

图13-13

12 使用同样的方法，在该文字下方继续输入其他文字，效果如图13-14所示。

hours
9/23(pm.8:00)-9/30

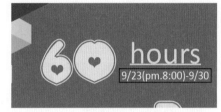

图13-14

13 打开素材“1.cdr”，选择礼盒素材，使用快捷键Ctrl+C将其复制，返回到刚刚操作的文档中，使用快捷键Ctrl+V进行粘贴，并将其移动到画面左下方位置，如图13-15所示。

Wearing in a

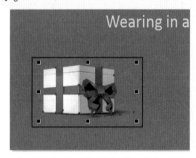

图13-15

14 选择文本工具，在礼盒素材右侧按住鼠标左键从左上角向右下角拖动，创建一个文本框，如图13-16所示。

Wearing in accordance with natu

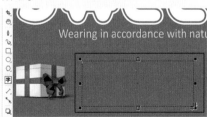

图13-16

15 在文本框中输入文字，选中文字，在属性栏中设置合适的字体、字号，如图13-17所示。

Calibri
40 pt
Wearing in accordance with natu
We all have moments of desperation.
But if we can face them head on,
that's when we find out just how
strong we really are.

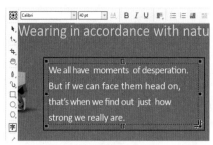

图13-17

16 选中部分文字，更改其颜色，如图13-18所示。

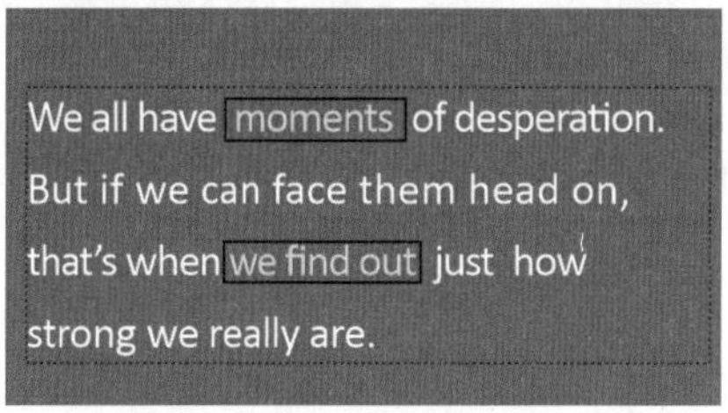

We all have moments of desperation.
But if we can face them head on,
that's when we find out just how
strong we really are.

图13-18

实例209 制作促销产品部分

操作步骤

01 导入素材“2.jpg”，如图13-19所示。

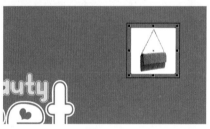

图13-19

02 选择椭圆形工具，在画面右上方按住Ctrl键的同时按住鼠标左键拖动绘制一个正圆形，如图13-20所示。

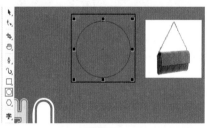

图13-20

03 选中女式挎包素材，执行菜单“对象>PowerClip>置于图文框内部”命令，当光标变成黑色粗箭头时单击刚刚绘制的正圆形，即可实现位图的精确剪裁，如图13-21所示。

图13-21

04 选中正圆形，在右侧的调色板中使用鼠标右键单击☑按钮，去除轮廓色，效果如图13-22所示。

图13-22

05 使用同样的方法，在画面右侧制作其他产品展示图，效果如图13-23所示。也可以在绘制第一个圆形之后，复制多个圆形并整齐地摆放好，然后依次在其中添加产品图片。

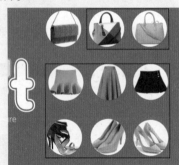

图13-23

06 选择文本工具，在第一个产品展示图下方单击鼠标左键，建立文字输入的起始点，输入相应的文字。选中文字，在属性栏中设置合适的字体、字号，如图13-24所示。

图13-24

07 继续使用文本工具在该文字下方输入大小合适的黄色文字，效果如图13-25所示。

图13-25

08 使用同样的方法，在其他产品展示图下方输入相应的文字，效果如图13-26所示。

图13-26

09 本案例制作完成，效果如图13-27所示。

图13-27

13.2 数码产品购物网站

文件路径	第13章 \ 数码产品购物网站
难易指数	★★★★★
技术掌握	● 矩形工具 ● 透明度工具 ● 文本工具 ● 钢笔工具 ● 椭圆形工具

🔍 扫码深度学习

💡 操作思路

本案例首先使用矩形工具、透明度工具以及文本工具制作产品轮播图和首页导航；接着使用文本工具、矩形工具以及钢笔工具制作产品推荐模块和网站底栏。

🖰 案例效果

案例效果如图13-28所示。

图13-28

实例210 制作导航与产品轮播图

🎤 操作步骤

01 执行菜单"文件>新建"命令，创建一个"宽度"为1080.0mm、"高度"为1150.0mm的文档。导入素材"1.jpg"并放在画板顶部，如图13-29所示。

02 选择矩形工具，在画面上方绘制一个矩形。选中该矩形，去除轮廓色，设置"填充色"为深棕色，效果如图13-30所示。

图13-29

图13-30

03 选中该矩形，选择透明度工具，在属性栏中设置"透明度类型"为"均匀透明度"，设置"透明度"为40，单击"全部"按钮，如图13-31所示。

图13-31

04 选择文本工具，在矩形左侧输入文字，在属性栏中设置合适的字体、字号，并设置文本颜色为白色，如图13-32所示。

图13-32

05 继续使用文本工具在该文字上方输入较小的文字，如图13-33所示。

图13-33

06 使用同样的方法，在矩形右侧输入导航栏的按钮文字，效果如图13-34所示。

图13-34

07 选择钢笔工具，在右侧第一个单词之后按住鼠标左键拖动绘制竖条，并设置合适的轮廓宽度。然后在右侧的调色板中使用鼠标右键单击白色色块，为竖条设置轮廓色，如图13-35所示。

图13-35

08 使用同样的方法，在其他单词后面绘制竖条，如图13-36所示。

图13-36

09 继续使用钢笔工具在蓝色文字后面绘制一个不规则图形，去除轮廓色，设置"填充色"为蓝色，如图13-37所示。

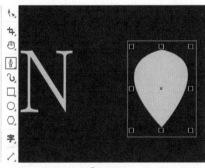

图13-37

10 选择椭圆形工具，在不规则图形上按住Ctrl键的同时按住鼠标左键拖动绘制正圆形，设置"填充色"为白色并去除轮廓色，效果如图13-38所示。

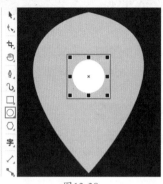

图13-38

11 制作轮播页面显示效果。使用椭圆形工具在背景素材正下方按住Ctrl键的同时按住鼠标左键拖动绘制正圆形。选中该正圆形，在右侧的调色板中使用鼠标右键单击☒按钮，去除轮廓色。接着设置"填充色"为粉红色，效果如图13-39所示。

图13-39

12 选中红色正圆形，按住鼠标左键向右移动，移动到合适位置后按下鼠标右键，复制出该图形。设置"填充色"为白色，如图13-40所示。

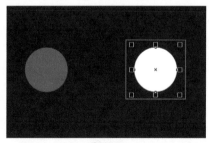

图13-40

13 选中白色正圆形，按住Shift键的同时按住鼠标左键向右移动，到合适位置后按鼠标右键进行复制。使用快捷键Ctrl+R复制多个正圆形，效果如图13-41所示。

图13-41

实例211 制作产品推荐模块与网站底栏

操作步骤

01 选择矩形工具，在背景素材下方绘制一个矩形，设置"填充色"为米灰色并去除轮廓色，效果如图13-42所示。

图13-42

02 继续使用矩形工具在矩形上绘制一个深褐色的小矩形，如图13-43所示。

图13-43

03 选择文本工具，在小矩形右侧输入文字，如图13-44所示。

图13-44

04 执行菜单"文件>导入"命令，导入素材"2.jpg"，如图13-45所示。

图13-45

05 使用矩形工具在相机素材下方绘制一个白色小矩形，如图13-46所示。

图13-46

06 选择文本工具，在白色矩形上输入相应的文字，如图13-47所示。

图13-47

07 继续使用文本工具在该文字下方按住鼠标左键从左上角向右下角拖动，创建一个文本框，并在其中输入文字，效果如图13-48所示。

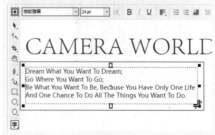

图13-48

08 继续使用文本工具在白色矩形下方输入文字，如图13-49所示。

图13-49

09 使用选择工具加选深褐色小矩形与文字，按住Shift键的同时按住鼠标左键向右拖动，至合适位置时单击鼠标右键进行复制，如图13-50所示。

图13-50

10 选择文本工具，选中并更改复制出的文字内容，如图13-51所示。

图13-51

11 导入素材"3.jpg"，如图13-52所示。

图13-52

12 使用矩形工具在画面右侧绘制一个白色矩形，如图13-53所示。

图13-53

13 制作分割线。选择钢笔工具，在相机素材“3.jpg”和白色矩形中间绘制一条竖线。设置合适的轮廓宽度和轮廓色，效果如图13-54所示。

NEWS

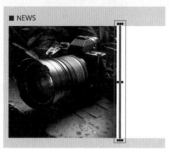

图13-54

14 继续使用钢笔工具在竖线右侧绘制其他横线，效果如图13-55所示。

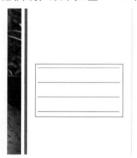

图13-55

15 选择文本工具，在第一条横线上方输入相应的文字，设置文字颜色为蓝色，如图13-56所示。

KONNI S800

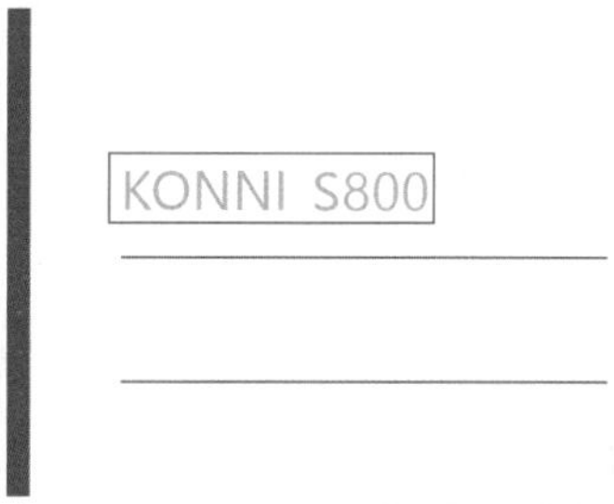

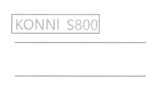

图13-56

16 使用同样的方法，继续在其他横线上方输入相应的文字，效果如图13-57所示。

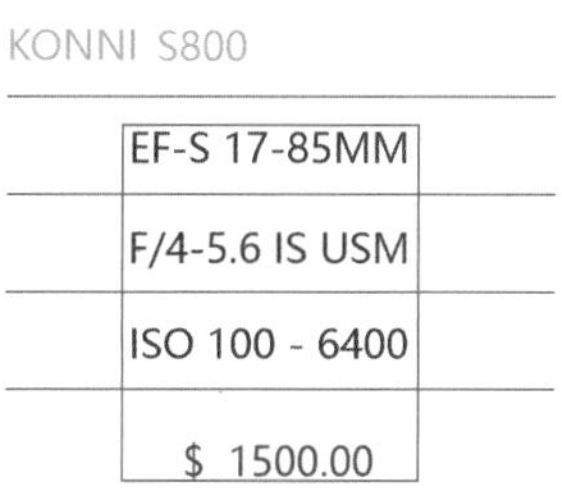

KONNI S800
EF-S 17-85MM
F/4-5.6 IS USM
ISO 100 - 6400
$ 1500.00

图13-57

17 使用同样的方法，在画面下方制作另外一款相机的展示图及详情参数，效果如图13-58所示。

EF-S 17-85MM
F/4-5.6 IS USM
ISO 100 - 6400
$ 1500.00
EF-S 17-85MM
F/4-5.6 IS USM
ISO 100 - 6400
$ 1500.00

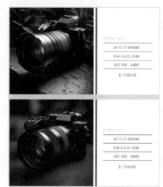

图13-58

18 使用文本工具在相机下方输入相应的巧克力色文字，如图13-59所示。

VIEW ALL SPECIEL

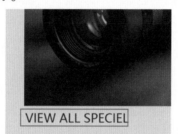

图13-59

19 使用矩形工具在画面底部绘制一个矩形。选择矩形，设置“填充色”为巧克力色并去除轮廓色，效果如图13-60所示。

CAMERA WORLD

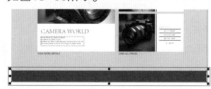

图13-60

20 使用文本工具在该矩形上输入文字，并设置文字颜色为米色，如图13-61所示。

VIEW MORE DETAILS
TEL 88-888-888-88 EMAIL 88-8888@88.COM

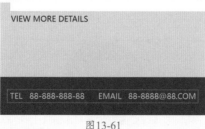

图13-61

21 继续使用文本工具在该文字右侧输入其他文字，如图13-62所示。

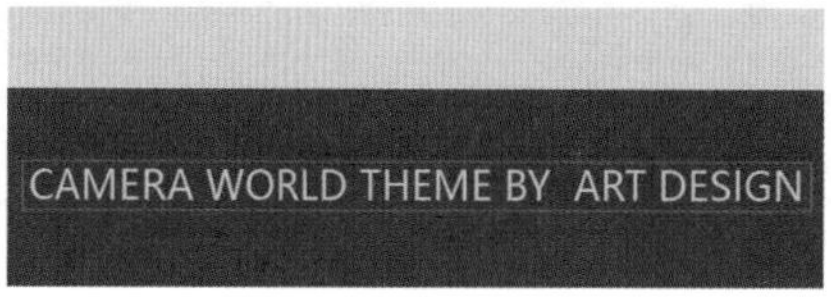

CAMERA WORLD THEME BY ART DESIGN

图13-62

22 使用文本工具在最后一个单词后方单击插入光标，按住鼠标左键向前拖动，使后面两个单词被选中，然后在调色板中更改字体颜色，效果如图13-63所示。

CAMERA WORLD THEME BY ART DESIGN

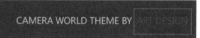

图13-63

23 选择钢笔工具，在红色文字右侧绘制一条竖线，如图13-64所示。

ART DESIGN

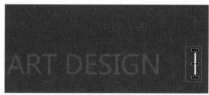

图13-64

24 继续使用文本工具在竖线右侧输入其他文字，如图13-65所示。

VISION & DESIGN

图13-65

25 此时数码产品购物网站制作完成，最终效果如图13-66所示。

THE WORLD IS IN FRONT OF US
CAMERA WORLD

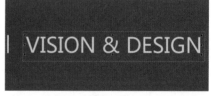

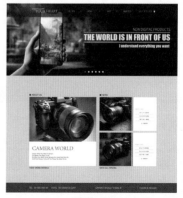

图13-66

13.3 促销网站首页设计

文件路径	第13章\促销网站首页设计
难易指数	★★★★★
技术掌握	● 矩形工具 ● 椭圆形工具 ● 钢笔工具 ● 文本工具 ● 阴影工具 ● 透明度工具

扫码深度学习

操作思路

本案例首先使用椭圆形工具和文本工具等制作网站标志；然后使用阴影工具和透明度工具等制作网站首页主图部分；接着使用矩形工具、钢笔工具以及文本工具制作网站底栏部分。

案例效果

案例效果如图13-67所示。

图13-67

实例212 制作网站标志

操作步骤

01 执行菜单"文件>新建"命令，创建一个空白文档，绘制一个与画布等大的矩形，设置"填充色"为亮灰色并去除轮廓色，如图13-68所示。

图13-68

02 继续使用矩形工具在画面上方绘制一个白色矩形，如图13-69所示。

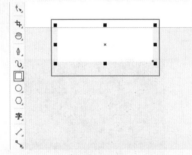

图13-69

03 选择椭圆形工具，在白色矩形上按住Ctrl键绘制一个深蓝色正圆，如图13-70所示。

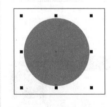

图13-70

04 选择钢笔工具，在正圆形上绘制一条斜线。选中该斜线，设置合适的轮廓宽度和轮廓色，如图13-71所示。

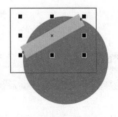

图13-71

05 复制出多个线条，效果如图13-72所示。

图13-72

06 选择文本工具，在正圆形右侧输入文字，设置文字颜色为深蓝色，效果如图13-73所示。

图13-73

07 继续使用文本工具在该文字下方输入较小的文字，效果如图13-74所示。

TOURISM
VIEW

图13-74

实例213 制作网站首页主图

操作步骤

01 选择矩形工具，在标志上绘制一个矩形，设置"填充色"为蓝色并去除轮廓色，如图13-75所示。

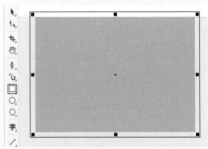

图13-75

02 选中该矩形，单击鼠标右键，在弹出的快捷菜单中执行"顺序>置于此对象前"命令，当光标变成黑色粗箭头时，使用鼠标左键单击亮灰色矩形，此时蓝色矩形会出现在标志后面，效果如图13-76所示。

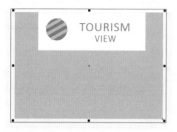

图13-76

03 继续使用矩形工具在蓝色矩形下方绘制一个大的蓝色矩形，如图13-77所示。

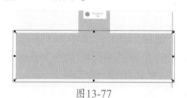

图13-77

04 选择钢笔工具，在矩形下方绘制一个不规则图形，并为其设置与矩形相同的颜色，效果如图13-78所示。

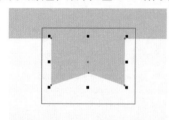

图13-78

05 选择椭圆形工具，在蓝色矩形交汇的位置按住Ctrl键的同时按住鼠标左键拖动绘制一个正圆形。去除轮廓色并设置"填充色"为白色，如图13-79所示。

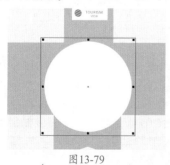

图13-79

06 选中正圆，选择阴影工具，按住鼠标左键在正圆形上的中间位置由左向右拖动添加阴影，然后在属性栏中设置"阴影不透明度"为100、"阴影羽化"为20、"阴影颜色"为浅蓝色，如图13-80所示。

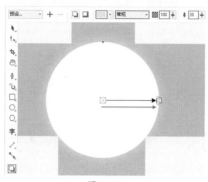

图13-80

07 继续使用椭圆形工具在白色正圆形上按住Ctrl键的同时按住鼠标左键拖动绘制一个正圆形，设置"填充色"为深蓝色，如图13-81所示。

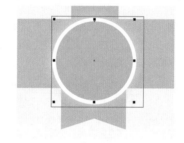

图13-81

08 执行菜单"文件>导入"命令，导入素材"1.jpg"，如图13-82所示。

图13-82

09 使用椭圆形工具在风景素材下方按住Ctrl键的同时按住鼠标左键拖动绘制一个正圆形，如图13-83所示。

10 选中风景素材，执行菜单"对象>PowerClip>置于图文框内部"命令，当光标变成黑色粗箭头时，单击刚刚绘制的正圆形，即可实现位图的

精确剪裁。去除轮廓色，将该图片移动到蓝色矩形交汇的中心位置，效果如图13-84所示。

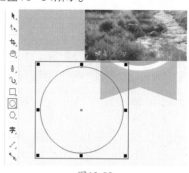

图13-83

图13-84

11 继续使用椭圆形工具在风景素材上按住Ctrl键的同时按住鼠标左键拖动绘制一个白色正圆形，效果如图13-85所示。

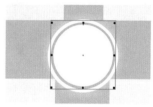

图13-85

12 选中正圆，选择透明度工具，在属性栏中设置"透明度类型"为"均匀透明度"，设置"透明度"为50，单击"全部"按钮，如图13-86所示。

图13-86

13 继续使用椭圆形工具在半透明正圆左上方按住鼠标左键拖动绘制一个椭圆形，如图13-87所示。

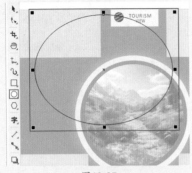

图13-87

14 选中半透明的正圆形，执行菜单"对象>PowerClip>置于图文框内部"命令，当光标变成黑色粗箭头时，单击刚刚绘制的椭圆形，即可实现位图的精确剪裁，如图13-88所示。

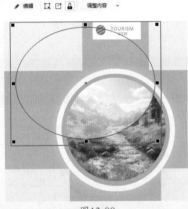

图13-88

15 在右侧的调色板中使用鼠标右键单击☑按钮，去除轮廓色，效果如图13-89所示。

图13-89

16 使用同样的方法制作另外两处风景图形，效果如图13-90所示。

17 选择文本工具，在风景素材下方输入相应的文字。设置文字颜色为深蓝色、"轮廓色"为白色、"轮廓宽度"为1.0pt，如图13-91所示。

图13-90

图13-91

18 使用同样的方法，继续在该文字下方输入其他文字，如图13-92所示。

图13-92

19 使用文本工具在该文字下方创建出文本框，并在文本框中输入文字，如图13-93所示。

图13-93

实例214 制作旅游产品模块

🎤操作步骤

01 选择矩形工具，在文字左下方绘制一个矩形。去除轮廓色，为矩形设置合适的填充色，效果如图13-94所示。

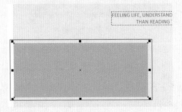

图13-94

02 选择该矩形，使用快捷键Ctrl+C将其复制，接着使用快捷键Ctrl+V进行粘贴，将复制出来的矩形移动到原来矩形的下方，如图13-95所示。

图13-95

03 使用同样的方法复制矩形，并将其放置在合适的位置，效果如图13-96所示。

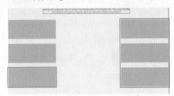

图13-96

04 使用椭圆形工具在刚刚绘制的第一个蓝色矩形右侧绘制白色正圆形，效果如图13-97所示。

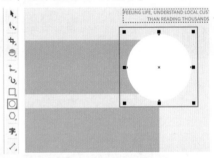

图13-97

05 继续使用椭圆形工具在白色正圆形上绘制一个稍小的蓝色正圆形，如图13-98所示。

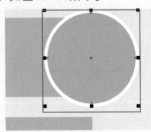

图13-98

06 选中两个正圆形，使用快捷键Ctrl+G进行组合，然后使用快捷键Ctrl+C将其复制，接着使用快捷键Ctrl+V进行粘贴，将复制出来的正圆形移动到下方的矩形右侧，如图13-99所示。

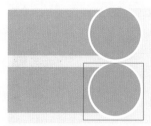

图13-99

07 使用同样的方法复制正圆组并将其移动到合适的位置，效果如图13-100所示。

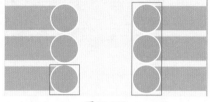

图13-100

08 继续使用同样的方法，在每一个正圆形上再次绘制一个稍小的正圆形，如图13-101所示。

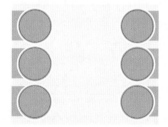

图13-101

09 执行菜单"文件>导入"命令，导入风景素材"4.jpg"。然后执行菜单"对象>PowerClip>置于图文框内部"命令，当光标变成黑色粗箭头时，单击刚刚绘制的第一个小正圆形，即可实现位图的精确剪裁。在右侧的调色板中使用鼠标右键单击☑按钮，去除轮廓色，如图13-102所示。

图13-102

10 使用同样的方法，制作其他风景效果，如图13-103所示。

图13-103

11 选择文本工具，在第一个小正圆形右上方输入文字，如图13-104所示。

THE SCENIC SPOT

图13-104

12 继续使用文本工具，在该文字下方创建出文本框，在文本框中输入相应的文字，如图13-105所示。

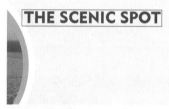

图13-105

13 使用同样的方法，在其他位置输入相应的深蓝色文字，效果如图13-106所示。

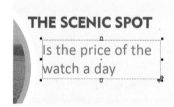

图13-106

14 选择钢笔工具，在第一个小正圆形右下方绘制一个四边形。去除轮廓色，设置合适的填充色，效果如

图13-107所示。

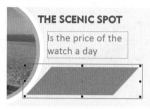

图13-107

15 继续使用同样的方法，在其他小正圆形右下方绘制四边形，效果如图13-108所示。

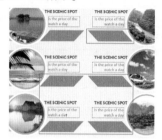

图13-108

16 使用文本工具在第一个四边形上输入相应的白色文字，如图13-109所示。

图13-109

17 使用同样的方法，在其他四边形上输入相应的白色文字，效果如图13-110所示。

图13-110

实例215 制作网站底栏

🎤 操作步骤

01 选择矩形工具，在画面左下方绘制一个青蓝色矩形，如图13-111所示。

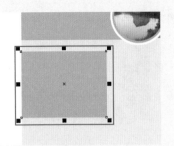

图13-111

02 使用同样的方法，在画面右下方绘制一个青蓝色矩形，如图13-112所示。

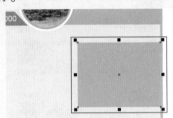

图13-112

03 继续使用矩形工具在两个青蓝色小矩形中间位置绘制一个灰色矩形，效果如图13-113所示。

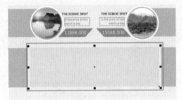

图13-113

04 选择钢笔工具，在灰色矩形上绘制一个深灰色的不规则图形，如图13-114所示。

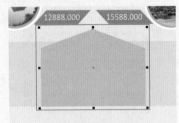

图13-114

05 继续使用钢笔工具在大矩形左右两侧各绘制一个蓝色梯形，如图13-115所示。

图13-115

06 使用同样的方法，在左侧蓝色梯形上绘制一个稍小的梯形，如图13-116所示。

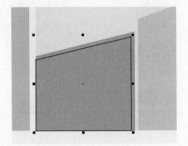

图13-116

07 执行菜单"文件>导入"命令，导入风景素材"10.jpg"，如图13-117所示。

图13-117

08 选中风景素材"10.jpg"，执行菜单"对象>PowerClip>置于图文框内部"命令，当光标变成黑色粗箭头时，单击刚刚在左侧绘制的梯形，即可实现位图的精确剪裁。在右侧的调色板中使用鼠标右键单击☑按钮，去除轮廓色，如图13-118所示。

图13-118

09 使用同样的方法，导入其他风景素材并执行"置于图文框内部"命令，将其适当调整并放置在另一个梯形上，效果如图13-119所示。

图13-119

10 选择钢笔工具，在深灰色图形上方绘制一条横线。选中该横线，在属性栏中设置"轮廓宽度"为0.5pt，单击"线条样式"按钮，在下拉列表框中选择一个合适的虚线，并设置虚线的轮廓色为蓝色，效果如图13-120所示。

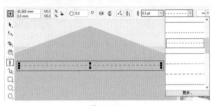

图13-120

11 使用同样的方法，在其下方绘制其他虚线，效果如图13-121所示。

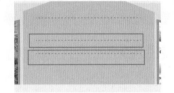

图13-121

12 使用文本工具在第一条虚线下方按住鼠标左键从左上角向右下角拖动，创建出文本框，然后在文本框中输入相应的文字，如图13-122所示。

图13-122

13 继续使用文本工具在第二条虚线下方输入相应的文字，效果如图13-123所示。

图13-123

14 继续使用文本工具，在第三条虚线下方输入蓝色的段落文字，如图13-124所示。

图13-124

15 使用同样的方法，在画面下方输入深蓝色的段落文字，效果如图13-125所示。

图13-125

16 此时促销网站首页设计制作完成，最终效果如图13-126所示。

图13-126

🔍扫码深度学习

💡**操作思路**

本案例首先使用矩形工具和文本工具等制作网页导航栏；然后使用钢笔工具以及椭圆形工具制作网页顶部模块；接着使用椭圆形工具以及文本工具制作网页数据展示模块；最后通过使用文本工具和矩形工具制作网页底栏。

👆**案例效果**

案例效果如图13-127所示。

图13-127

实例216 制作网页导航栏

🎤**操作步骤**

01 执行菜单"文件>新建"命令，创建一个空白文档。使用矩形工具绘制一个与画板等大的矩形。继续在白色矩形上绘制一个小矩形，使用交互式填充工具为其编辑一个粉紫色的渐变颜色，去除轮廓色，效果如图13-128所示。

图13-128

02 打开素材"1.cdr"，在打开的素材中选中"手机"图标素材，使用快捷键Ctrl+C将其复制，返回到刚刚操作的文档中，使用快捷键Ctrl+V进行粘贴，并将其移动到画面上方，如

图13-129所示。在右侧的调色板中使用鼠标右键单击白色色块，为其更改颜色，效果如图13-130所示。

图13-129 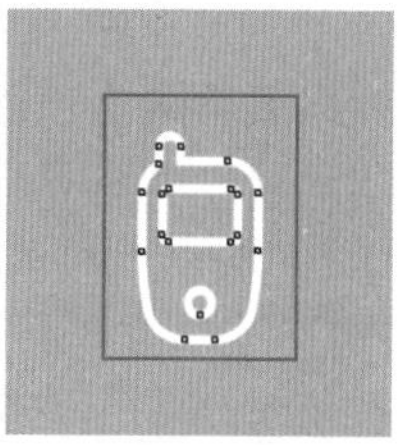　　　　图13-130

03 选择文本工具，在"手机"图标右侧单击鼠标左键，建立文字输入的起始点，输入相应的文字。选中文字，在属性栏中设置合适的字体、字号，在调色板中设置文字颜色为白色，效果如图13-131所示。

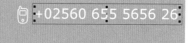

图13-131

04 继续在打开的素材中复制"信封"素材，将其粘贴到操作的文档中，并移动到刚刚输入的文字右侧，然后将其颜色更改为白色，如图13-132所示。

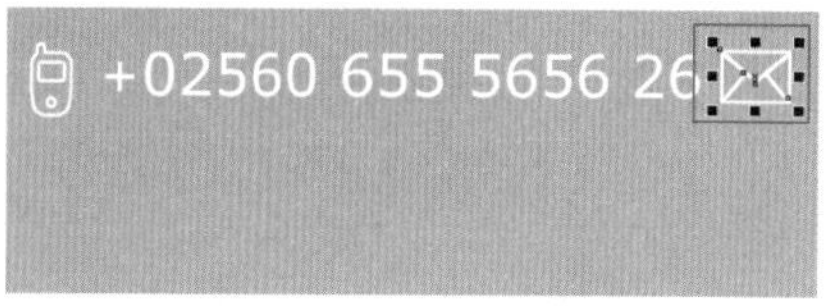

+02560 655 5656 26 ✉

图13-132

05 在"信封"素材右侧继续输入相应的文字，效果如图13-133所示。

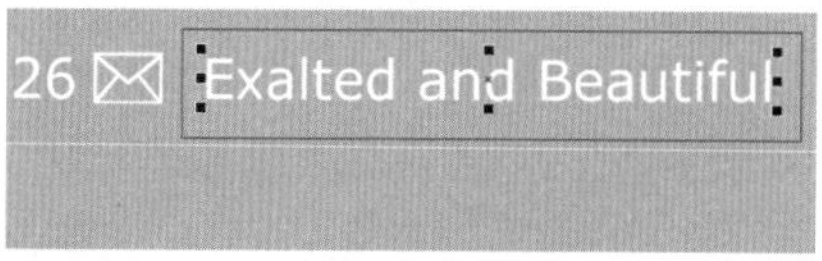

26 ✉ Exalted and Beautiful

图13-133

06 使用同样的方法，复制其他素材到该文档内，将其放置在画面右上方位置并为其更改颜色，然后在素材右侧继续输入相应的文字，效果如图13-134所示。

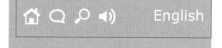

图13-134

07 选择矩形工具，在刚刚输入的文字下方绘制一个矩形。选中该矩形，在右侧的调色板中使用鼠标右键单击☐按钮，去除轮廓色。使用鼠标左键单击白色色块，为矩形填充颜色，效果如图13-135所示。

图13-135

08 继续在打开的素材中复制"播放器"素材，将其粘贴到操作的文档中，并移动到刚刚绘制的矩形左上方，然后更改其颜色为蓝灰色，如图13-136所示。

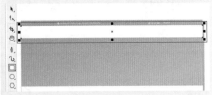

图13-136

09 在"播放器"素材右侧继续输入相应的文字，效果如图13-137所示。

图13-137

10 选择矩形工具，在白色矩形右侧绘制一个蓝灰色矩形。选中该矩形，在属性栏中单击"圆角"按钮，设置合适的"转角半径"，如图13-138所示。

图13-138

11 选择文本工具，在圆角矩形上单击鼠标左键，建立文字输入的起始点，输入相应的文字。选中文字，在属性栏中设置合适的字体、字号，在调色板中设置文字颜色为白色，效果如图13-139所示。

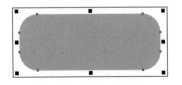

图13-139

12 继续使用文本工具在圆角矩形右侧输入其他文字，效果如图13-140所示。

图13-140

13 继续在打开的素材中复制"搜索"素材，将其粘贴到操作的文档中，并移动到刚刚输入的文字右侧，然后将其颜色更改为蓝灰色，如图13-141所示。

图13-141

实例217 制作网页顶部模块

操作步骤

01 选择矩形工具，在白色矩形下方绘制一个小矩形。选中该矩形，在属性栏中单击"圆角"按钮，设置"转角半径"为2.0mm，设置合适的填充色，效果如图13-142所示。

02 继续在打开的素材中复制"主页"图标素材，将其粘贴到操作的文档中，并移动到刚刚绘制的圆角矩形上，然后将其颜色更改为白色，

如图13-143所示。

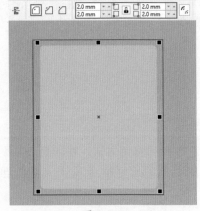

图13-142

图13-143

03 选择钢笔工具，在"主页"素材下方绘制一条直线。选中该直线，在属性栏中设置"轮廓宽度"为2.0pt，在调色板中设置"轮廓色"为白色，如图13-144所示。

图13-144

04 继续在该直线右侧绘制一条较短的白色直线，如图13-145所示。

05 使用同样的方法，在直线右侧绘制其他不同长度与宽度的白色直线，效果如图13-146所示。

图13-145

图13-146

06 选择矩形工具，在刚刚绘制的圆角矩形下方再次绘制一个小矩形。选中该矩形，在属性栏中单击"圆角"按钮，设置"转角半径"为2.0mm，设置"填充色"为蓝灰色并去除轮廓色，效果如图13-147所示。

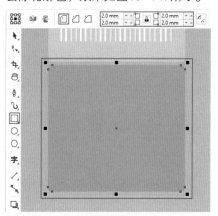

图13-147

07 继续在打开的素材中复制"闹钟"素材，将其粘贴到操作的文档中，并移动到刚刚绘制的圆角矩形上，然后将其颜色更改为白色，如图13-148所示。

图13-148

08 选择文本工具，在闹钟图形下输入文字，如图13-149所示。

图13-149

09 选择矩形工具，在刚刚绘制的圆角矩形右侧再次绘制一个大矩形。选中该矩形，在属性栏中单击"圆角"按钮，设置"转角半径"为7.0mm，然后设置圆角矩形的填充色为淡粉色并去除轮廓色，效果如图13-150所示。

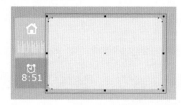

图13-150

10 选择椭圆形工具，在淡粉色圆角矩形左上方按住Ctrl键并按住鼠标左键拖动绘制一个白色正圆形，在属性栏中设置"轮廓宽度"为1.5pt，如图13-151所示。

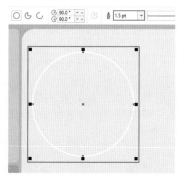

图13-151

11 导入素材"2.jpg"，如图13-152所示。

图13-152

12 选择椭圆形工具，在刚刚绘制的正圆形上按住Ctrl键并按住鼠标左键拖动绘制一个稍小的正圆形，如图13-153所示。

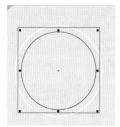

图13-153

13 选中人物素材，执行菜单"对象>PowerClip>置于图文框内部"命令，当光标变成黑色粗箭头时，单击刚刚绘制的正圆形，即可实现位图的精确剪裁。在右侧的调色板右键单击☑按钮，去除轮廓色，效果如图13-154所示。

图13-154

14 选择文本工具，在人物素材右侧输入文字，效果如图13-155所示。

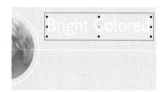

图13-155

15 使用文本工具在刚刚输入的文字下方创建出文本框，然后在文本框中输入白色文字，效果如图13-156所示。

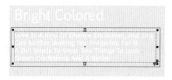

图13-156

16 选择矩形工具，在段落文字下方再次绘制一个矩形。选中该矩形，在属性栏中单击"圆角"按钮，设置"转角半径"为1.8mm，在右侧的调色板中设置"填充色"为蓝灰色并去除轮廓色，效果如图13-157所示。

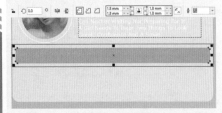

图13-157

17 使用同样的方法，在其下方绘制不同颜色的圆角矩形，效果如图13-158所示。

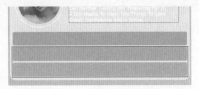

图13-158

18 继续在打开的素材中复制"消息"素材，将其粘贴到操作的文档中，并移动到刚刚绘制的蓝灰色圆角矩形上，然后更改其颜色为白色，如图13-159所示。

图13-159

19 使用文本工具在"消息"素材右侧输入相应的文字，效果如图13-160所示。

图13-160

20 选择钢笔工具，在刚刚输入的文字右侧绘制一条直线。选中该直线，在属性栏中设置"轮廓宽度"为2.0pt，在右侧的调色板中设置直线的轮廓色为白色，如图13-161所示。

图13-161

21 使用同样的方法，在画面下方的两个圆角矩形上粘贴相应素材，并为其更改颜色，然后输入合适大小的白色文字，最后绘制白色直线，效果如图13-162所示。

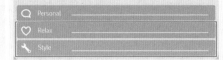

图13-162

实例218 制作网页产品展示模块

操作步骤

01 导入手机素材"3.png"，效果如图13-163所示。

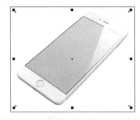

图13-163

02 选择文本工具，在刚刚导入的"手机"素材左上方输入两行文字，如图13-164所示。

图13-164

03 继续在蓝灰色文字下方输入其他文字，效果如图13-165所示。

04 选择矩形工具，在文字下方绘制稍小的矩形。在属性栏中单击"圆角"按钮，设置"转角半径"为3.0mm，效果如图13-166所示。

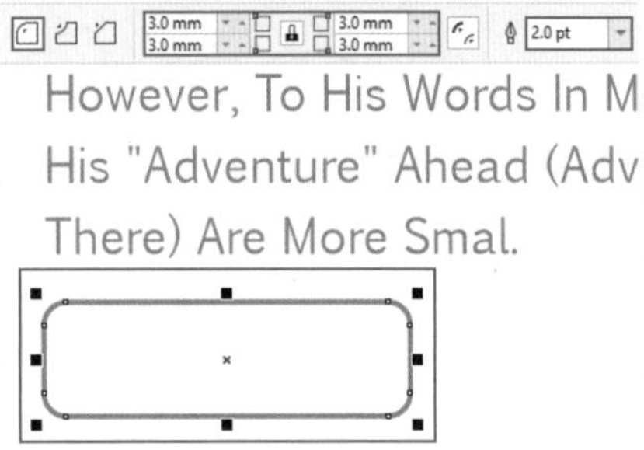

GENTLE AND LOVELY

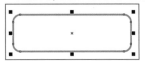

图13-165

However, To His Words In M
His "Adventure" Ahead (Adv
There) Are More Smal.

图13-166

05 选择文本工具，在刚刚绘制的圆角矩形中间输入文字，如图13-167所示。

图13-167

实例219 制作网页数据展示模块

操作步骤

01 继续使用矩形工具在手机素材下方绘制一个粉紫色的矩形，如图13-168所示。

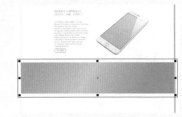

图13-168

02 选择椭圆形工具，在刚刚绘制的矩形左上方位置按住Ctrl键并按住鼠标左键拖动绘制一个仅有白色轮廓的正圆形，如图13-169所示。

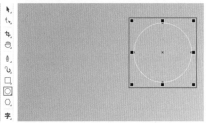

图13-169

03 选择文本工具，在刚刚绘制的正圆形中间输入文字，如图13-170所示。

Euphemia
48 pt
54%

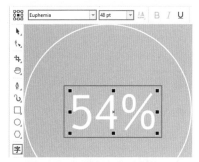

图13-170

04 继续在打开的素材中复制“握手”素材，将其粘贴到操作的文档中，并移动到刚刚绘制的正圆形下方，然后将其颜色更改为白色，如图13-171所示。

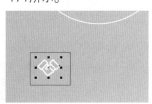

图13-171

05 使用文本工具在“握手”素材右侧单击鼠标左键，建立文字输入的起始点，输入相应的文字。选中文字，在属性栏中设置合适的字体、字号，然后在调色板中设置文字颜色为白色，效果如图13-172所示。

Ferdinand

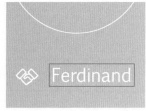

图13-172

06 使用同样的方法，在刚刚绘制的正圆形右侧制作其他数据展示效果，如图13-173所示。

54%
62%
87%
95%

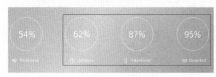

图13-173

实例220 制作网页底栏部分

操作步骤

01 继续在打开的素材中复制“底栏标志”素材，将其粘贴到操作的文档中，并移动到画面下方，然后将其颜色更改为紫色，如图13-174所示。

Ferdinand

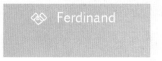

图13-174

02 使用文本工具在“底栏标志”素材下方单击鼠标左键，建立文字输入的起始点，输入相应的文字。选中文字，在属性栏中设置合适的字体、字号，然后在调色板中设置文字颜色为灰色，如图13-175所示。

Euphemia
24 pt
SLIM AND GRANCEFUL

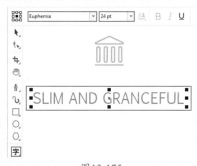

图13-175

03 继续使用文本工具在该文字下方输入其他文字，如图13-176所示。

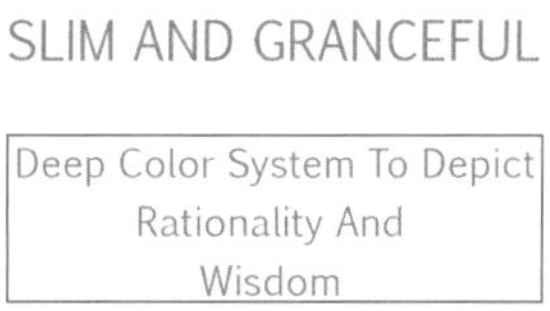

SLIM AND GRANCEFUL
Deep Color System To Depict
Rationality And
Wisdom

图13-176

04 复制第一组内容到右侧，更改文字内容及素材，如图13-177所示。

SLIM AND GRANCEFUL
GENTLE AND KINDLY
FASHION SCENE
MODERN SEASON

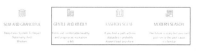

图13-177

05 选择矩形工具，在底栏标志下方绘制一个矩形，设置“填充色”为灰色并去除轮廓色，效果如图13-178所示。

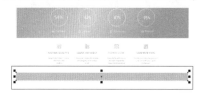

图13-178

06 选择文本工具，在刚刚绘制的灰色矩形上单击鼠标左键，建立文字输入的起始点，输入相应的文字。选中文字，在属性栏中设置合适的字体、字号，然后在调色板中设置文字颜色为深灰色，如图13-179所示。

Euphemia
18 pt
@2017.Carve the details

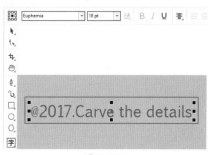

图13-179

07 继续使用文本工具在该文字右侧输入其他文字，如图13-180所示。

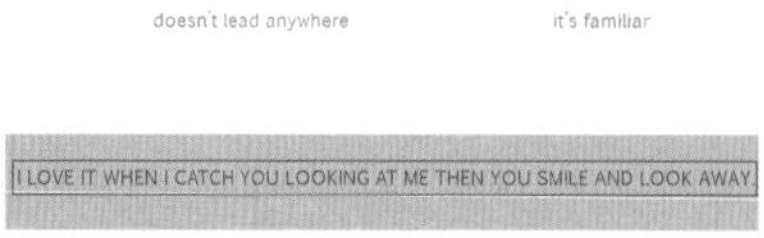

doesn't lead anywhere
it's familiar
I LOVE IT WHEN I CATCH YOU LOOKING AT ME THEN YOU SMILE AND LOOK AWAY.

图13-180

08 此时柔和色调网页设计制作完成，最终效果如图13-181所示。

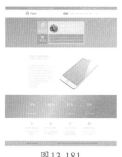

图13-181

第14章

UI设计

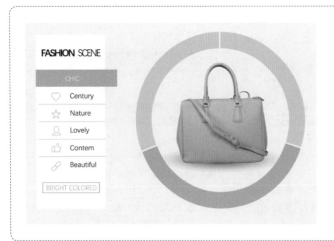

14.1 移动客户端产品页面设计

文件路径	第14章\移动客户端产品页面设计
难易指数	★★★★★
技术掌握	● 矩形工具 ● 椭圆形工具 ● 橡皮擦工具 ● 文本工具 ● 钢笔工具

扫码深度学习

💡操作思路

本案例首先使用矩形工具、椭圆形工具以及刻刀工具制作版面中的图形元素；然后使用文本工具、钢笔工具以及矩形工具制作产品功能导航模块。

🖱案例效果

案例效果如图14-1所示。

图14-1

实例221 制作产品展示效果

🎤操作步骤

01 新建一个横版文档，使用矩形工具绘制与画板等大的矩形，设置"填充色"为浅灰色并去除轮廓色，如图14-2所示。

图14-2

02 执行菜单"文件>导入"命令，导入素材"1.png"，如图14-3所示。

图14-3

03 为女式提包制作阴影。选择椭圆形工具按钮，在画面中绘制一个黑色椭圆形。选中该图形，去除轮廓色，选择透明度工具，单击属性栏中的"渐变透明度"按钮，设置"透明度类型"为"椭圆形渐变透明度"，然后将中心节点透明度设置为0、外部节点透明度设置为100，如图14-4所示。

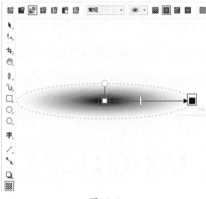

图14-4

04 使用鼠标右键单击该椭圆，在弹出的快捷菜单中执行"顺序>向后一层"命令，然后将其移到女式提包下方，效果如图14-5所示。

图14-5

05 继续使用椭圆形工具在女式提包上按住Ctrl键并按住鼠标左键拖动绘制一个正圆形。选中该正圆形，在属性栏中设置"轮廓宽度"为80.0pt，效果如图14-6所示。

图14-6

06 选中正圆形，执行"对象>将轮廓转换为对象"命令将轮廓转换为图形。选择橡皮擦工具，单击属性栏中的"方形笔尖"按钮，设置"橡皮擦厚度"为1.0mm，设置完成后在圆形顶部以单击的方式进行擦除，如图14-7所示。

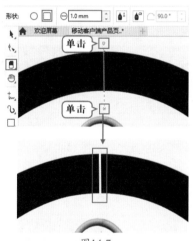

图14-7

07 继续在其他位置进行擦除，如图14-8所示。

图14-8

08 选中整个正圆形，使用快捷键Ctrl+K进行拆分，此时擦除的部分会成为独立的一部分，选中其中一个部分，在调色板中设置其填充色为灰色，如图14-9所示。

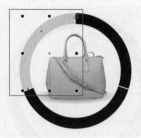

图14-9

09 继续为其他部分更改颜色，效果如图14-10所示。

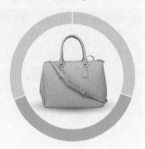

图14-10

实例222 制作产品功能导航模块

操作步骤

01 选择矩形工具，在画面左侧绘制一个白色矩形，如图14-11所示。

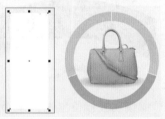

图14-11

02 使用同样的方法，在该矩形上绘制一个绿色矩形，此颜色可以选取与女式提包相同的颜色，如图14-12所示。

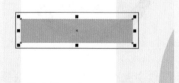

图14-12

03 选择文本工具，在白色矩形上输入相应的文字，如图14-13所示。

等线
48 pt
FASHION SCENE

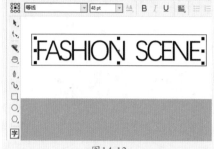

图14-13

04 在使用文本工具的状态下，选中第一个单词，然后单击属性栏中的“粗体”按钮，此时文字效果如图14-14所示。

等线
48 pt
FASHION SC

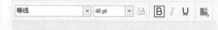

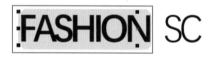

图14-14

05 继续使用文本工具在绿色矩形上输入白色文字，如图14-15所示。

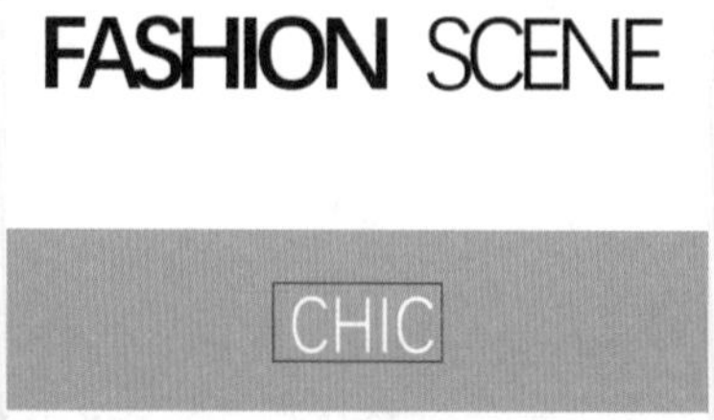

FASHION SCENE
CHIC

图14-15

06 选择钢笔工具，在白色矩形上绘制一条水平直线。选中该直线，在属性栏中设置“轮廓宽度”为3.0pt，接着设置直线的轮廓色为灰色，如图14-16所示。

3.0 pt
CHIC

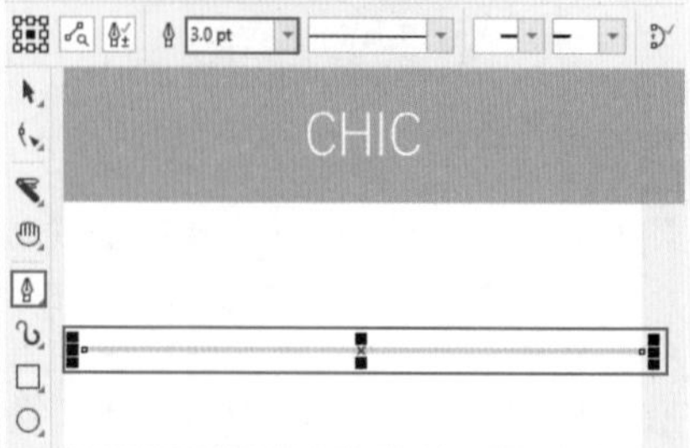

图14-16

07 选中该直线，按住Shift键的同时按住鼠标左键向下移动，到合适位置后按鼠标右键进行垂直方向的移动复制。然后使用两次快捷键Ctrl+R在该直线下方复制出两条直线，效果如图14-17所示。

CHIC

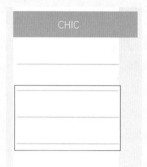

图14-17

08 打开素材“2.cdr”。框选所有标志形状，使用快捷键Ctrl+C将其复制，返回到刚刚操作的文档中，使用快捷键Ctrl+V进行粘贴，并将其移动到直线上方，如图14-18所示。

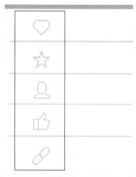

图14-18

09 选择文本工具，在标志右侧单击鼠标左键，建立文字输入的起始点，输入相应的文字。选中文字，在属性栏中设置合适的字体、字号，如图14-19所示。

等线
36 pt
CHIC
Century

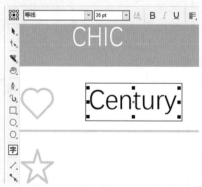

图14-19

10 继续在该文字下方输入其他文字，效果如图14-20所示。

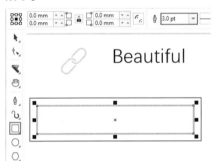

图14-20

11 选择矩形工具，在文字下方绘制一个矩形。选中该矩形，在属性栏中设置"轮廓宽度"为3.0pt，设置矩形的轮廓色为绿色，效果如图14-21所示。

图14-21

12 使用文本工具在矩形框中输入绿色文字，如图14-22所示。

BRIGHT COLORED

图14-22

13 此时移动客户端产品页面设计完成，最终效果如图14-23所示。

图14-23

文件路径	第14章\邮箱登录界面
难易指数	★★★★★
技术掌握	● 矩形工具 ● 文本工具 ● 椭圆形工具 ● 交互式填充工具

🔍 扫码深度学习

💡 **操作思路**

本案例首先使用矩形工具制作登录界面背景；然后使用文本工具、椭圆形工具以及交互式填充工具制作登录界面中各个部分的细节。

🖱 **案例效果**

案例效果如图14-24所示。

图14-24

实例223 制作登录界面背景

🎤 **操作步骤**

01 执行菜单"文件>新建"命令，创建一个空白文档。导入背景素材"1.jpg"，如图14-26所示。

图14-25

02 选择矩形工具，在背景素材上方绘制一个矩形。选中该矩形，

在属性栏中单击"圆角"按钮，设置"转角半径"为3.0mm、"轮廓宽度"为0.75pt、"填充色"为浅蓝色系的渐变色，如图14-26所示。

图14-26

03 执行菜单"文件>导入"命令，导入卡通素材"2.jpg"，如图14-27所示。

图14-27

04 选中卡通素材，执行菜单"对象>PowerClip>置于图文框内部"命令，当光标变成黑色粗箭头时，单击圆角矩形，即可实现位图的精确剪裁，如图14-28所示。

图14-28

05 执行菜单"文件>导入"命令，导入卡通素材"3.png"，并将其放置在圆角矩形右上角，如图14-29所示。

图14-29

06 选择文本工具，在卡通素材左侧单击鼠标左键，建立文字输入

的起始点，输入相应的文字。选中文字，在属性栏中设置合适的字体、字号，然后在右侧的调色板中使用鼠标左键单击橙黄色色块，为文字设置颜色，如图14-30所示。

LBE

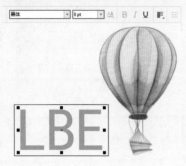

图14-30

07 继续在文字下方输入不同大小的橙黄色文字，如图14-31所示。

LBE
WIND'S EMAIL

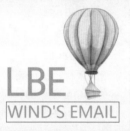

图14-31

实例224　制作控件部分

操作步骤

01 制作登录文字输入栏。使用文本工具在较大的卡通素材右侧单击鼠标左键，建立文字输入的起始点，输入相应的文字。选中文字，在属性栏中设置合适的字体、字号，然后设置文字颜色为青蓝色，效果如图14-32所示。

Calibri
9 pt
USERNAME:

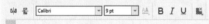

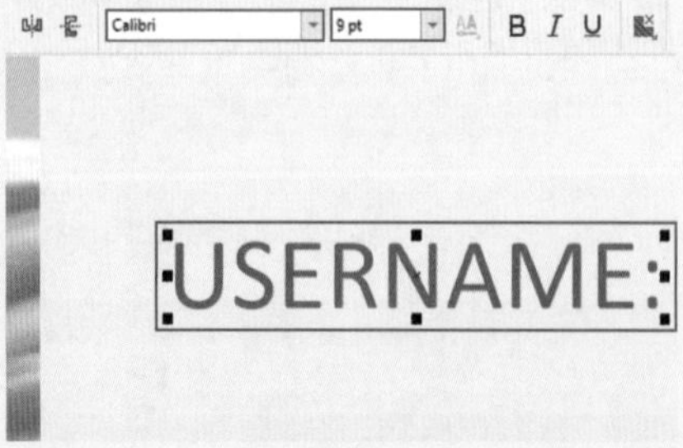

图14-32

02 选择矩形工具，在文字下方绘制一个“转角半径”为1.0mm的圆角矩形。设置“填充色”为白色、“轮廓色”为青色，效果如图14-33所示。

LBE
WIND'S EMAIL
USERNAME:

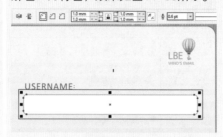

图14-33

03 使用文本工具在圆角矩形中输入灰色文字，如图14-34所示。

微软雅黑
9 pt
USERNAME:
SUNFLOWER

图14-34

04 继续使用文本工具在圆角矩形右上方输入其他颜色的文字，如图14-35所示。

I FORGET USERNAME

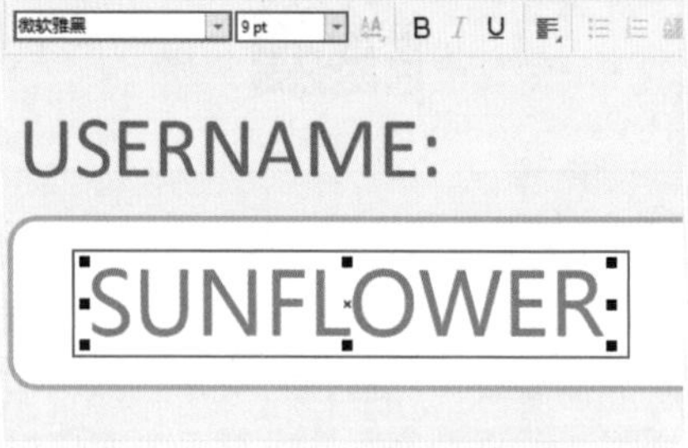

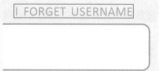

图14-35

05 使用同样的方法，在下方制作其他登录文字输入栏，效果如图14-36所示。

USERNAME:
SUNFLOWER
PASSWORD:

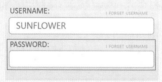

图14-36

06 选择椭圆形工具，在第二个登录栏上按住Ctrl键的同时按住鼠标左键拖动绘制一个灰色正圆形，如图14-37所示。

07 选中该正圆形，按住Shift键的同时按住鼠标左键向右移动，到合适位置后按鼠标右键进行复制，如图14-38所示。

08 使用快捷键Ctrl+R复制多个正圆形，效果如图14-39所示。

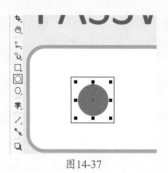

图14-37

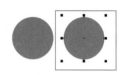

图14-38

PASSWORD:

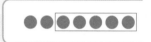

图14-39

09 选择矩形工具，在登录栏下方按住Ctrl键并按住鼠标左键拖动绘制一个正方形。选中该正方形，在属性栏中设置“轮廓宽度”为1.0pt，设置“轮廓色”为青蓝色，效果如图14-40所示。

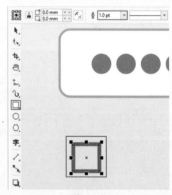

图14-40

10 使用文本工具在正方形右侧单击鼠标左键，建立文字输入的起始点，输入相应的文字。选中文字，在属性栏中设置合适的字体、字号，然后设置文字颜色为青蓝色，如图14-41所示。

11 制作按钮。选择矩形工具，在画面下方绘制一个矩形。选中该矩形，在属性栏中单击“圆角”按钮，

设置"转角半径"为1.5mm、"轮廓宽度"为0.75pt、"轮廓色"为青蓝色,效果如图14-42所示。

图14-41

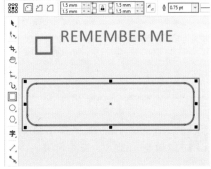

图14-42

12 选中该圆角矩形,选择交互式填充工具,在属性栏中单击"渐变填充"按钮,设置"渐变类型"为"线性渐变填充",然后编辑一个蓝色系的渐变颜色,如图14-43所示。

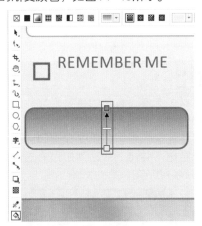

图14-43

13 制作按钮高光。继续使用矩形工具在圆角矩形上绘制一个稍小的矩形。选中该矩形,在属性栏中单击"圆角"按钮,单击"同时编辑所有角"按钮,设置"左上角半径"为1.2mm、"右上角半径"为1.2mm,如图14-44所示。

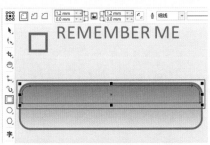

图14-44

14 在右侧的调色板中使用鼠标右键单击☑按钮,去除轮廓色。使用鼠标左键单击白色色块,为圆角矩形填充白色,效果如图14-45所示。

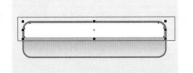

图14-45

15 选中该圆角矩形,选择透明度工具,在属性栏中设置"透明度类型"为"渐变透明度"、"渐变模式"为"线性渐变透明度"、"旋转"为-90.0°,按住鼠标左键拖动控制点位置,调整渐变透明度,如图14-46所示。

图14-46

16 加选该按钮中的所有图形,使用快捷键Ctrl+G进行组合,然后使用快捷键Ctrl+C将其复制,接着使用快捷键Ctrl+V进行粘贴,将新复制出来的按钮移动到按钮右侧,效果如图14-47所示。

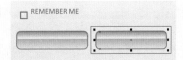

图14-47

17 使用文本工具在第一个按钮上单击鼠标左键,建立文字输入的起始点,输入相应的文字。选中文字,在属性栏中设置合适的字体、字号,如图14-48所示。

图14-48

18 继续使用文本工具在另一个按钮上输入相应的文字,效果如图14-49所示。

图14-49

19 此时邮箱登录界面制作完成,最终效果如图14-50所示。

图14-50

14.3 卡通游戏选关界面

文件路径	第14章\卡通游戏选关界面
难易指数	★★★★★
技术掌握	● 钢笔工具 ● 交互式填充工具 ● 透明度工具 ● 文本工具 ● 矩形工具 ● 椭圆形工具

🔍扫码深度学习

操作思路

本案例首先使用钢笔工具、交互式填充工具、透明度工具和文本工具制作游戏界面顶栏和选关模块背景；然后使用矩形工具、椭圆形工具和文本工具制作游戏选关模块和游戏前景界面。

案例效果

案例效果如图14-51所示。

图14-51

实例225 制作游戏界面顶栏

操作步骤

01 执行菜单"文件>新建"命令，创建一个空白文档。导入背景素材"1.jpg"，如图14-52所示。

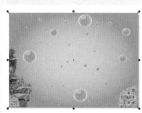

图14-52

02 选择钢笔工具，在画面左上角绘制一个淡蓝色四边形，效果如图14-53所示。

图14-53

03 选中该四边形，选择透明度工具，在属性栏中设置"透明度类型"为"均匀透明度"、"透明度"为70，如图14-54所示。

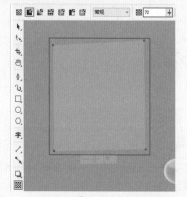

图14-54

04 继续使用钢笔工具在四边形上绘制一个稍小的四边形，设置"填充色"为浅蓝色并去除轮廓色，效果如图14-55所示。

图14-55

05 继续使用钢笔工具在其上绘制一个稍小的浅蓝色四边形，从而制作出三层叠加的效果，如图14-56所示。

图14-56

06 使用同样的方法，继续在其右侧绘制其他重叠的四边形，如图14-57所示。

图14-57

07 制作返回按钮。继续使用钢笔工具在第一个四边形上绘制一个不规则图形。然后选择交互式填充工具，单击属性栏中的"渐变填充"按钮，设置"渐变类型"为"椭圆形渐变填充"，然后编辑一个黄色系的渐变颜色，如图14-58所示。

图14-58

08 在右侧的调色板中使用鼠标右键单击☑按钮，去除轮廓色，如图14-59所示。

图14-59

09 执行菜单"文件>打开"命令，打开素材"2.cdr"。在打开的素材中选中"黄色的鱼"素材，使用快捷键Ctrl+C将其复制，返回到刚刚操作的文档中，使用快捷键Ctrl+V进行粘贴，并将其移动到四边形上，如图14-60所示。

图14-60

10 继续在打开的素材中复制"珊瑚"素材和"金币"素材，将其粘贴到操作的文档中，并移动到不同的四边形上，效果如图14-61所示。

图14-61

11 选择文本工具，在"金币"素材左侧单击鼠标左键，建立文字输入的起始点，输入相应的文字。选中文字，在属性栏中设置合适的字体、字号，单击"粗体"按钮，如图14-62所示。

图14-62

操作步骤

01 选择钢笔工具，在画面中心绘制一个四边形。选中该四边形，在右侧的调色板中使用鼠标右键单击☑按钮去除轮廓色，然后设置"填充色"为海绿色，如图14-63所示。

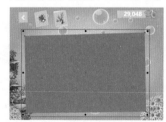

图14-63

02 继续使用钢笔工具在四边形上绘制一个稍小的蓝色四边形，如图14-64所示。

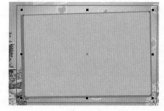

图14-64

03 继续在其上绘制一个稍小的淡蓝色四边形，如图14-65所示。

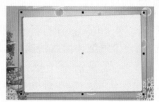

图14-65

04 接着在其上绘制一个稍小的冰蓝色四边形，效果如图14-66所示。

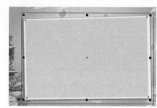

图14-66

05 导入海马素材"3.png"并放置在不规则图形右上角，如图14-67所示。

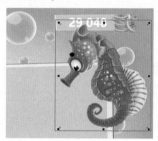

图14-67

06 选择橡皮擦工具，在属性栏中设置"笔尖形状"为"方形笔尖"、"橡皮擦厚度"为10.0mm，然后在海马肚子位置按住鼠标左键拖动，显现出四边形形状，如图14-68所示。

图14-68

07 继续擦除，使得四边形尖角部分全部显现出来，如图14-69所示。

图14-69

实例227　制作游戏选关模块

操作步骤

01 选择矩形工具，在四边形左上方绘制一个白色矩形。在属性栏中单击"圆角"按钮，设置"转角半径"为11.0mm、"轮廓宽度"为"细线"，如图14-70所示。

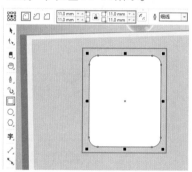

图14-70

02 选择椭圆形工具，在第一个圆角矩形上绘制一个蓝色正圆形，如图14-71所示。

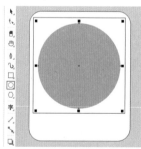

图14-71

03 继续在打开的素材"2.cdr"中复制卡通素材，然后将合适的卡通素材粘贴到正圆形上，并适当调整其位置，效果如图14-72所示。

04 选择矩形工具，在圆角矩形下方绘制一个淡紫色矩形。选中该矩形，在属性栏中单击"圆角"按钮，设置"转角半径"为9.0mm，如图14-73所示。

图14-72

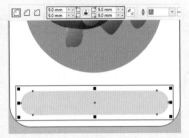

图14-73

05 选择文本工具，在第一个淡紫色圆角矩形上输入相应的文字，如图14-74所示。

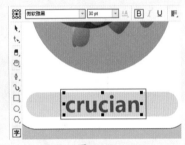

图14-74

06 复制制作好的第一组对象放置在合适的位置，如图14-75所示。

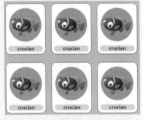

图14-75

07 更改每个模块中的素材、文字内容以及图形色彩，效果如图14-76所示。

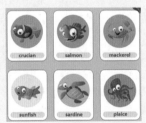

图14-76

实例228 制作游戏前景界面

操作步骤

01 打开"4.cdr"，在打开的素材中选中一个气泡，使用快捷键Ctrl+C将其复制，返回到刚刚操作的文档中，使用快捷键Ctrl+V进行粘贴，如图14-77所示。

图14-77

02 继续使用快捷键Ctrl+V将气泡进行粘贴，拖动气泡一角处的控制点将其进行缩小，如图14-78所示。

图14-78

03 使用同样的方法，继续复制多个气泡将其进行适当的缩放并放置在合适位置，使画面呈现出空间层次感，效果如图14-79所示。

图14-79

04 制作轮播模块。选择钢笔工具，在画面下方绘制一个四边形。在右侧的调色板中使用鼠标右键单击☒按钮去除轮廓色，然后为四边形填充淡蓝色，效果如图14-80所示。

图14-80

05 选择椭圆形工具，在四边形左侧按住Ctrl键的同时按住鼠标左键拖动绘制一个正圆形。然后选择交互式填充工具，在属性栏中单击"渐变填充"按钮，设置"渐变类型"为"椭圆形渐变填充"，接着编辑一个黄色系的渐变颜色，去除轮廓色，如图14-81所示。

图14-81

06 将该正圆形复制并粘贴，移动到四边形右侧，效果如图14-82所示。

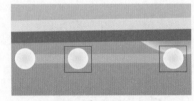

图14-82

07 此时卡通游戏选关界面制作完成，最终效果如图14-83所示。

图14-83